交通职业教育教学指导委员会推荐教材
高职高专院校公路工程造价专业教学用书

高等职业教育规划教材

公路工程造价

Gonglu Gongcheng Zaojia

（第二版）

主　编　丁永灿
副主编　舒国明
主　审　贾玉辉

人民交通出版社

内 容 提 要

本书是高等职业教育规划教材，由交通职业教育教学指导委员会路桥工程专业指导委员会组织编写。全书共九章，内容包括：公路工程造价基础知识，公路工程定额，公路工程项目建议书投资估算，公路工程可行性研究报告投资估算，公路工程概(预)算，公路工程施工招标与投标报价的编制，同望 WECOST 造价软件应用，公路工程费用结算与竣工决算，公路工程造价文件审查。

本书是高职高专院校公路工程造价、道路桥梁工程技术及其相关专业教学用书，也可供公路工程技术人员及从事公路工程造价编制与管理的有关人员学习参考。

图书在版编目(CIP)数据

公路工程造价/丁永灿主编. --2 版. --北京：人民交通出版社，2009. 7

ISBN 978-7-114-07785-2

I. 公… II. 丁… III. 道路工程-工程造价 IV. U415. 13

中国版本图书馆 CIP 数据核字(2009)第 090445 号

书　　名：公路工程造价（第二版）
著 作 者：丁永灿
责任编辑：周往莲
出版发行：人民交通出版社股份有限公司
地　　址：（100011）北京市朝阳区安定门外外馆斜街 3 号
网　　址：http://www.ccpress.com.cn
销售电话：（010）59757973
总 经 销：人民交通出版社股份有限公司发行部
经　　销：各地新华书店
印　　刷：北京市密东印刷有限公司
开　　本：787×1092　1/16
印　　张：19. 5
字　　数：456 千
版　　次：2007 年 6 月第 1 版
　　　　　2009 年 7 月第 2 版
印　　次：2019 年 7 月第 2 版　第 8 次印刷　总第 9 次印刷
书　　号：ISBN 978-7-114- 07785-2
定　　价：35. 00 元
（有印刷、装订质量问题的图书由本社负责调换）

再版说明

ZAIBANSHUOMING

本教材第一版于2007年6月出版。原交通部于2007年10月19日颁发了一整套计价文件，如《公路工程基本建设项目概算预算编制办法》(JTG B06—2007)、《公路工程预算定额》(JTG/T B06-02—2007)等。这些计价文件于2008年1月1日开始实施，本书根据新的计价办法做全面修订。

这次修订保留了第一版教材的总体结构，完善了第一版教材在使用过程中发现的不足，也融入了新的教学改革思路。经过修改，本书的知识体系符合新计价文件的要求，内容更突出"职业性、实用性和可操作性"。

参加本书编写工作的有：广西交通职业技术学院丁永灿(编写第一、二、三、四、五章和附录)、韦明(编写第七章)，河北交通职业技术学院舒国明(编写第五、六、九章)，河南交通职业技术学院孙莉萍(编写第八章)。全书由丁永灿担任主编，舒国明担任副主编，内蒙古大学交通学院贯玉辉担任主审。

本书在编写过程中参考了其他同仁编写的教材与著作，在此向各位表示感谢。由于编者水平有限，难免会有疏漏甚至错误之处，恳请读者批评指正。

作　者

2009.6

前言(第一版)

QIANYAN

为深入贯彻落实《高等教育面向21世纪教学内容和课程体系改革计划》,按照教育部“以教育思想、观念改革为先导,以教学改革为核心,以教学基本建设为重点,注重提高质量,努力办出特色”的基本思路,交通职业教育教学指导委员会路桥工程专业指导委员会在总结道路桥梁工程技术专业教学文件编制及其教材编写工作经验的基础上,又组织开发了相关专业的教学指导方案及部分专业教材,其中包括三年制高职高专院校公路工程造价专业教学指导方案及7门课程的规划教材。

公路工程造价专业教材依据教育部对高职高专人才培养目标、培养规格、培养模式及与之相适应的知识、技能、能力和素质结构的要求进行编写,并融入了全国交通类高职高专院校公路工程造价专业的教学改革成果,紧密跟踪我国工程造价管理方面的政策和技术发展,采用了最新的技术标准、规范,具有较强的针对性。教材编写中较好地贯彻了素质教育的思想,力求体现以人为本、注重知识实用性的现代职业教育理念,从交通行业岗位群对人才的知识结构和技能要求出发,结合对培养学生创新能力、职业道德方面的要求,提出教学目标和教学内容,在教材的理论体系、组织结构、内容描述上与传统教材有了明显的区别。

《公路工程造价》是高职高专院校公路工程造价专业规划教材之一,内容包括:公路工程造价基础知识,公路工程定额,公路工程项目建议书投资估算,公路工程可行性研究报告投资估算,公路工程概、预算,标底与投标报价的编制,同望WCOST7.31造价软件应用,公路工程费用结算与竣工决算,公路工程造价文件审查。全书共九章。

参加本书编写工作的有:广西交通职业技术学院丁永灿(编写第一、二、三、四章和附录)、李卫宁(编写第七章),河北交通职业技术学院舒国明(编写第五、六、九章),河南交通职业技术学院孙莉萍(编写第八章)。全书由丁永灿担任主编,舒国明担任副主编,内蒙古大学职业技术学院贾玉辉担任主审。

本套教材是路桥工程专业指导委员会委员及长期从事公路工程造价专业教学与工程实践的教师们工作经验的总结。但是,随着各项改革的逐步深入,书中难免有不妥之处,敬请广大读者批评指正。

本套教材在编写过程中得到了交通职业教育教学指导委员会的关心与指导,全国各交通职业技术学院的领导也给予了大力支持,在此,向他们表示诚挚的谢意。

交通职业教育教学指导委员会

路桥工程专业指导委员会

2006年11月

目　录

MULU

第一章

公路工程造价基础知识

教学要求

1. 解释公路基本建设的概念；
2. 描述公路建设的性质、特点；
3. 描述公路基本建设的内容、基层单位、项目和程序；
4. 描述基本建设项目的投资与资金来源；
5. 解释工程造价的概念，描述公路工程造价的构成，论述公路工程造价的计价特征；
6. 描述公路工程造价管理的含义与内容。

第一节　公路基本建设

一、公路基本建设的定义

公路基本建设是指公路建筑业新增固定资产的一项综合性的经济活动，是有关固定资产的建筑、购置、安装及与其相关的其他工作，是公路交通运输业为了扩大再生产（即提高运输能力）而进行的增加固定资产的建设工作。具体来讲，即把一定的建筑材料、半成品、设备等，通过购置、建造和安装等活动，转化为固定资产，如一条公路，一座桥梁的活动。

二、公路基本建设的内容

公路基本建设活动的内容构成主要有以下三部分。

1. 建筑安装工程

指兴工动料的施工活动，是投资额最高的一部分，也是基本建设中最复杂的一部分。它包括建筑工程和设备安装活动。

建筑工程包括：路基，路面，桥涵，隧道，防护工程及沿线设施等。

设备安装活动包括：高速公路、特大桥梁所需各种机械、设备、仪器的安装测试等。

2. 设备及工具、器具购置

设备及工具、器具购置是指为公路营运、服务管理、养护等需要所购买的设备、工具、器具，以及为保证新建、改建公路初期正常生产、使用和管理所需办公和生活家具的采购或自制。

3. 其他基本建设工作

其他基本建设工作是指不属于上述各项的基本建设工作，它包括公路筹建阶段和建设阶段的管理工作、勘察设计、科研试验、征用土地、拆迁补偿等。

三、公路基本建设基层单位

直接参与公路基本建设工作的基层单位有六个:建设单位,勘察设计单位,施工单位,监理单位,工程质量监督单位和建设银行。

1. 建设单位

负责执行国家基本建设计划的基层单位,称为基本建设单位(简称建设单位、业主或甲方)。它在行政上有独立的组织形式,在经济上独立进行核算。建设单位是基本建设投资的支配人,也是基本建设的组织者、监督者,它对国家负有一定的政治和经济责任。建设单位的主要工作包括:提供设计所需的基础资料;编制年度基本建设计划和财务计划;在中国人民建设银行开设账户;办理土地征用的有关手续;组织施工、监理招标与投标的有关事宜;同施工单位签订工程合同,同监理单位签订监理合同;购置设备和进行各项其他建设工作;办理工程交工验收、编制竣工决算等。

2. 勘察设计单位

设计院、设计所、设计室、设计公司等设计机构通称为设计单位。设计单位应持有上级主管发证机关颁发的设计许可证。设计单位受建设单位或主管部门的委托,按照一定的设计要求为建设工程进行勘察和设计工作,编制设计文件。

3. 施工单位

它是承担建筑安装工程施工的机构。施工企业是独立的经济核算单位,它通过投标竞争获取施工任务,编制与执行施工计划和财务计划;它有权与其他经济核算单位签订经济合同,办理往来结算;它独立经营业务,组织施工,办理工程交工,结算工程价款,独立计算盈亏。

4. 监理单位

监理单位是指承担公路工程监理任务的单位。监理单位必须持有主管机关颁发的资格证书,与建设单位签订委托与被委托合同,负责对基本建设工程实施"三控二管一协调"("三控"即质量、进度、资金的控制;"二管"即合同管理和信息管理;"一协调"即协调业主与承包商以及各方矛盾和关系)。监理单位既维护业主的利益,又不损害承包商的合法权益,按照合同文件规定的职责、权限,独立公正地为工程建设服务。

5. 工程质量监督单位

工程质量监督单位是各级政府授权管理工程质量,监督工程质量的部门。

6. 建设银行(中国人民建设银行)

它是管理基本建设资金的支出、预算和财务,办理基本建设资金拨款、结算和放款,进行财政监督的我国国家专业银行。

四、公路基本建设的项目组成

基本建设项目按其工作内容内涵的大小可依次分为基本建设项目、单项工程、单位工程、分部工程和分项工程。一个基本建设项目可由一个或多个单项工程组成,一个单项工程可由几个单位工程组成,一个单位工程可包含若干个分部工程,一个分部工程又可包含若干个分项工程。

1. 基本建设项目

又称建设项目，是指按照一个总体设计或初步设计进行施工的基本建设工程。一个基本建设项目是按一个项目编制项目建议书和可行性研究报告，实行统一核算、统一管理，建成后能独立发挥生产能力或满足生活需要。如一座工厂、一所学校、一条公路、一条铁路、一个港口的建设，都是一个建设项目。一个建设项目可以分期进行修建。

2. 单项工程

又称工程项目，它是建设项目的组成部分，一般是指具有独立设计文件，建成后可以独立发挥设计规定的生产能力或效益的工程，如一座工厂的生产车间、办公楼，一所学校的教学楼、图书馆，一个建设项目中的分期修建路段、独立大桥工程、独立隧道、公路工程等。

3. 单位工程

单位工程是单项工程的组成部分，一般是指不能独立发挥生产能力或效益，虽没有独立的设计文件，但具有独立的整体设计内容、独立施工条件的工程，如属于单项工程生产车间的厂房修建、设备安装等；独立隧道工程中的土建工程、照明工程、通风工程；一条公路的路线工程、桥涵工程等。

4. 分部工程

分部工程是单位工程的组成部分，一般是按单位工程的工程部位、设备种类和型号、使用材料的不同划分，如路线工程中的路基工程、路面工程、材料采集加工工程；又如桥梁工程中的挖基工程、砌筑工程、混凝土及钢筋混凝土工程等。

5. 分项工程

分项工程是分部工程的组成部分，是按不同的施工方法、不同的材料、不同的规格等标准，对分部工程所作的进一步分类，它是预算定额的基本计量单位，故也称为工程细目或工程定额子目。如路面工程可分为级配砾石路面、沥青混凝土路面等；又如砌筑工程可分为浆砌片石和浆砌块石等分项工程。

五、公路建设的特点

公路建设的特点包括两个方面：一是公路建筑产品的特点；二是公路工程施工的特点。

1. 公路建筑产品的特点

(1)产品的固定性。公路工程构造物一经建成，其地点固定不变，不能移动。

(2)产品的多样性。由于公路的具体使用目的、技术标准、技术等级、自然条件、结构形式、主体功能的不同，而使公路的组成部分、形体构造千差万别和复杂多样。

(3)产品形体的庞大性。公路工程是线形构造物，其组成部分的形体庞大，占用土地及空间多。

(4)产品部分结构的易损性。公路工程由于受行车荷载的作用和自然因素的影响，所以经常损坏，尤其是暴露于大自然的部分以及直接受行车荷载作用的部分。

2. 公路建设的特点

1)造价高、投资大

公路工程建设项目投资一般是非常巨大的，其建设工程合同的价额基本上是几千万、上亿甚至几百亿，这是一般的建筑工程项目所不可比拟的。如作为中国第九个五年计划期间的重点工程项目，沈阳至北京高速公路全长658km，总投资近二百亿元人民币；而贯穿祖国南北的交通大动脉——京珠（北京—珠海）高速公路更是长达2400km，整个工程总投资近千亿元。

2）点多、线长、面广

公路工程建设规模一般都比较大，从建设里程上来讲从几十公里到上百公里甚至上千公里的都有，涉及的施工区域可能不止一个省、市，尤其是国道干线的建设，一般都要跨越几个省市以上，施工范围是相当广的。因此，工程的建设是不可能只由一家施工企业单独来完成的，需要多家合作，分点、分段建设完成。

3）质量要求高，形成时间长

每条公路都是特有的、唯一的，一经建成，在短时间内将不会进行重复性的投资建设；同时，建设一条公路将会耗费大量的人力、物力和财力等。因此，在公路工程建设期间，就要对建设产品提出较强的质量要求，要求建设、设计、施工、监理等单位密切配合，材料、动力、运输等各部门通力协作，以及地方各级政府部门和施工沿线各相关单位大力支持，科学合理地利用资源，尽可能创造高质量的公路建筑产品。

4）户外作业环境复杂，不可控因素多

公路工程本身的特点要求施工建设是采用全野外的作业方式，加上施工的路线一般都较长，施工几公里、几十公里甚至上百公里的公路工程，所以无论是其面临的气候、地质水文条件，还是社会经济环境，乃至风土人情，都将是有差异的。其中的任何一项因素的变化都会影响公路工程建设的顺利进展。另外，对不同的施工项目，环境等影响因素又有所不同，不可控因素的增多也使得项目管理在施工中变得尤为重要。

六、公路基本建设的程序

1. 基本建设程序的作用和意义

基本建设程序是指基本建设项目从投资前期到投资期，从规划立项到竣工验收的整个建设过程中各项工作的先后次序，它由基本建设的客观规律决定。

公路基本建设涉及面广，它受到地质、气候、水文等自然条件和资源供应、技术水平等物质技术条件的严格制约，需要内外各个环节的密切配合，并且要求按照符合既定需要和有科学根据的总体设计进行建设。工程的建设程序是多年建设项目管理经验的积累，是客观规律的总结，在基本建设活动时，必须严格按照规定的程序进行，不可人为地忽略其中的某个阶段或改变其顺序，否则，不仅将造成宏观上的浪费，而且会导致盲目发展，甚至贻误地区经济的开发时机。

2. 公路基本建设的程序

公路基本建设的程序是：根据国民经济长远规划及布局所确定的公路网规划，提出项目建议书；通过调查，进行可行性研究，编制可行性研究报告；经批准后进行初步测量及编制初步设计文件；经批准后，列入国家年度基本建设计划，并进行定线测量，编制施工图设计文件；经批准后组织施工；完工后，进行竣工验收，最后交付使用。

公路基本建设程序如图1-1所示。

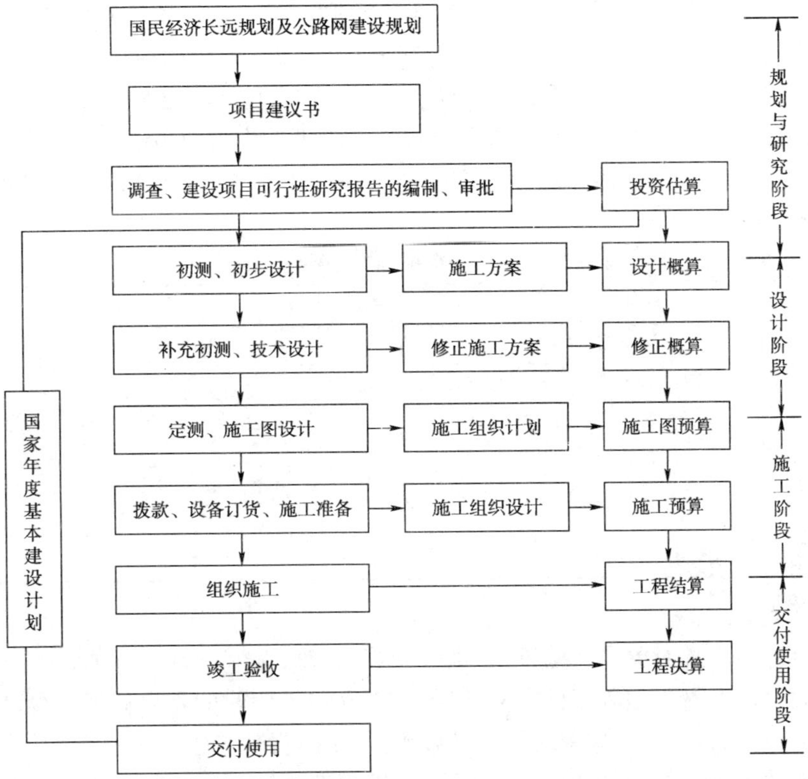

图 1-1 公路基本建设程序流程图

1)项目建议书

项目建议书是在经济规划、运输规划和道路规划的基础上产生的技术政策性文件,是按项目或年度列出的待建项目,它既是进行各项前期准备工作的依据,又是可行性研究的基础。项目建议书应对拟建项目的目的、要求、主要技术指标、原材料、投资估算及资金来源等提出文字说明。公路工程项目建议书的主要内容如表 1-1 所示。

项目建议书的主要内容 表 1-1

序 号	内 容	序 号	内 容
1	建设依据和意义	4	分期修建原则,修建期限
2	路线走向及主要控制点位置	5	环境要求及与其他运输方式的关系
3	路线技术标准	6	土地占用情况及投资估算

2)可行性研究

可行性研究是基本建设前期工作的重要组成部分,是建设项目立项、决策的主要依据。在 1988 年 6 月原交通部颁发的《公路可行性研究报告编制办法》中规定,大中型工程、高等级公路及重点工程建设项目(含国防、边防),均应进行可行性研究,小型项目可适当简化。

公路建设项目可行性研究的任务是:在对拟建工程地区社会、经济发展和公路网状况进行充分地调查研究、评价、预测和必要的勘察工作的基础上,对项目建议的必要性、经济合理性、技术可行性、实施可能性,提出综合性研究论证报告。

可行性研究按工作深度,划分为预可行性研究和工程可行性研究两个阶段。预可行性研究应重点阐明建设项目的必要性，通过踏勘和调查研究，提出建设项目的规模、技术标准，进行简要的经济效益分析。工程可行性研究应通过必要的测量、地质勘探（大桥、隧道及不良地质地段等），在认真调查研究，拥有必要资料的基础上，对不同建设方案在经济上、技术上进行综合论证，提出推荐建设方案，工程可行性研究报告经审批后作为初步设计的依据。工程可行性研究的投资估算与初步设计概算总额之差，应控制在10%以内。公路建设项目可行性研究报告的主要内容如表1-2所示。

可行性研究报告的主要内容 表1-2

序号	内容	序号	内容
1	建设项目的依据、历史背景	7	投资估算及资金筹措
2	建设项目区域的自然条件、社会经济、交通运输现状与发展	8	经济评价
3	交通分析与预测	9	节能评价
4	技术标准	10	推荐方案
5	建设方案	11	问题及建议
6	工程环境影响分析		

3）工程设计

工程设计是对工程对象进行构思，并进行计算、验算，编制设计文件的过程。设计文件是安排建设项目、控制投资、编制招标文件、组织施工和竣工验收的重要依据。设计文件的编制必须坚持精心设计，认真贯彻国家有关方针政策，严格执行基本建设程序的规定。

根据基本建设项目的性质和设计内容不同，工程设计一般可分为“一阶段设计”、“两阶段设计”和“三阶段设计”三种类型。

公路工程基本建设一般采用两阶段设计，即初步设计和施工图设计。对于技术简单、方案明确的小型建设项目，可采用一阶段设计，即一阶段施工图设计；技术复杂而又缺乏经验的建设项目或建设中个别路段、特殊大桥、互通式立体交叉、隧道等，必要时采用三阶段设计，即初步设计、技术设计和施工图设计。如何选择工程设计类型，具体如表1-3所示。

工程设计类型选择组合表 表1-3

设计特点 设计类型	适用场合	设计依据	应提交的成果
一阶段设计	技术方案明了、投资不大的道路工程项目（尤其是地方投资的项目）	批准的可行性研究（或测设合同）和定测资料	施工图设计文件和施工图预算文件
两阶段设计	一般工程项目	初步设计：批准的可行性研究（或测设合同）和初测资料； 施工图设计：已批准的初步设计和定测资料	初步设计：初步设计文件和工程概算文件； 施工图设计：施工图设计文件和施工图预算文件
三阶段设计	重大的工程项目或其中有技术难题的工程项目	初步设计：批准的可行性研究（或测设合同）和初测资料； 技术设计：已批准的初步设计和补充初测资料； 施工图设计：已批准的技术设计和定测资料	初步设计：初步设计文件和工程概算文件； 技术设计：技术设计文件和修正概算文件； 施工图设计：施工图设计文件和施工图预算文件

(1)初步设计。初步设计应根据批准的可行性研究的要求和初测资料，拟订修建原则，选定设计方案，计算主要工程数量，提出施工方案的意见，编制设计概算，提供文字说明和图表资料。初步设计文件经审查批准后，是国家控制建设项目投资及编制施工图设计文件或技术设计文件(采用三阶段设计时)的依据，并且是订购或准备主要材料、机具设备，安排重大科研项目，筹划征用土地及控制项目投资的依据。

表1-4列出了初步设计的主要内容，供设计时参考。

初步设计的主要内容　　表1-4

序　号	内　容
1	工程所在地的产业背景、地形、地貌及古迹等景观状况
2	道路走向的地质、水文、气候、地震情况及通航要求
3	道路走向上的土质及其他筑路材料的产量、储量、价格及运输条件
4	选择道路路线方案，初步确定路线位置，进行平面设计
5	初步进行纵断面没计
6	拟订标准横断面和特殊地段的横断面形式，进行初步的土石方调配
7	初步确定排水系统与防护工程位置、结构形式及基本尺寸
8	拟订路面类型、结构形式及尺寸
9	初步选定大中桥位、隧道位置及设计方案
10	确定小桥、涵洞等的位置、结构形式及主要尺寸
11	拟订本路线与铁路、公路交叉的位置、形式及结构类型
12	初步确定通道和人行天桥的位置、形式及结构类型
13	初步确定沿线设施位置、形式及结构类型
14	环境保护的内容、措施及实施方案
15	初步确定占用土地、拆迁建筑物及电力、通信设施的数量
16	提出需要进行专题研究的项目
17	计算各项工程的数量
18	编制工程概算

(2)技术设计。技术设计应根据已批准的初步设计和补充初测，对重大、复杂的技术问题通过科学试验、专题研究，加深勘探调查及分析比较，针对表1-4中所列的各项内容，解决初步设计中未能解决的问题，进一步落实各项技术方案，计算工程数量，提出修正的施工方案，编制修正设计概算。批准后的技术设计文件将作为施工图设计的依据。技术设计文件的内容与初步设计类似，但此时的技术方案和技术细节都已基本确定。

(3)施工图设计。一阶段施工图设计应根据批准的可行性研究和定测资料，拟订修建原则，确定设计方案和工程数量，提出文字说明和图表资料以及施工组织计划，编制施工图预算，满足审批的要求，适应施工的需要。

两阶段(或三阶段)施工图设计应根据批准的初步设计(或技术设计)和定测(或补充初

测)资料,进一步对所审定的修建原则、设计方案、技术决定加以具体化和深化,最终确定工程数量,提出文字说明和适应施工需要的图表资料以及施工组织计划,编制施工图预算。

(4)设计文件组成。为了便于对设计工作进行管理(核定和审查等),避免设计文件内容的遗漏,提高工程设计质量,必须对设计文件的编制方法、编制内容、内容顺序以及格式作出严格的要求。表1-5是1996年原交通部颁发的《公路工程基本建设项目设计文件编制办法》中提出的设计文件规范篇目。初步设计和施工图设计的篇目类似,但两者的设计深度要求不同。技术设计文件的篇目可参照该表进行。

公路工程设计篇目

表1-5

篇目 \ 设计阶段	初步设计	施工图设计
第一篇	总说明	总说明
第二篇	总体设计	总体设计
第三篇	路线	路线
第四篇	路基、路面	路基、路面
第五篇	桥梁、涵洞	桥梁、涵洞
第六篇	隧道	隧道
第七篇	路线交叉	路线交叉
第八篇	沿线设施及其他工程	沿线设施及其他工程
第九篇	环境保护	环境保护
第十篇	筑路材料	筑路材料
第十一篇	施工方案	施工组织计划
第十二篇	工程概算	施工图预算

4)列入年度基本建设计划

当建设项目的初步设计和概算经上报批准后,才能列入国家基本建设年度计划。建设单位根据国家计委颁发的年度基本建设计划控制数字,按照批准的可行性研究报告和设计文件,编制本单位的年度基本建设计划,报经批准后,再编制物资、劳动、财务计划。这些计划分别经过主管机关审查平衡后,作为国家安排生产、宏观调控物资和财政拨款或贷款的依据,并通过招标或其他方式落实施工单位和监理单位。

5)施工准备

为了保证施工的顺利进行,在施工准备阶段,建设单位、勘测设计单位、施工单位、监理单位和建设银行均应在自己的职责范围内,针对施工的要求充分做好各项准备工作。

建设主管部门应根据计划要求的建设进度,组建基本建设项目的专门管理机构,办理登记及拆迁,做好施工沿线有关单位和部门的协调工作,抓紧配套工程项目的落实,提供技术资料,落实材料、设备的供应。

勘测设计单位应按照技术资料供应协议,按时提供各种图纸资料,做好施工图纸的会审及移交工作。

施工招投标中中标并已签订工程承包合同的施工单位应组织机具、人员进场,进行施工测量，修筑便道及生产、生活等临时设施，建立实验室，组织材料、物资采购、加工、运输、供应、储备，做好施工图纸的接收工作，熟悉图纸的要求，编制实施性施工组织设计和施工预算，提出开工报告。

监理招投标中中标并已签订监理合同的监理单位应组织监理机构，建立监理组织体系，熟悉施工设计文件和合同文件；组织监理人员和设备进场，建立中心实验室；根据工程监理规划规定的程序和合同条款，对施工单位的各项准备工作进行检查、验收、审批，合格后，签发开工令。

建设银行应会同建设、设计、施工单位做好图纸的会审工作，严格按计划要求进行财政拨款或贷款，做好建设资金的调拨计划。

6）工程施工

在开工报告批准后，施工单位即可正式施工。施工过程中，施工单位应遵照合理的施工程序，按照设计要求、施工规范及进度要求，确保工程质量，安全施工。坚持施工过程的组织原则，加强施工管理，大力推广应用新技术、新工艺、新方法、新设备和新材料，努力缩短工期，降低造价，做好施工记录，建立技术档案。

7）竣工验收、交付使用

建设项目的竣工验收是基本建设全过程的最后一个程序。竣工验收是一项十分细致和严肃的工作，必须从国家和人民的利益出发，按照国家建委《关于基本建设项目竣工验收暂行规定》和原交通部颁发的《公路工程竣工验收办法》的要求，认真负责地对全部基本建设工程进行总验收。竣工验收包括两部分内容，一是工程技术验收，二是工程资金决算，是对工程质量、数量、期限、生产能力、建设规模、使用条件的审查，应对建设单位和施工单位编制的固定资产移交清单、隐蔽工程说明和竣工决算等进行细致检查。

当全部基本建设工程经过验收合格，完全符合设计要求后，应立即移交给生产部门正式使用。在验收时，对遗留问题、存在问题要明确责任，确定处理措施和期限。

养护和大、中修工程，即固定资产的更新与技术改造，原则上也应参照基本建设程序，按交通运输部有关规定执行。

第二节　公路工程造价的基本概念

一、工程造价的含义、作用及特点

1. 工程造价的含义

工程造价是指某项工程建设所花费（指预期花费或实际花费）的包括固定资产投资和铺底流动资金等全部费用总和。我国现行的制度规定，建设工程造价由建筑安装工程费用、设备和工器具购置费用、工程建设其他费用组成。

公路工程造价，是指建设一条公路或一座独立大桥或隧道使其达到设计要求所花费的全部费用。

2. 工程造价的计价特征

（1）单件性计价特征。建设工程都是固定在一定地点的，其结构、造型必须适应工程所在地的气候、地质、水文等自然客观条件，在建设这些不同的实物形态的工程时，必须采取不同的工艺、设备和建筑材料，因而所消耗的物化劳动和活劳动也必定是不同的，再加上不同地区的社会发展的不均衡，致使构成价格和费用的各种价值要素出现差异，最终导致工程造价各不相同。任何两个公路建设项目其工程造价不可能是完全相同的，因此，对建设工程就不能像对工业产品那样，按品种、规格、质量成批量生产和定价，只能是单件性计价。也就是说，只能根据各个建设工程项目的具体设计资料和当地的实际情况单独计算工程造价。

(2)多次性计价。多次性计价是逐步深化、逐步细化和逐步接近实际造价的过程。建设工程一般规模大，建设期长，技术复杂；受建设所在地的自然条件影响大；消耗的人力、物力和资金巨大。考虑建设过程中各种不确定因素的影响，为满足公路基本建设过程不同阶段投资控制的需要，相应地也要在不同阶段多次性计价，以保证工程造价确定与控制的科学性。

3. 工程造价的作用

(1)工程造价是项目决策的工具。在项目决策阶段，建设工程造价是项目财务分析和经济评价的重要依据。

(2)工程造价是制订投资计划和控制投资的有效工具。

(3)工程造价是筹集建设资金的依据。当建设资金来源于金融机构的贷款时，金融机构在对项目的偿贷能力进行评估的基础上，也需要依据工程造价来确定给予投资者的贷款数额。

(4)工程造价是合理利益分配和调节产业结构的手段。

(5)工程造价是评价投资效果的重要指标。

二、公路工程造价的构成

按我国的制度规定，建设工程造价按其费用和性质的不同，一般由建筑安装工程费用、设备工器具购置费用、工程建设其他费用、预留费等组成。

1. 建筑安装工程费用

建筑安装工程费是指直接用于形成工程实体所发生的费用。建筑安装工程费由直接费、间接费、利润和税金四部分组成。

2. 设备、工具、器具及家具购置费

设备、工具、器具及家具购置费，内容包括设备购置费、工器具及生产家具购置费及办公和生活用家具购置费三项。

1)设备购置费

设备购置费是指为满足公路的营运、管理、养护需要而购置的达到固定资产标准的设备和低于固定资产标准但属于设计明确列入设备清单的设备的费用，包括渡口设备，隧道照明、消防、通风的动力设备，高等级公路的收费、监控、通信、供电设备，养护用的机械、设备和工具、器具等的购置费用。

2)工器具及生产家具(简称工器具)购置费

工器具购置费是指建设项目交付使用后为满足初期正常营运必须购置的第一套不构成固定资产的设备、仪器、仪表、工卡模具、器具、工作台(框、架、柜)等的费用。该费用不包括构成固定资产的设备、工器具和备品、备件，及已列入设备购置费中的专用工具和备品、备件。

3)办公和生活用家具购置费

办公和生活用家具购置费是指为保证新建、改建项目初期正常生产、使用和管理所必须购置的办公和生活用家具、用具的费用。

范围包括:行政、生产部门的办公室,会议室,资料档案室,阅览室,单身宿舍及生活福利设施等的家具、用具。

3. 工程建设其他费用

工程建设其他费用指上述费用以外的,根据设计文件要求和国家有关规定应在基本投资中支付的,并列入建设项目总概算或单项工程综合概(预)算的一些费用。它的特点是不属于建设项目中的任何一个工程项目,而是属于建设项目范围内的工程费用。工程建设其他费用一般由以下内容组成。

1)土地征用及拆迁补偿费

土地征用及拆迁补偿费是指按《中华人民共和国土地管理法》及《中华人民共和国土地管理法实施条例》、《中华人民共和国基本农田保护条例》等法律、法规的规定,为进行公路建设需征用土地所支付的土地征用及拆迁补偿费等费用。

2)建设项目管理费

建设项目管理费包括建设单位(业主)管理费、工程质量监督费、工程监理费、工程定额测定费、设计文件审查费和竣(交)工验收试验检测费六项费用。

(1)建设单位(业主)管理费。建设单位(业主)管理费是指建设单位(业主)为建设项目立项、筹建、建设、竣(交)工验收、总结等工作所发生的管理费用,但不包括应计入设备、材料预算价格内的建设单位采购及保管设备、材料所需的费用。

费用内容包括:工作人员的基本工资、工资性补贴、施工现场津贴、社会保障费用(基本养老、基本医疗、失业、工伤保险)、住房公积金、职工福利费、工会经费、劳动保护费;办公费、会议费、差旅交通费、固定资产使用费(包括办公及生活房屋折旧、维修或租赁费,车辆折旧、维修、使用或租赁费,通信设备购置、使用费,测量、试验设备仪器折旧、维修或租赁费,其他设备折旧、维修或租赁费等)、零星固定资产购置费、招募生产工人费;技术图书资料费、职工教育经费、工程招标费(不含招标文件及标底或造价控制值编制费);合同契约公证费、咨询费、法律顾问费;建设单位的临时设施费、完工清理费、竣(交)工验收费(含其他行业或部门要求的竣工验收费用)、各种税费(包括房产税、车船使用税、印花税等);建设项目审计费、境内外融资费用(不含建设期贷款利息)、业务招待费、安全生产管理费和其他管理性开支。

由施工企业代建设单位(业主)办理"土地、青苗等补偿费"的工作人员所发生的费用,应在建设单位(业主)管理费项日中支付。当建设单位(业主)委托有资质的单位代理招标时,其代理费也应在建设单位(业主)管理费项目中支付。

(2)工程质量监督费。工程质量监督费是指根据国家有关部门规定,各级公路工程质量监督机构对工程建设质量和安全生产实施监督应收取的管理费用。

(3)工程监理费。工程监理费是指建设单位(业主)委托具有公路工程监理资格证书的单位,按施工监理规范进行全面地监督与管理所发生的费用。

工程监理费主要包括:工作人员的基本工资、工资性补贴、社会保障费用(基本养老、基本医疗、失业、工伤保险)、住房公积金、职工福利费、工会经费、劳动保护费;办公费、会议费、差旅交通费、固定资产使用费(包括办公及生活房屋折旧、维修或租赁费,车辆折旧、维修、使用或租赁费,通信设备购置、使用费,测量、试验、检测设备仪器折旧、维修或租赁费,其他设备折旧、维修或租赁费等)、零星固定资产购置费、招募生产工人费;技术图书资料费、职工教育经费、投标费用;合同契约公证费、咨询费、业务招待费;财务费用、监理单位的临时设施费、各种税费和其他管理性开支。

(4)工程定额测定费。工程定额测定费是指各公路(交通)工程定额(造价管理)站为测定劳动定额、收集定额资料、编制工程定额及定额管理所需要的工作经费。

(5)设计文件审查费。设计文件审查费是指国家和省级交通主管部门在项目审批前,为保证勘察设计工作的质量,组织有关专家或委托有资质的单位,对设计单位提交的建设项目可行性研究报告和勘察设计文件以及对设计变更、调整概算进行审查所需要的费用。

(6)竣(交)工验收试验检测费。竣(交)工验收试验检测费是指公路建设项目交工验收和竣工验收前,由建设单位(业主)或工程质量监督机构委托有资质的公路工程质量检测单位按照有关规定对建设项目的工程质量进行检测,并出具检测意见所需要的相关费用。

3)研究试验费

研究试验费是指为本建设项目提供或验证设计数据、资料进行必要的研究试验和按照设计规定在施工过程中必须进行试验、验证所需的费用,以及支付科技成果、先进技术的一次性技术转让费。但不包括:

(1)应由科技三项费用(即新产品试制费、中间试验费和重要科学研究补助费)开支的项目;

(2)应由施工辅助费开支的施工企业对建筑材料、构件和建筑物进行一般鉴定、检查所发生的费用及技术革新研究试验费;

(3)应由勘察设计费、勘察设计单位的事业费或基本建设投资中开支的项目。

4)建设项目前期工作费

建设项目前期工作费是指委托勘察设计、咨询单位对建设项目进行可行性研究、工程勘察设计,以及设计、监理、施工招标文件及招标标底或造价控制值文件编制时,按规定应支付的费用。

5)专项评价(估)费

专项评价(估)费是指依据国家法律、法规规定须进行评价(评估)、咨询,按规定应支付的费用。该费用包括环境影响评价费、水土保持评估费、地震安全性评价费、地质灾害危险性评价费、压覆重要矿床评估费、文物勘察费、通航论证费、行洪论证(评估)费、使用林地可行性研究报告编制费、用地预审报告编制费等费用。

6)施工机构迁移费

施工机构迁移费是指施工机构根据建设任务的需要,经有关部门决定成建制地(指工程处等)由原驻地迁移到另一地区所发生的一次性搬迁费用。但不包括:

(1)应由施工企业自行负担的在规定距离范围内调动施工力量以及内部平衡施工力量所发生的迁移费用;

(2)由于违反基建程序,盲目调迁队伍所发生的迁移费;

(3)因中标而引起施工机构迁移所发生的迁移费。

搬迁费用内容包括:职工及随同家属的差旅费,调迁期间的工资,施工机械、设备、工具、用具和周转性材料的搬运费。

7)供电贴费

供电贴费是指按国家规定,建设项目应交付的供电工程贴费、施工临时用电贴费。

8)联合试运转费

联合试运转费是指新建、改(扩)建工程项目,在竣工验收前按照设计规定的工程质量标准,进行动(静)载荷载试验所需的费用,或进行整套设备带负荷联合试运转期间所需的全部费用抵扣试车期间收入的差额。该费用不包括应由设备安装工程项下开支的调试费的费用。

联合试运转费主要包括:联合试运转期间所需的材料、油燃料和动力的消耗,机械和检测设备使用费,工具用具和低值易耗品费,参加联合试运转人员工资及其他费用等。

9)生产人员培训费

生产人员培训费是指新建、改(扩)建公路工程项目,为保证生产的正常运行,在工程竣工验收交付使用前对运营部门生产人员和管理人员进行培训所必需的费用。

生产人员培训费主要包括:培训人员的工资、工资性补贴、职工福利费、差旅交通费、劳动保护费、培训及教学实习费等。

10)固定资产投资方向调节税

固定资产投资方向调节税是指为了贯彻国家产业政策,控制投资规模,引导投资方向,调整投资结构,加强重点建设,促进国民经济持续稳定协调发展,依照《中华人民共和国固定资产投资方向调节税暂行条例》规定,公路建设项目应缴纳的固定资产投资方向调节税。

11)建设期贷款利息

建设期贷款利息是指建设项目中分年度使用国内贷款或国外贷款部分,在建设期内应归还的贷款利息。费用内容包括各种金融机构贷款、企业集资、建设债券和外汇贷款等利息。

4.预备费及回收金额

1)预备费

预备费用由价差预备费及基本预备费两部分组成。在公路工程建设期限内,凡需动用预备费用时,属于公路交通部门投资的项目,须经建设单位提出,按建设项目隶属关系,报交通运输部或交通厅(局)基建主管部门核定批准;属于其他部门投资的建设项目,按其隶属关系报有关部门核定批准。

2)回收金额

概(预)算定额所列材料一般不计回收,只对按全部材料计价的一些临时工程项目和由于工程规模或工期限制达不到规定周转次数的拱盔、支架及施工金属设备的材料计算回收金额。

三、公路工程造价的分类

为了对公路基本建设工程进行全面而有效的经济管理,公路基本建设从项目建议书到工程竣工验收的各阶段都必须编制相应的工程造价文件。公路工程造价的编制是泛指估算、概算、预算、标底、报价、工程结算和竣工决算等造价文件的编审工作,这些不同造价文件的投资额则要根据其主要内容要求,由不同测算工作来完成,并构成了一个完整的公路基本建设投资额测算体系。

1. 投资估算

投资估算一般是指在投资前期(规划、项目建议书、可行性研究报告)阶段,建设单位向国家申请拟建项目或国家对拟建项目进行决策时,为了测算建设项目在规划、项目建议书、可行性研究报告等不同阶段的相应投资总额而编制的造价文件。公路工程投资估算是公路建设项目规划与研究阶段的各组成文件的重要内容,它可分为两类,一类是项目建议书投资估算,一类是工程可行性研究投资估算。原交通部于 1996 年 7 月公布了《公路工程投资估算编制办法》和《公路工程估算指标》,在编制公路工程投资估算时,应按其规定执行,并应满足预可行性研究和工程可行性研究的深度要求。

2. 工程概算

概算又分为设计概算和修正概算两种。概算是初步设计或技术设计阶段,由设计单位根据设计资料、概算定额、各类费用定额、建设地区的自然条件和技术经济条件等资料,计算和确定建设项目从筹建至竣工验收的全部建设费用的造价文件。它是设计文件的重要组成部分,是国家确定和控制公路基本建设投资总额,安排基本建设计划,选择最优设计方案的依据。建设项目概算一经批准,在其随后的其他阶段是不能随意突破的。

3. 施工图预算

公路基本建设工程无论采用几个阶段设计,施工图设计阶段均应编制施工图预算。施工图预算是设计单位根据施工图设计的工程量和施工组织计划,按预算定额和各类费用定额编制的反映工程造价的具体文件。它是考核施工图设计经济合理性的依据,对于按施工图预算承包的工程,它又是签订建筑安装工程合同,实行建设单位和施工单位投资包干和办理工程结算的依据;对于进行施工招标的工程,施工图预算是编制工程标底的依据;同时,它也是施工单位加强经营管理,搞好经济核算的基础。

4. 施工预算

施工预算是施工单位进行成本控制与成本核算的主要依据,是施工单位进行劳动组织和材料、机械管理的依据,对施工组织和施工生产也有着极为重要的作用。

施工预算是指施工阶段,在施工图预算的控制下,施工单位根据施工图计算的分项工程量、施工定额、施工组织设计或分部工程施工过程设计以及其他有关技术资料,通过工、料、机分析,计算和确定完成一个工程项目、一个单位工程或其中的分部、分项工程所需的人工、材料、机械台班消耗量以及其他相应费用的经济文件。

5. 标底编制

实行招标的工程项目,一般由招标单位对发包的工程,按发包工程的工程内容(通常由工程量清单来明确)、设计文件、合同条件以及技术规范和有关定额等资料进行编制。标底是一项重要的投资额测算,是评标的一个基本依据,也是衡量投标人报价水平高低的基本指标,在招投标工作中起着关键作用。其编制一方面应遵守国家的有关规定和要求,另一方面应力求准确。标底一般以设计概算和施工图预算为基础编制,以其中的建筑安装工程费为主,且不准超过批准的概算或施工图预算。

6. 报价

报价是由投标单位针对拟投标的合同段或工程项目编制,根据招标文件及有关定额(有时往往是投标单位根据自身的施工经验与管理水平所制定的企业定额),并根据招标项目所在地区的自然、社会和经济条件及施工组织方案、投标单位的自身条件,计算完成招标工程所需各项费用的经济文件。报价是投标文件最重要的组成部分,是投标工作的关键和核心,也是决定能否中标的主要依据。报价过高,中标率就会降低;报价过低,尽管中标率增大,但可能无利可图,甚至承担工程亏本的风险。因此,能否准确计算和合理确定工程报价,是施工企业在投标竞争中能否获胜的前提条件。中标单位的报价,将直接成为工程承包合同价的主要基础,并对将来的施工过程起着严格的制约作用。

7. 工程结算

工程项目建设是一个复杂的过程,涉及的单位都是一些相对独立的经济实体,有着各自的经济利益,在项目建设过程中承担着不同的工程内容。因此,无论公路工程项目采用何种方式进行建设,在建设过程中,各经济实体之间必然会发生货币收支行为。这种在项目建设过程中由于器材采购、劳务供应、施工单位已完成工程点的移交等经济活动而引起的货币收支行为,称为项目结算。

项目结算的主要内容包括货物结算、劳务供应结算、工程(费用)结算及其他货币资金的结算等。货物结算是指建设单位同其他经济单位之间,由于物资的采购和转移而发生的结算;劳务供应结算是指建设单位同其他单位之间,由于互相提供劳务而发生的结算;工程费用结算指建设单位同施工单位之间,由于拨付各种预付款和支付已完工程等费用而发生的结算;其他货币资金结算是指基本建设各部门、各企业和各单位之间由于资金往来以及他们同建设银行之间,因存款、贷款业务而发生的结算。

工程(费用)结算习惯上又称为工程价款结算,是项目结算中最重要和最关键的部分。一般以实际完成的工程量和有关合同单价以及施工过程中现场实际情况的变化资料(如工程变更通知、计日工使用记录等)计算当月应付的工程价款。施工单位将实际完成的工作内容、工程量填入各种报表,按月送交驻地监理工程师验收签认,然后向建设单位提交当月工程价款结算单。结算应付的工程价款须经总监理工程师签认支付证书后,财务部门才能转账。目前,由于各地区施工单位流动资金供应方式的差别和具体工程项目的不同,工程价款的结算方法有多种形式。建设银行 1990 年实行的《建设工程价款结算办法》第五条规定:建设工程价款结算可以根据不同情况采取多种方式:①按月结算;②竣工后一起结算;③分段结算;④约定的其他结算方式。而实行 FIDIC 条款的合同,则明确规定了计量支付条款,对结算内容、结算方式、结算时间、结算程序给予了明确规定,一般是按月申报,期中支付,分段结算,最终结清。

8. 竣工决算

竣工决算是指在建设项目完工后的竣工验收阶段,由建设单位编制的建设项目从筹建到建成投产或使用的全部实际成本的技术经济文件。它是公路建设投资管理的重要环节,是公路工程验收、交付使用的重要依据,也是进行公路建设项目财务总结,银行对其实行监督的必要手段。其内容由文字说明和结算报表两部分组成。文字说明主要包括:工程概况,设计概算和基本建设规划执行情况,各项技术经济指标完成情况,各项拨款(或贷款)使用情况,建设成本和投资效果的分析以及建设过程中的主要经验,存在的问题和解决意见等。应当注意,施工单位往往也根据工程结算结果,编制单位工程竣工成本决算,核算单位工程的预算成本、实际成本和成本降低额。工程结算作为企业内部成本分析、反映经营效果、总结经验、提高经营管理水平的手段,它与建设项目的竣工决算在概念上是不同的。公路工程造价体系与基本建设程序关系如图1-2所示。

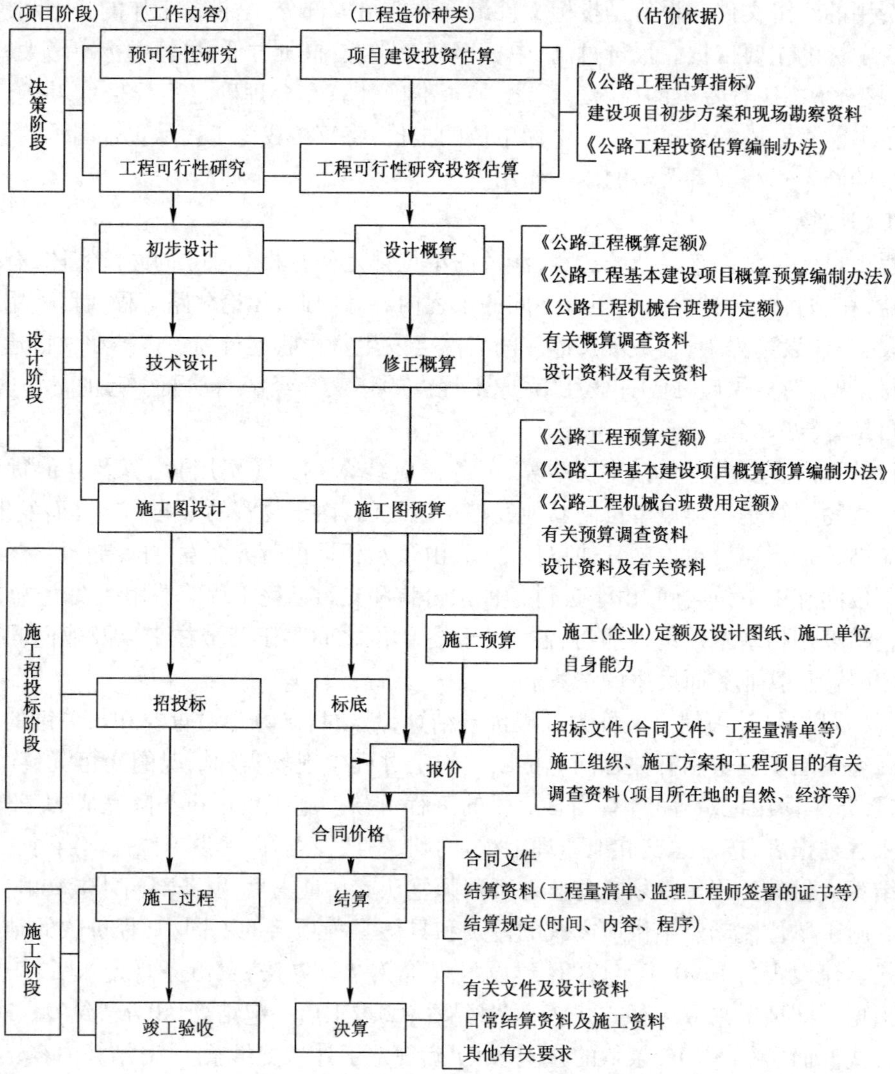

图1-2　公路工程造价体系与基本建设程序关系图

从图1-2可以看出,估算、概算、预算、标底、报价、结算及决算都是以价值形态贯穿于整个投资过程之中,从申请建设项目,确定和控制基本建设投资额,进行基本建设经济管理和施工单位进行经济核算,到最后以决算形成企(事)业单位的固定资产,构成了一个有机的整体,缺一不可。因此,在一定意义上说,它们是基本建设投资活动的血液,也是联结参与项目建设活动各经济实体的纽带。申报项目要编制投资估算,设计要编制概算和施工图预算,招标要编制标底,投标要编制报价,施工前要编制施工预算,施工过程之中要进行结算,施工完成要编制决算。并且一般还要求决算不能超过预算,预算不能超过概算,概算则不能超出估算所允许的幅度范围,结算不能突破合同价的允许范围,合同价不能偏离报价与标底太多,而报价(指中标价)则不能超出标底的规定幅度范围,并且标底不允许超概算。

四、基本建设项目的资金来源

当前基本建设投资资金的来源渠道主要有以下几方面。

1. 财政预算投资

由国家预算安排的并列入年度基本建设计划的建设项目投资为财政预算投资，也称为国家投资。

2. 自筹资金投资

自筹资金是指各地区、各部门、各单位按照财政制度提留、管理和自行分配用于固定资产再生产的资金。自筹资金主要有：地方自筹资金，部门自筹资金，企业、事业单位自筹资金，集体、城乡个人筹集资金等。自筹资金必须纳入国家计划，并控制在国家确定的自筹资金投资规模以内。地方和企业的自筹资金，应由建设银行统一管理，其投资要同预算内投资一样，事先要进行可行性研究和技术经济论证，严格按基本建设程序办事，以保障自筹投资有较好的投资效益。

3. 银行贷款投资

银行利用信贷资金发放基本建设贷款是建设项目投资资金的重要组成部分。

4. 利用外资

利用多种形式的外资，是我国实行改革开放政策、引进外国先进技术的一个重要步骤，同时，也是我国建设项目投资不可缺少的重要资金来源。其主要形式有：外国政府贷款；国际金融组织贷款；国外商业银行贷款；在国外金融市场上发行债券；吸收外国银行、企业和私人存款；利用出口信贷；吸收国外资本直接投资，包括与外商合资经营、合作经营、合作开发以及外商独资等形式；补偿贸易；对外加工装配；国际租赁；利用外资的 BOT 方式等。

5. 利用有价证券市场筹措建设资金

有价证券市场，是指买卖公债、公司债券和股票等有价证券，在不增加社会资金总量和资金所有权的前提下，通过融资方式，把分散的资金累积起来，从而有效地改变社会资金总量的结构。有效证券主要指债券和股票。

1）债券

债券是借款单位为筹集资金而发行的一种信用凭证，它证明持券人有权取得固定利息并到期收回本金。我国发行的债券种类有：国家债券，即公债、国库券，是国家以信用的方式从社会上筹集资金的一种重要工具；地方政府债券；企业债券；金融债券。债券发行后，可在证券流通市场上进行交易，债券的发行与转让分别通过债券发行市场和债券转让市场进行。债券的票面价格即指债券券面上所标明的金额；发行价格即指债券的募集价格，是债券发行时投资者对债券所付的购买金额；债券的市场价格指债券发行后在证券流通市场上的买卖价格。

2）股票

股票是股份公司发给股东作为已投资入股的证书和索取股息的凭证。它是可作为买卖对象和（或）抵押品的有价证券。按股东承担风险和享有利益的大小，股票可分普通股和优先股两大类。股票筹资是一种有弹性的融资方式，由于股息和红利不像利息必须按期支付，且股票无到期日，公司不需要偿还资金，因而融资风险低。但对投资者来说，因股票的投资报酬可能比债券高，故投资的风险也大。

• 第三节 公路工程造价管理 •

一、工程造价的控制与管理

我国公路工程建设经历了一定的发展过程，从承发包制、投资包干制、实报实销制、经常费制到招投标制，逐渐形成了现在的市场竞争机制。由业主投资经营，施工企业强化经营管理和成本管理，发挥监理工程师、银行等职能，形成协调统一的整体。由于公路工程造价由各种复杂因素构成，因此，随着市场变化和构成造价的因素的变化，工程造价也会随之变化。加上工程造价的计算具有分阶段、分项目、分地区、按市场变化和规定计价等特点，所以，加强管理，特别是加强工程造价管理，对节约工程成本、提高工程质量具有十分重要的意义。

1. 工程造价管理的含义

工程造价管理包括工程投资费用管理及工程价格管理。而工程造价计价依据的管理和工程造价人员的管理是为这两种管理服务的。

工程建设投资费用管理的含义是：为了实现投资的预期目标，在拟订的规划、设计方案的条件下，预测、计算、确定和监控工程造价及其变动的系统活动。工程价格管理属于价格管理范畴，包括生产企业在掌握市场价格信息的基础上，为实现管理目标而进行的成本控制、计价、定价和竞价的系统活动；也包括政府根据社会经济发展的要求，利用法律手段、经济手段和行政手段对价格进行管理和调控，以及通过市场管理规范市场主体价格行为的系统活动。

2. 工程造价管理的基本内容

工程造价管理的基本内容就是合理确定和有效地控制工程造价。

1）工程造价的合理确定

工程造价的合理确定，就是在建设程序的各个阶段，合理确定投资估算、概算造价、预算造价、承包合同价、结算价、竣工决算价。

2）工程造价的有效控制

工程造价的有效控制，就是在优化建设方案、设计方案的基础上，在建设程序的各个阶段，采用一定的方法和措施把工程造价的发生控制在合理的范围和核定的造价限额以内。具体说，要用投资估算价控制设计方案的选择和初步设计概算造价；用概算造价控制技术设计和修正概算造价；用概算造价或修正概算造价控制施工图设计和预算造价，以求合理使用人力、物力和财力，取得较好的投资效益。包括：

（1）以设计阶段为重点的建设全过程造价控制。建设工程全寿命费用包括工程造价和工程交付使用后的经常开支费用（含经营费用、日常维护修理费用、使用期内大修理和局部更新费用）以及该项目使用期满后的报废拆除费用等。据西方一些国家分析，设计费一般只相当于建设工程全寿命费用的1%以下，但正是这少于1%的费用对工程造价的影响度占75%以上。由此可见，设计质量对整个工程建设的效益是至关重要的。

（2）主动控制。造价工程师基本任务是对建设项目的建设工期、工程造价和工程质量进行有效的控制。为此，应根据业主的要求及建设的客观条件进行综合研究，实事求是地确定一套切合实际的衡量准则，将“控制”立足于事先，主动地采取措施，积极地影响投资决策、设计、发包和施工，主动地控制工程造价。

(3)技术与经济相结合是控制工程造价最有效的手段。工程建设过程中把技术与经济有机结合，通过技术比较、经济分析和效果评价，正确处理技术先进与经济合理两者之间的对立统一关系，力求在技术先进条件下的经济合理，在经济合理基础上的技术先进，把控制工程造价观念渗透到各项设计和施工技术措施之中。

3)工程造价管理的工作要素

(1)可行性研究阶段，对建设方案认真优选，考虑风险，合理编制投资估算。

(2)从优选择建设项目的承建单位、咨询(监理)单位、设计单位，搞好相应的招标。

(3)合理选定工程的建设标准、设计标准，贯彻国家的建设方针。

(4)按估算对初步设计(含应有的施工组织设计)推行量财设计，积极、合理地采用新技术、新工艺、新材料，优化设计方案，合理编制概算，打足投资。

(5)对设备、主材进行择优采购，抓好相应的招标工作。

(6)择优选定施工企业、调试单位，抓好相应的招标工作。

(7)认真控制施工图设计，推行“限额设计”。

(8)协调好与各有关方面的关系，合理处理配套工作(包括征地、拆迁、城建等)中的经济关系。

(9)严格按概算对造价实行静态控制、动态管理。

(10)合理使用建设资金并加强对建设资金的管理，保证资金合理、有效地使用，减少资金利息支出和损失。

(11)严格进行合同管理，作好工程结算索赔。

(12)强化项目法人责任制，落实项目法人对工程造价管理的主体地位，在法人组织内建立与造价紧密结合的经济责任制。

(13)社会咨询(监理)机构要为项目法人积极开展工程造价管理提供全过程、全方位的咨询服务，遵守职业道德，确保服务质量。

(14)各造价管理部门要强化服务意识，强化基础工作(定额、指标、价格、工程量、造价等信息资料)的建设，为建设工程造价的合理确定提供动态的可靠依据。

(15)各单位、各部门要组织造价工程师的选拔、培养、培训工作，促进人员素质和工作水平的提高。

二、造价工程师与工程造价咨询单位的管理

1.工程造价咨询单位资质管理

工程造价咨询单位系指面向社会接受委托，承担建设项目可行性研究投资估算、项目经济评价、工程概(预)算、工程结算、竣工决算、工程招标标底、投标报价的编制和审核、对工程造价进行监控以及提供有关工程造价信息资料等业务工作，取得《工程造价咨询单位资质证书》，具有独立法人资格的企业、事业单位。

建设部负责管理全国工程造价咨询单位资质管理工作；省、自治区、直辖市建设行政主管部门负责本行政区的工程造价咨询单位资质管理工作；国务院有关部门负责本部门所属的工程造价咨询单位的资质管理工作(建标[1996]133号)。

工程造价咨询单位按资质标准不同可分为甲、乙、丙三级,其工程咨询的业务范围为:

(1)甲级单位可跨地区、跨部门承担各类建设项目的工程造价咨询业务;

(2)乙级单位可在本地区、本部门范围内承担各类中型以下建设项目的工程造价咨询业务;

(3)丙级的范围由省、自治区、直辖市建设主管部门和国务院有关部门制定。

工程造价咨询单位的资质实行分级审批和管理。建设部负责甲级单位的资质审核和发证工作。甲级单位的审批应先由省、自治区、直辖市建设主管部门和国务院有关部门进行资质审查后,再报建设部审批。省、自治区、直辖市建设主管部门和国务院有关部门负责本地区、本部门内乙、丙级单位的资质审批和发证工作,并报建设部备案。

2. 造价工程师资格制度

为了加强工程造价管理,提高工程造价工作质量,维护国家和社会公共利益,国家对工程建设领域涉及工程造价的计价、评估、审定、控制等各项业务活动,实行造价工程师资格制度。凡是从事工程建设活动的设计、建设、施工、工程咨询、工程造价管理等单位和部门,在其关键岗位必须配备具有相应造价工程师资格的专业人员执业。

造价工程师执业资格须通过资格考试、专门机构注册,取得造价工程师资格证书。获得造价工程师资格证书的人员,表明已具备造价工程师的水平能力,作为依法独立执行的依据。人事部和建设部共同负责全国执业造价工程师资格制度的制定、组织协调、资格考试、注册登记和监督管理工作。

复习思考题

1. 何谓公路基本建设?
2. 公路基本建设包括哪些内容?
3. 公路建设有哪些特点?
4. 公路建设的资金主要来自于哪些方面?随着市场经济改革的不断深入,我国将如何筹集公路建设资金?
5. 你能否对建设项目、单项工程、单位工程、分部工程和分项工程进行正确的划分?
6. 参与公路基本建设有哪些基层单位?他们的主要工作任务是什么?
7. 工程造价的含义是什么?公路工程造价有什么作用和特征?
8. 公路建设的资金主要来自于哪些方面?随着市场经济改革的不断深入,我国将如何筹集公路建设资金?
9. 公路工程造价由哪几部分构成?
10. 公路基本建设的程序如何?在各阶段应编制什么造价文件?
11. 工程造价管理的基本内容是什么?

第二章 公路工程定额

教学要求

1. 解释定额的概念，并论述其作用；
2. 描述定额的特点；
3. 描述定额与公路工程定额的类型及其组成；
4. 进行公路工程定额的套用；
5. 进行公路工程定额的换算调整计算。

● 第一节 公路工程定额概述 ●

一、定额的概念、特点及其作用

在工程建设活动中，完成某一分项工程或结构物的生产，必须消耗一定数量的劳动力、材料、机械台班和资金。这些消耗是随着生产的技术组织条件的变化而变化的，它反映出一定时期的社会劳动生产率水平。

1. 定额的概念

定额是指在正常的施工条件下，为完成一定量合格产品所规定的人力、物力、资金等消耗量的标准。定额是经过科学的测定、分析、计算后用数字加以规定的法定尺度，是组织施工的基础，也是计算工、料、机和资金消耗量的依据，还是工程计价的主要依据之一。定额反映了一定时期的社会生产力水平，随着生产技术的提高和生产管理的现代化，定额需要及时得到修改及补充，以提高劳动生产率、降低成本。

定额产生于19世纪末资本主义科学管理的发展时期。当时，为了适应工业的高速发展，解决生产率低下的矛盾，美国工程师泰罗用科学方法分析工人劳动中操作和动作的时间消耗，从而制定出最节约的工作时间——工时定额，提高了工人的劳动生产率。

实行定额的目的是为了加强企业的科学管理，充分发掘生产潜力，将生产过程中投入的巨大的人力、物力、资金科学合理地组织起来，在保护工人安全和健康的前提下，以最少的劳动消耗，生产出质量最好、数量最多、成本最低、经济效益最好的产品，不断提高劳动生产率水平。定额既是使工程建设活动中的计划、设计、施工、安装等各项工作取得最佳经济效益的有效工具和杠杆，又是衡量、考核上述各项工作的经济效益的尺度，是按劳分配及经济核算的依据。

2. 定额的特点

我国公路工程定额具有科学性、系统性、统一性、法令性、相对稳定性等特点。

1)定额的科学性

定额的科学性表现在定额中的各类参数是遵循客观规律的要求,运用科学的方法确定的。定额项目的内容采用了经过实践证明是成熟的、行之有效的先进技术和先进操作方法,同时,在编制定额的技术方法上,吸取了现代科学管理的成就,具有一套科学的、严密的确定定额水平的手段和方法。因此,定额中各种消耗量指标,能正确反映当前社会生产力的水平。

2)定额的系统性

任何一种专业定额都是一个完整、独立的系统,公路工程定额也不例外,它从测定到使用,直至再修订都是为了全面地反映公路工程所有的工程内容和项目。公路定额与公路工程技术标准、规范配套,完全、准确地反映公路工程施工工艺流程中的每一环节。

公路工程定额是为公路建设服务,虽然公路是一个庞大的实体,但定额将其项目分解成成千上万道工序,内容都层次分明,如项、目、节的划分。任何一个分部分项工程在公路定额中都能一一确定,如在概算定额中,一共用七章定额来将所有公路工程的内容进行分割和包容。而且在编制定额过程中,每一个不同工作都有不同的计算规则或计算模型,他们互相协调,组成一个完善的系统。

3)定额的统一性

公路定额由初期借助于国家统一的技术标准、规范到现在依据交通工程的统一标准、规范,在交通运输部造价总站的统一领导下,按照定额的制定、颁布和贯彻执行统一的制度,使定额管理有统一的程序、统一的原则、统一的要求和统一的标准。

4)定额的法令性

定额的法令性表现在定额是由国家主管部门或其他授权机关统一制定的,一经颁布便具有了法令的性质,只要在执行范围以内,任何单位都必须严格执行,不得任意变更定额的内容和水平。定额的法令性保证对工程项目有一个统一的核算尺度,使国家对设计的经济效果和施工管理水平能够实行统一的考核和监督。

5)定额的相对稳定性

定额所反映的是一定时期内施工技术和先进工艺的水平,所以表现为一定的稳定性,公路工程定额的稳定期一般在5年至10年之间。但是,由于定额水平是一定时期内社会生产力水平的反映,因此,它不是一成不变的,而是随着生产力水平的变化而变化。只是由于编制和修改定额是一项十分重要的工作,它需要动员和组织大量的人力、物力,需要很长的周期来收集大量的资料、数据,并进行反复的调查研究、测算、比较、平衡、审查、批准,最后才能印刷发行。因此,当生产力水平变化不大时,有必要保持定额的相对稳定,但当生产力变化幅度较大时,定额必须随之变化。

新中国成立以来,随着社会生产力水平的不断提高,我国公路工程定额也得到不断地发展和完善。1958年,原交通部公路总局,在对定额实行测定的基础上制定了全国统一的《公路工程预算定额》,各省、市制定了地方性的《公路工程预算定额》或《公路工程施工定额》,基本上解决了当时公路建设上的急需,符合当时的生产力水平。1971年,原交通部根据我国公路工程技术标准、技术规范以及设计和施工图纸的变化,特别是在考虑当时公路建设采用专业队伍与民工相结合的施工方式所达到的定额水平,对1964年和1958年的定额进行了综合与调整,于1973年颁发了《公路工程概算定额》、《公路工程预算定额》。1983年,原交通部经国家建委批准,颁发了《公路工程概算定额》和《公路工程预算定额》。1992 年,原交通部以交工发[1992]65 号通知发布《公路工程概算定额》和《公路工程预算定额》,此后,为适应国内建筑市场的需要,经过科学的测定,对 1992 年的《公路工程概算定额》,《公路工程预算定额》,《机械台班费用定额》,《公路基本建设工程概算预算编制办法》作了较大幅度的调整和补充,于 1996 年颁布修订的《公路工程机械台班费用定额》、《公路基本建设工程概算预算编制办法》、《公路工程概算定额》和《公路工程预算定额》基价表,同时颁布了《公路工程估算指标》和《公路基本建设工程投资估算编制办法》,与 1992 年的《公路工程概算定额》和《公路工程预算定额》同时施行。2007 年原交通部以[2007]第 33 号公告颁布了《公路工程概算定额》(JTG/T B06-01—2007)、《公路工程预算定额》(JTG/T B06-02—2007)、《公路工程机械台班费用定额》(JTG/T B06-03—2007)、《公路工程基本建设项目概算预算编制办法》(JTG/T B06—2007),自 2008 年 1 月 1 日起施行,与 1996 年颁布的《公路工程估算指标》和《公路基本建设工程投资估算编制办法》作为我国现行公路建设造价文件编制的依据和工具。

3. 定额的作用

定额的作用具体表现在如下方面:

(1)定额是节约社会劳动和提高生产效率的工具;

(2)定额是国家对工程建设项目进行宏观调控和管理的手段;

(3)定额有利于市场竞争;

(4)定额是对市场行为的规范;

(5)定额是有利于完善的信息系统;

(6)定额有利于推广先进的施工技术和工艺。

二、公路工程定额的分类

公路工程定额一般可分为两类,即按生产因素分类和按定额用途分类。其中按生产因素分类是基本方式;按用途分类的定额,实际上包括了按生产因素分类的定额。具体划分如图 2-1 所示。

三、按生产因素分类的公路工程定额

1. 劳动定额

劳动定额又称劳动消耗定额、工时定额或人工定额,它是在正常的生产技术和生产组织条件下,完成单位合格产品或工作所必需的劳动消耗的数量标准。劳动定额的表现形式有时间定额和产量定额两种。

1)时间定额

时间定额是指在技术条件正常,生产工具使用合理和劳动组织正确的条件下,工人为生产单位合格产品所必须消耗的工作时间。工人的工作时间有些可以计入时间定额内,有些是不能纳入时间定额中的,即工人的工作时间包括定额时间和非定额时间两种,如图 2-2 所示。定额时间包括:与完成产品有直接关系的工作时间(即有效工作时间),由于技术操作和施工组织的原因而中断的时间(不可避免的中断时间),工人工作中为了恢复体力所必需的暂时休息或喝水、大小便等生理上的要求所消耗的时间(即休息时间)。

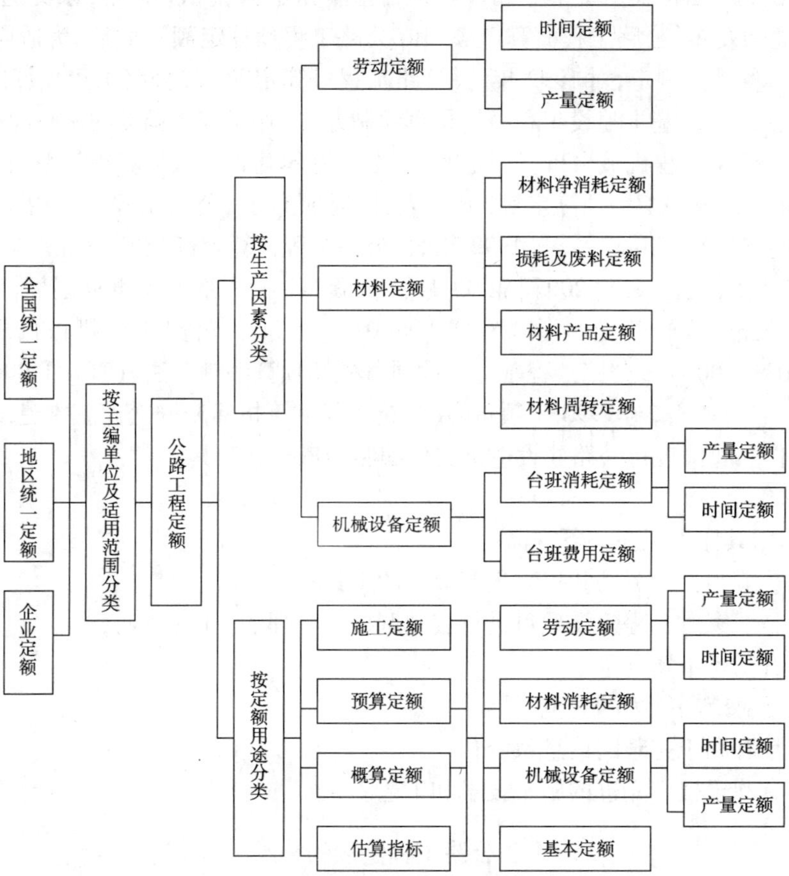

图 2-1 公路工程定额分类图

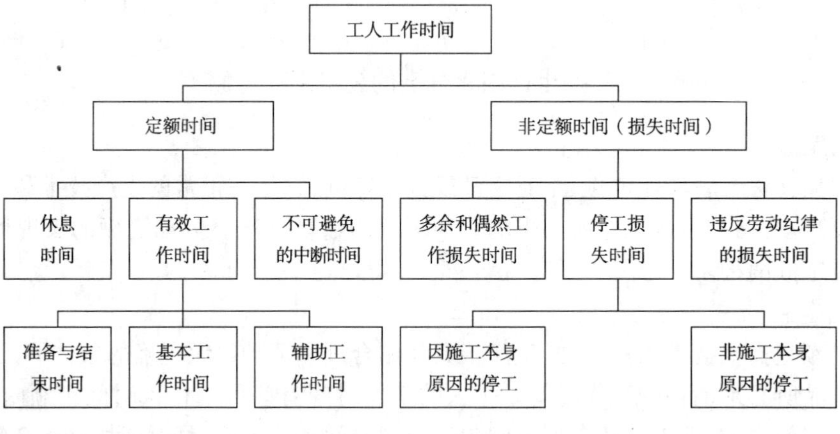

图 2-2 工人工作时间的分析

时间定额以工日为单位，每个工日除潜水工作按 6h、隧道工作按 7h 计算外，其余均为 8h。时间定额的计算方法如下：

$$S = \frac{D}{Q} \tag{2-1}$$

式中：S——时间定额(劳动量单位/产品单位)；

D——耗用劳动量数量，一般单位为工日；

Q——完成合格产品的数量(产品实物单位)。

2)产量定额

产量定额是指在技术条件正常、生产工具使用合理和劳动组织正常的条件下，工人在单位时间内完成合格产品的数量。产量定额与时间定额是互为倒数的关系，其计算方法如下：

$$C = \frac{Q}{D} = \frac{1}{S} \tag{2-2}$$

式中：C——产量定额(产品单位/劳动量单位)；

其余符合意义同前。

【例 2-1】 《公路工程预算定额》第一章第一节第 23 页第 14 表中规定，人工开炸软石运输 20m，其工作内容包括：选炮位、打眼、清眼、装药、填塞、设置安全警戒、引爆、检查结果、排险、撬落、解小、撬移、清运、装卸石方、空车回头等。产品单位为 $1000m^3$，则时间定额为 270.5 工日/$1000m^3$，每工日的产量定额为：$1000m^3$/270.5 工日 =3.70m^3/工日。

2. 材料定额

材料定额也可称材料消耗定额。它是指在节约和合理使用材料的条件下，生产单位合格品所必须消耗的一定品种规格的材料、半成品、配件、构件等的数量标准。

材料定额是由材料净消耗定额和材料损耗及废料定额两部分组成。材料的净消耗是指在不计废料和损耗的情况下，直接用于构造物上的材料量；材料的损耗及废料是指施工中不可避免的废料和必要的工艺性损耗，一般包括施工损耗及由仓库或露天堆料场运至施工地点的运输损耗，但不包括可以避免的消耗和损失的材料。材料的损耗量与材料的净消耗量之比，称为材料的损耗率[如式(2-3)]。一般材料消耗定额按式(2-4)计算。

$$\text{材料损耗率} = \frac{\text{材料损耗量}}{\text{材料净消耗量}} \times 100\% \tag{2-3}$$

$$\text{材料消耗定额} = (1 + \text{材料损耗率}) \times \text{完成单位产品的材料净消耗量} \tag{2-4}$$

【例 2-2】 《公路工程预算定额》第四章第六节第 4 表中规定，采用木模板非泵送现浇 C30 水泥混凝土盖梁时，由于混凝土在搅拌运输过程中不可避免的消耗，以及振捣后体积变得密实等原因，每完成 $10m^3$ 实体需消耗 10.2m^3 的 C30 水泥混凝土混合料。即混凝土的损耗率为 2%，水泥混凝土所用的各种原材料的损耗率也应为 2%，则完成 $10m^3$ 实体的原材料消耗定额按式(2-4)及基本定额(见预算定额附录二)中混凝土材料配比计算如下：

32.5 级水泥 = $(1+2\%) \times 377kg/m^3 \times 10m^3 = 3845kg$

中(粗)砂 = $(1+2\%) \times 0.46m^3/m^3 \times 10m^3 = 4.69m^3$

4cm 碎石 = $(1+2\%) \times 0.83m^3/m^3 \times 10m^3 = 8.47m^3$

完成 $10m^3$ 实体合格产品所需的其他材料的消耗定额还有：原木 0.451m^3、锯材 0.769m^3、铁件 10.9kg、铁钉 2.9kg、8～12 号铁丝 5.1kg、铁皮 4.8m^2、水 $12m^3$、其他材料费 8.5 元。

材料消耗定额还有两种表现形式，即材料产品定额和材料周转定额。

材料产品定额，是指一定规格的原材料，在合理的操作条件下，获得合格产品的数量。这种定额形式在公路工程定额中应用较少，这里不予以叙述。

材料周转定额，即周转性材料（如模板、支架的木料）的周转定额。产品所消耗材料中包括工程本身使用的材料和为工程服务的辅助材料，即所谓的周转性材料。周转性材料应按规定进行周转使用，其合理周转使用的次数和用量称为周转性材料的周转定额（见预算定额附录三）。在现行预算定额中，周转性材料均按正常周转次数摊入定额中，具体规定详见《公路工程预算定额》总说明书及附录。

材料消耗定额不仅是实行经济核算，保证材料合理使用的有效措施，也是确定材料需用量，编制材料计划的基础，同时也是定包或组织限额领料、考核和分析材料利用情况的依据，因此，应对材料定额的组成予以熟悉掌握。

3. 机械设备定额

机械设备定额简称机械定额，一般可分为按台班数量计算的定额和以货币形式表示的定额（如小型机具使用费等）。按台班数量计算的机械设备定额又称机械台班消耗定额，它是指在正常的施工条件下，要完成单位数量合格产品所消耗的台班数量标准，或在单位时间内机械完成的产品数量。机械台班消耗定额和劳动定额一样，具有两种表现形式，即机械时间定额和机械产量定额。

机械时间定额是指在一定的操作内容及质量、安全要求的条件下，某种机械完成单位合格产品所必须消耗的工作时间。机械的工作时间也与工人的工作时间一样，包括定额时间和非定额时间，如图 2-3 所示，在测定机械定额的时间定额时是不能将非定额时间纳入其中的。

机械时间定额以“台时”或“台班”为单位，一台机械工作一个小时为一台时，潜水设备每台班按 6h 计算，变压器和配电设备每昼夜按一个台班计算，除此之外，各类机械每台班均按 8h 计算。

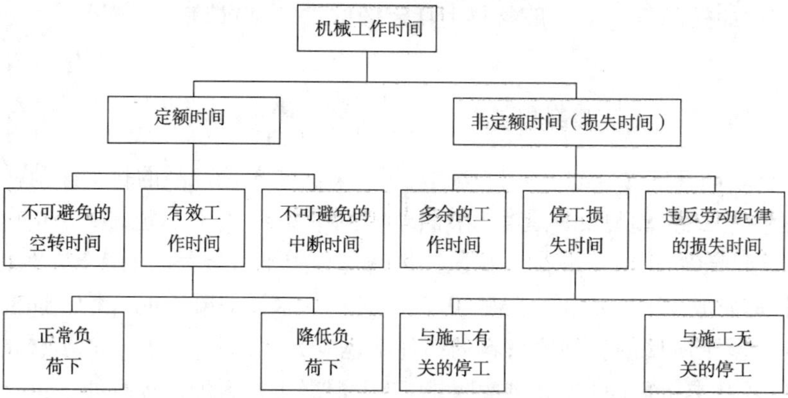

图 2-3　机械工作时间的分析

机械产量定额是指在一定的操作内容及质量、安全要求的条件下，某种机械每单位作业量（如台班、台时等）所完成的合格产品的数量标准。机械时间定额和机械产量定额互成倒数。

【例 2-3】《公路工程预算定额》第一章第一节第 9 表中规定，2.0m^3 以内履带式单斗挖掘机挖装硬土，其操作内容包括安设挖掘机、开辟工作面、挖土、装汽车和移动位置、推土机清理余土。产品单位为 1000m^3 天然密实土，则时间定额为 1.29 台班/1000m^3，产量定额应为：1000m^3/1.29 台班 =775.19m^3/台班。

在公路工程概(预)算编制中，按照机械台班消耗定额并根据工程数量可计算出工程所需各种机械台班数量，如上例，如果工程数量为 10000m^3，由于 2.0m^3 以内单斗挖掘机挖装硬土 1000m^3，需要 1.29 台班，则挖装 10000m^3 硬土需要 2.0m^3 以内单斗挖掘机的数量应为12.9 台班。但是，要计算机械使用费，还需要使用"机械台班费用定额"。

机械台班费用定额是以机械的一个台班为单位，规定其所消耗的工时、燃料及费用等数量标准，并可折算为货币形式表现的定额。在我国，目前编制公路基本建设工程概(预)算采用的机械台班费用定额是原交通部2007 年10 月19 日颁布的《公路工程机械台班费用定额》，用于分析计算台班单价和台班消耗实物(如人工、燃料等)的数量。

●第二节　公路工程施工定额●

一、施工定额概述

施工定额是建筑安装工人合理的劳动组织或工人小组在正常施工条件下，为完成单位合格产品所需劳动、机械、材料消耗的数量标准。它是根据专业施工的作业对象和工艺制定的。施工定额应反映企业的施工水平、装备水平和管理水平，作为考核建筑安装企业劳动生产率水平、管理水平的标尺和确定工程成本、投标报价的依据，也是编制预算定额的基础。

1. 施工定额的性质

施工定额是建筑安装企业内部管理的定额，定额水平是平均先进的，属于企业定额的性质，正确认识施工定额的这一性质，把施工定额和其他定额从性质上区别开来是非常必要的。

施工定额是企业加强管理、提高企业素质、降低劳动消耗、控制成本开支、提高劳动生产率和企业经济效益的有效手段，加强施工定额管理就成为企业的内在要求和必然的发展趋势，而不是国家、部门、地区从外部强加给企业的压力和约束。

施工定额要求明确地赋予企业以施工定额的管理权限，其中包括编制和颁发施工定额的权限。企业应该能够根据本企业的具体条件和可能挖掘的潜力、市场的需求和竞争环境，根据国家有关政策、法律和规范、制度，自己编制定额，自行决定定额的水平。允许同类企业和同一地区的企业之间存在施工定额水平的差距，允许企业就施工定额的水平对外作为商业秘密进行保密，这样在市场上才能具有竞争能力。

2. 施工定额的作用

1)施工定额是企业计划管理的依据

施工组织设计和施工作业计划是企业计划管理中不可缺少的环节，施工定额则是企业编制施工组织设计与施工作业计划的依据。

施工组织设计是指导拟建工程进行施工准备和施工生产的技术经济文件，其基本任务是根据招标文件及合同协议的规定，确定出经济合理的施工方案，在人力和物力、时间和空间、技术和组织上对拟建工程作出最佳的安排。施工作业计划则是根据企业的施工计划、拟建工程施工组织设计和现场实际情况编制的，它是一个以实现企业施工计划为目的的施工队、组的具体执行计划。它综合体现了企业生产计划、施工进度计划和现场实际情况的要求，是组织和指挥生产的技术文件，也是队、组进行施工的依据。这些计划的编制必须依据施工定额。

2）施工定额是组织和指挥施工生产的有效工具

企业组织和指挥施工队、组进行施工，是按照作业计划，通过下达施工任务书和限额领料单来实现的。

施工任务单既是下达施工任务的技术文件，也是班、组经济核算的原始凭证；它列明了应完成的施工任务，也记录着班组实际完成任务的情况，并且进行班组工人的工资结算。施工任务单上的工程计量单位、产量定额和计件单位，均需取自施工的劳动定额，工资结算也要根据劳动定额的完成情况计算。

限额领料单是施工队随任务单同时签发的领取材料的凭证。这一凭证是根据施工任务和施工的材料定额填写的。其中领料的数量，是班组为完成规定的工程任务所消耗材料的最高限额，这一限额也是评价班组完成任务情况的一项重要指标。

3）施工定额是计算工人劳动报酬的依据

施工定额是衡量工人劳动数量和质量，计算劳动成果和效益的标准。所以，施工定额是计算工人计件工资的基础，也是计算奖励工资的依据。这样才能做到完成定额好，工资报酬就多；达不到定额，工资报酬就会减小。把工人劳动成果与个人生活资料分配的多寡直接联系起来，真正实现多劳多得、按劳分配的社会主义分配原则。这对于打破企业内部分配方面的大锅饭是很有现实意义的。

4）施工定额是企业激励工人的条件

激励在企业管理目标中占有重要位置。所谓激励，就是采取某些措施激发和鼓励员工在工作中的积极性和创造性。行为科学者研究表明，如果职工受到充分的激励，其能力可发挥80% ~90%，如果缺少激励，仅仅能够发挥出20% ~30%的能力。但激励只有在满足人们某种需要的情形下才能起到作用。施工定额可以对生理需要、自尊需要和自我实现需要的满足起到直接激励作用，完成和超额完成定额，不仅能获取更多的工资报酬以满足生理需要，而且也能满足自尊和获取他人（社会）认同的需要，并且进一步满足尽可能发挥个人潜力以实现自我价值的需要。如果没有施工定额这种标准尺度，实现以上几个方面的激励就缺少必要的手段。

5）施工定额有利于推广先进技术

施工定额水平中包含着某些已成熟的先进的施工技术和经验，工人要达到和超过定额，就必须掌握和运用这些先进技术；如果工人要想大幅度超过定额，就必须创造性地劳动。第一，在自己的工作中注意改进工具和改进技术操作方法，注意原材料的节约，避免原材料和能源的浪费。第二，施工定额中往往明确要求采用某些较先进的施工工具和施工方法，所以贯彻施工定额也就意味着推广先进技术。第三，企业或主管部门为了推行施工定额，往往要组织技术培训，以帮助工人能达到和超过定额。技术培训和技术表演等方式也都可以大大普及先进技术和先进操作方法。

6）施工定额是编制施工预算，加强企业成本管理和经济核算的基础

施工预算是施工单位用以确定单位工程上人工、机械、材料和资金需要量的计划文件。施工预算以施工定额为编制基础，既要反映设计图纸的要求，也要考虑在现有条件下可能采取的

节约人工、材料和降低成本的各项具体措施,从而能够更合理地组织施工生产,有效地控制施工中人力、物力消耗,节约成本开支。

施工中人工、机械和材料的费用,是构成工程成本中直接费用的主要内容,对间接费用的开支也有着很大的影响。严格执行施工定额不仅可以起到控制成本、降低费用开支的作用,同时为企业贯彻经济核算制、加强班组核算和增加盈利,创造了良好的条件。

7)施工定额是编制工程建设定额体系的基础

施工定额和生产结合最紧密,它直接反映生产技术水平和管理水平,而其他各类定额则是在较高的层次上、较大的跨度上反映社会生产力水平。

3. 公路工程施工定额的内容

现行的《公路工程施工定额》是原交通部于1997年颁布施行的。它的内容包括:总说明,准备工作,路基工程,路面工程,隧道工程,基础工程,打桩工程,灌注桩造孔工程,砌筑工程,模板、架子及木作工程,钢筋及钢丝束工程,混凝土及钢筋混凝土工程,预制构件运输工程,安装工程,钢桥工程,杂项工程,临时工程,备料,材料运输及附录等。在应用时,可根据各地区、各部门的实际生产力水平的高低进行调整,不强求统一。

二、公路工程施工定额的应用

【例2-4】 试计算预制混凝土护筒木模板的综合时间定额和综合产量定额。

解:查目录知,本项目在第九章第一节预制混凝土构件模板(护筒)。

定额编号:[193-9-1(二)-34]

每1m^2 各个工序的时间定额为:

制作:1.12 工日;

安装:0.108 工日;

拆除:0.046 工日。

则预制混凝土护筒木模板的综合时间定额为:$1.12+0.108+0.046=1.274$(工日/m^2);

预制混凝土护筒木模板的综合产量定额为:$1/1.274=0.785$(m^2/工日)。

● 第三节 公路工程预算定额 ●

一、预算定额概述

1. 预算定额的概念

预算定额是用于确定一定计量单位的分项工程或结构构件的人工、材料和机械台班消耗量的数量标准。预算定额是在施工定额的基础上,按照国家的方针、政策编制的,经过国家或授权机关批准的、具有权威性质的一种指标性文件。

预算定额的性质是属于计价定额的性质,定额水平是先进合理的,它体现一个工程细目在正常条件下,用货币形式描述一定时期生产力的发展水平,具有广泛的社会性。工程造价的确定是以预算定额为编制依据的。

2. 预算定额的作用

(1)预算定额是编制施工图预算,确定和控制项目建筑安装工程造价的基础。施工图预算是施工图设计文件之一,是控制和确定建筑安装工程造价的必要手段。预算定额是确定一定计量单位分项工程人工、材料、机械的消耗量的依据;也是计算分项工程单价的基础,所以,预算定额对建筑安装工程直接费影响甚大。

(2)预算定额是对设计方案进行技术经济比较和技术经济分析的依据。设计方案在设计工作中居于中心地位。根据预算定额对方案进行技术经济分析和比较,是选择经济合理设计方案的重要方法。对设计方案进行比较,主要是通过定额对不同方案所需人工、材料和机械台班消耗量、材料重量,材料资源等进行比较。这种比较可以判明不同方案对工程造价的影响。

(3)预算定额是编制施工组织设计的依据。在公路工程设计各个阶段,必须编制相应的施工组织设计文件。根据预算定额确定的劳动力、建筑材料、成品、半成品和施工机械台班的需用量,为组织材料供应和预制构件加工、平衡劳动力和施工机械提供了可靠依据。

(4)预算定额是合理编制标底、投标报价的重要参考。目前在公路建设项目中,一般都实行招投标制度。建设单位在编制招标标底时应以预算定额为基础,施工单位投标报价应采用自己的企业定额,也可以预算定额作为投标报价的参考。

(5)预算定额是编制概算定额和估算指标的基础。概算定额和估算指标就是在预算定额基础上经综合扩大编制而成的。

3. 预算定额的组成内容

现行的《公路工程预算定额》于 2007 年 10 月 19 日由原交通部颁布,于 2008 年 1 月 1 日施行。其内容主要由颁发定额的公告、总说明、各种工程的章说明、节说明、定额表及附录六部分组成。

1)定额的颁发文件

定额的颁发公告是指刊印在《公路工程预算定额》前部分的政府主管部门(原交通部)关于发布定额、施行日期、阐明定额性质、运用范围、负责解释部门等的法令性文件。

2)定额的总说明

总说明主要阐述了定额的编制原则、指导思想、编制依据、适用范围以及定额的作用。同时说明了编制定额时已经考虑和没有考虑的因素、使用方法及有关规定等。因此,要想正确而又熟练地运用定额,必须先透彻地理解总说明,而且争取全面记住这些说明。

3)章、节说明

《公路工程预算定额》包括路基工程、路面工程、隧道工程、桥涵工程、防护工程、交通工程及沿线设施、临时工程、材料采集及加工、材料运输共九章及附录。根据工程项目特点及性质的不同,又将第一章的路基工程、第二章的路面工程各分为三节,第三章的隧道工程分为四节,第四章的桥涵工程分为十一节,第六章的交通工程及沿线设施分为七节。附录包括路面材料计算基础数据、基本定额、材料的周转及摊销以及定额基价人工、材料单位质量、单价表四部分内容;基本定额又包括砂浆及混凝土材料消耗等四个内容;材料的周转及摊销包括临时轨道铺设材料摊销次数等七项内容。除附录外,各章节前面均附有说明,章节说明是本章节工程项目的统一规定、综合内容、允许抽换的规定及工程量计算的规则,因此,为了正确地运用定额,要求概(预)算专业人员和技术人员在使用每章节的定额之前,必须先耐心地、反复地、全面地理解和牢记各章、节说明。

4)定额表

定额表是各种定额的最基本的组成部分,是定额指标数量的具体表示,一般由定额表名称、定额表号、工程内容、工程项目计量单位、顺序号、项目、项目单位、代号、工程细目、栏号、定额值、基价和小注组成,如表2-1所示。

1-1-14 人工开炸石方 表2-1

工作内容:1)选炮位,打眼,清眼;2)装药,填塞;3)安全警戒;4)引爆及检查结果;5)排险;6)撬落,解小,撬移;7)清运,装、卸石方;8)空回。

单位:1000m³ 天然密实方

顺序号	项目	单位	代号	第一个20m开炸运			每增运10m	
				软石	次坚石	坚石	人工挑运	手推车
				1	2	3	4	5
1	人工	工日	1	270.5	388.2	552.1	39.3	15.7
2	钢钎	kg	211	18.0	36.0	45.0	—	—
3	硝铵炸药	kg	841	132.5	180.0	228.3	—	—
4	导火线	m	842	338	503	635	—	—
5	普通雷管	个	845	268	385	461	—	—
6	煤	t	864	0.171	0.207	0.270	—	—
7	其他材料费	元	996	12.5	18.2	22.9	—	—
8	基价	元	1999	14721	21127	29711	1934	772

注:①孤石按坚石计算;

②当采用人工开炸、装车、机动翻斗车运输时,其开炸、装车所需的工料消耗按第一个20m开炸运定额减去50个工日计算;

③当采用人工开炸、装车、卸车,手扶拖拉机运输时,其开炸、装车、卸车所需的工料消耗按第一个20m开炸运定额计算。

(1)定额表名称。位于定额表的最上端,是某项工程的项目名。如表2-1的定额表名称为"人工开炸石方"。

(2)定额表号。位于定额表名称之前,是定额表在定额中的排列编号。如表2-1的定额表号为"1-1-14",表示第一章路基工程的第一节路基土、石方工程的第14表。

(3)工程内容。主要说明本定额表所包括的操作内容。查定额时,必须将实际发生的项目操作内容与表中内容进行比较,若不一致时,应进行抽换或采取其他调整措施。

(4)工程项目计量单位。位于表的右上方,即定额概念所指的"单位合格产品"的数量标准。如表2-1的工程项目计量单位为"1000m³ 天然密实方"。

(5)顺序号。表示工、料、机及费用的顺序号,起简化说明的作用。

(6)项目。即本定额表的工程所需用人工、材料、机具、费用的名称和规格。项目中的其他材料费是指项目中未列出,但实际使用的那部分材料的费用。其他定额表项目中的小型机具使用费是指未列入机械台班费用定额,但实际使用的小型机具的费用。

(7)项目单位。它是与工程计量单位不同的概念,是指项目内容对应的单位。

(8)代号。当采用电算方法来编制造价文件时,可引用表中代号作为对工、料、机名称的识别符号。每个定额表中工、料、机均按代号由小到大进行排列。各种工、料、机所对应的代号详见《预算定额》附录四。

(9)工程细目。表示本定额表所包括的工程项目。如表 2-1 中共包括第一个 20m 开炸运软石、第一个 20m 开炸运次坚石、第一个 20m 开炸运坚石、人工挑抬石方每增运 10m、手推车运石方每增运 10m 五个细目。

(10)栏号。指工程细目编号。如表 2-1 所示,定额中"第一个 20m 开炸运软石"栏号为 1,"人工挑抬石方每增运 10m"栏号为 4。

(11)定额值。即定额表中各种资源的消耗量数量。预算定额表中部分定额值是带有括号的,括号内的数值一般是指所需半成品的数量(定额值),基价未包含此费用。

(12)基价。亦称定额基价或定额表基价,它是指该工程细目以规定的工、料、机基价计算人工费、材料费、机械使用费的合计价值。基价中的人工费、材料费基本上是按北京市 2007 年的人工、材料预算价格计算的(详见预算定额附录四),机械使用费是按 2007 年原交通部公布的《公路工程机械台班费用定额》(JTG/T B06-03—2007)计算的。

(13)注。有些定额表列有"注",位于定额表的下方。使用定额时,必须仔细阅读小注,以免发生错误。

5)附录

附录包括路面材料计算基础数据、基本定额、材料周转及摊销以及定额基价人工、材料单位质量、单价表四部分内容;基本定额又包括桥涵模板工作、砂浆及混凝土材料消耗、脚手架、踏步、井字架工料消耗以及基本定额材料规格与质量等内容。

二、公路工程预算定额的应用

1. 定额编号

定额中均是按工程项目的不同,以章为单元将定额表有序地排列起来,这种排列的序号就是定额表号。而定额编号则是指在编制造价文件时,根据定额表号采用简单的编号将所应用的定额表示出来。一般采用[页-表-栏]或[表-栏]的编号方法,但[表-栏]编号法最常采用。如[1-3-3-1]就是表示表 1-3-3 的第一栏,即"石灰砂桩处理软土地基"中石灰砂桩直径 10cm 以内的预算定额。定额的调整、改变或叠用必须在定额编号后加以说明,如定额[4-6-1-5]中需调整水泥混凝土强度,编号应为[4-6-1-3 改];又如编号[2-2-3-2 +5 ×7]是表示将表[2-2-3-5]乘以 7 后加到[2-2-3-2]中,即人工摊铺拖拉机带铧犁拌和 15cm 级配碎石基层的预算定额。

2. 定额单位与工程数量

工程量的正确与否直接影响概(预)算造价,如何正确地摘取工程量是造价人员必须注意的一个重要环节。由于设计习惯、规范要求或设计者对概(预)算不了解,在设计图纸上或工程量清单中统计的工程量其单位和内容往往与所用定额的单位和流程并不完全一致,这就需要造价人员根据定额的需要进行分解、换算或调整,以达到使计算造价与实际造价相符的目的。

1）工程计量单位的换算及调整

概（预）算编制中，要注意把设计图纸的工程量单位进行换算或调整，使之与定额单位一致。除了常规的进制换算外，如土石方在工程数量表上单位为 $1m^3$，而土石方的定额单位均为 $1000m^3$，要把工程量换算成 $1000m^3$ 进制；砌体与混凝土工程在工程数量表上单位为 $1m^3$，而定额单位均为 $10m^3$，要把工程量换算成 $10m^3$ 进制等。除此之外，还应特别注意以下几个比较容易疏忽的问题：

（1）体积与面积单位的调整。计算中应特别留神面积与体积的不一致，这一点很容易被紧张的工作节奏和粗心的编制人员所疏忽，在预算定额中有很多这样的情况。

如沥青混合料路面，定额单位为 $1000m^3$ 路面实体，设计图纸一般以千平方米（$1000m^2$）为单位列出。要换算成统一的体积单位，应把设计图纸上的路面平方数乘以其厚度，从而求得体积。

（2）体积与个数的调整。在编制概（预）算文件时，如果遇到个数与体积的不一致，其换算不是简单的数学计算，必须与厂商、政府管理部门取得联系，获取基础资料。

如支座与伸缩缝，设计者一般提供各种型号及对应的个数（包括固定支座、滑动式支座），而定额单位所需的却为 t 或 dm^3，必须找到有关生产厂家及型号，如标准图纸和基本数据等，才能换算出定额单位所需的 t 或 dm^3。伸缩缝的单位有多种，设计者一般提供桥梁宽度数据（即伸缩缝长度），但如毛勒伸缩缝及沥青麻絮伸缩缝的定额单位则是 t 或 m^2。还有些伸缩缝，如 NST 伸缩缝等的补充定额的单位是 m^3。

定额的单位与设计工程量单位不一致的情况有很多，如在桥梁工程中，锚具、钢护筒、金属设备等工程数量的计算就应该注意换算，并且注意收集有关的基础数据。

（3）千克（kg）与吨（t）的调整。这个问题看似很简单，实际应用时，很多造价人员稍不注意，就会发生错误。

最常见的是钢筋。钢筋在设计图纸上一般以 kg 为单位列出，而定额单位均为 t，应用时要注意把 kg 换算为 t。

2）工程数量的分解及自定

不是每一个工程项目所牵涉的定额都能在设计图上反映出来的，换句话说，一个完整项目的造价计算除包括施工图纸上的工程数量外，还包括与施工方案、施工组织措施相关的其他内容所涉及的工程量。有时，虽然定额在设计上反映了，但是由于设计习惯、设计图纸的篇幅、设计图纸标准所限，反映得较为隐蔽，个别工程数量甚至包括了多个定额，这就需要造价人员在编制概（预）算时，应根据施工工艺流程对工程量加以分解和自定后采用。

（1）路基土石方数量的分解。《路基每公里土石方数量表》和《路基每公里土石方运量统计表》是路基土石方计算和调配的最终成果。虽然全国各地及各设计部门根据需要和习惯设计了一些不同的表格，但大同小异。以下以工程实例说明路基土石方数量分解的方法及应注意的事项。

【例 2-5】　某二级公路工程经过土石方计算、调配和统计，得到如表 2-2 和表 2-3 所示的工程数量表，试确定计算该土石方工程造价所需的预算定额。

要正确地分解表中的土石方工程量，首先应了解土石方的施工过程，它是由挖、装、运、填、压等几个步骤来完成的。其次了解各种施工机械的施工特点和性能，如推土机和铲运机均可同时进行挖、装、运几个施工步骤，而挖掘机只能用于挖和装车施工，不能运输，装载机却只能用于装车，它不能作为挖方机械使用。同时，通过研究和分析预算定额，不难发现机动翻斗车是无法找到相应的定额计算机械装车费用的，只能套用人工装车计算其费用（详见《公路工程预算定额》表[1-1-8]的标注）。

通过以上的分析，要计算表2-2和表2-3所示的土石方工程造价，所需的预算定额及其相应的工程数量如下。

推土机推运普通土第一个20m：153354m^3（定额1-1-12-14）；

推土机推运土方每增10m：225941m^3（定额1-1-12-16）；

铲运机铲运普通土第一个100m：64531m^3（定额1-1-13-10）；

铲运机铲运土方每增50m：108893m^3（定额1-1-13-12）；

挖掘机挖装普通土：1782m^3（定额1-1-9-8）；

自卸汽车运土方第1km：1782m^3（挖掘机挖装数量，定额1-1-11-17）；

自卸汽车运土方每增0.5km：457m^3（定额1-1-11-18）；

人工开炸软石运第一个20m：20541m^3（翻斗车运输部分，定额1-1-14-1）；

机械钻眼炸软石推土机运第一个20m：90242m^3（定额1-1-15-24）；

推土机推运软石每增10m：104125m^3（定额1-1-15-27）；

机动翻斗车运石方第一个100m：20541m^3（人工开炸数量，定额1-1-8-2）；

机动翻斗车运石方每增50m：18863m^3（定额1-1-8-4）；

装载机装软石：421m^3（定额1-1-10-5）；

自卸汽车运输石方第1km：421m^3（装载机装数量，定额1-1-15-45）；

自卸汽车运输石方每增0.5km：842m^3（定额1-1-15-46）；

碾压填土：151683m^3（定额1-1-18-9）；

碾压填石：56417m^3（定额1-1-18-20）。

（2）预制构件工程量的分解和自定。在公路工程中，构件的预制施工是常见的，如桥面板、栏杆和扶手的预制，圆管涵管节的预制，钢筋混凝土盖板涵盖板的预制等，一般在设计图纸上只是列出需要预制和钢筋的工程量。应用时，应根据施工的工艺流程加以分解和自定。一个预制工程可分解成预制定额、混凝土拌和定额、混凝土运输定额、安装定额、构件运输定额及钢筋制作定额。预制、拌和、安装和运输的工程量一般是相等的，均为混凝土的体积，增运运距可根据构件的预制位置和安装位置间的距离来确定。

（3）路面工程量的分解和自定。设计图中路面工程量表只列出路面各层结构的面积数量，如封油层、二灰稳定土路拌施工等，这些数量经过单位的换算后有些是可以直接采用的；而有些工程量则必须经过分析、分解和自定，以免造成计算结果不能正确反映施工的实际费用。如厂拌的各类混合料路面，除了拌和、摊铺、碾压的定额外，还应根据施工组织设计考虑拌和厂的位置和数量，采用相应的定额计算拌和设备的安装、拆除及混合料的运输费用。

（4）清除表土和淤泥工程量的分解和自定。路基土石方施工时，应先清除表面土、淤泥后才能进行土石方开挖与利用，进行路基填筑与碾压。完整的设计文件应该准确地反映出清除表土、淤泥的数量，表土、淤泥弃运方式与运输距离，反映出考虑松方系数后回填土的数量、取土位置、运输方式、运输距离以及回填压实方的数量。但是，由于设计深度及要求不同，有些设

路基每公里土石方数量表

表 2-2

第 1 页 共 1 页

序号	起讫桩号	挖方数量(m^3)						填方总数量(m^3)			利用方(m^3)		借方(m^3)		弃方(m^3)		计价方(m^3)	
		总量	土方		石方													
			普土	硬土	软石	次坚石	坚石	总数量	土	石	土	石	土	石	土	石	土	石
1	K0 +000 ~ K1 +000	14140	9031		5109			16469	10139	6330	10139	6330				471	9031	5109
2	K1 +000 ~ K2 +000	15003	9540		5463			6179	5228	951	5228	951			3204	2820	9540	5463
3	K2 +000 ~ K3 +000	23434	10142		13292			1307	1040	267	1040	267			9015	13025	10142	13292
4	K3 +000 ~ K4 +000	10185	10185					11705	11705		11705				336		10185	
5	K4 +000 ~ K5 +000	13233	13233					5866	5866		5866				5598		13233	
6	K5 +000 ~ K6 +000	30892	11532		19360			12242	5573	6669	5573	6669			1575	11686	11532	19360
7	K6 +000 ~ K7 +000	41303	28433		12870			31729	23382	8347	23382	8347			9435	5528	28433	12870
8	K7 +000 ~ K8 +000	69017	48311		20706			75590	54446	21144	54446	21144			2945	2878	48311	20706
9	K8 +000 ~ K9 +000	61778	43240		18538			21501	15965	5536	15965	5536			18195	9686	43240	18538
10	K9 +000 ~ K10 +000	44331	31027		13304			25512	18339	7173	18339	7173			14529	6582	31027	13304
11	K10 +000 ~ K10 +100	7134	4993		2141										3152	1690	4993	2141
12																		
本页小计		330450	219667		110783			208100	151683	56417	151683	56417			67984	54366	219667	110783
合 计		330450	219667		110783			208100	151683	56417	151683	56417			67984	54366	219667	110783

编制：　　　　　　　　　　复 核：

路基每公里土石方运量统计表

表 2-3

第 1 页　共 1 页

序号	起讫桩号	计价方分类												总运量(m^3)								路基压实(m^3)
		推土机推土(m^3)		铲运机铲土(m^3)		人工开炸石方(m^3)		机械钻眼炸石方(m^3)		挖掘机挖装土方(m^3)		装载机装土石方(m^3)		推土机每增 10m			铲运机每增 50m	机动翻斗车每增 100m		汽车运土石每增 500m		
		普土	硬土	普土	硬土	软石	坚石	软石	坚石	普土	硬土	软石	坚石	土	软石	坚石	土	土	石	土	石	
1	K0 +000 ~ K1 +000	1745		7286		3196		1913							1680		25736		4798			16367
2	K1 +000 ~ K2 +000	8000		1231		1944		3519		309		421		10374			1563		5850	309	842	5902
3	K2 +000 ~ K3 +000	10142						13292						261								1187
4	K3 +000 ~ K4 +000	4116		6069										6786			12401					11414
5	K4 +000 ~ K5 +000	7658		4102						1473				5711			9342			148		5401
6	K5 +000 ~ K6 +000	7148		4384		1005		18355						5622	6496		11721		900			11980
7	K6 +000 ~ K7 +000	20863		7570				12870						12936	14701		1614					31232
8	K7 +000 ~ K8 +000	40716		7595		3718		16988						124305	56862		5139		1059			74332
9	K8 +000 ~ K9 +000	30316		12924		4539		13999						49965	20696		39536		6256			21073
10	K9 +000 ~ K10 +000	19498		11529		4968		8336						9981	3690							25257
11	K10 +000 ~ K10 +100	3152		1841		1171		970									1841					0
12																						
本页小计		153354		64531		20541		90242		1782		421		225941	104125		108893		18863	457	842	204145
合 计		153354		64531		20541		90242		1782		421		225941	104125		108893		18863	457	842	204145

编制：　　　　　　　　　　　　　　　　　　　　　复 核：

计图纸上只列出清除的数量，这就要求造价人员在应用这些数量时，必须加以分解，并根据弃土堆和借土坑位置，定出运输方式和运输距离。准确计算清除表土和淤泥的工程造价，所用定额应包括表土或淤泥的挖装定额、运输定额（包括增运定额）、回填土的挖装定额、运输定额（如路基废方较多，应在土石方调配中考虑）以及回填土的碾压定额等。

工程数量采用时，要注意的问题很多，容易出现错漏的情况也很多，限于篇幅，这里不一一列举，望读者通过多练习来提高自己运用定额的能力。

3. 定额的直接套用

如果设计要求、工作内容及确定的工程项目完全与相应定额的工程项目符合，则可直接套用定额。

【例 2-6】 试确定抛石挤淤的预算定额。

解：(1)由预算定额目录可知，该定额在第 72 页，由第 72 页可知定额编号为[1-3-11-1]。

(2)由定额表[1-3-11-1]查得 1000m^3 抛石量定额如下。

人工：263.1 工日；

片石：1100.00m^3；

石渣：70.45m^3；

15t 以内振动压路机：0.15 台班；

基价：52053 元。

4. 复杂定额的套用

复杂定额是指一个定额的工程内容与设计图纸不符，可适当采用两个或两个以上的定额组合时，定额的工作内容又互相重叠，为了加以完善而需增减定额人工、材料、机械台班的消耗数量，或用另外相关的定额来补充的定额。虽然这部分定额占总定额量的比例不大，但如果采用时不予以注意，会对造价的计算产生很大的影响。

【例 2-7】 用《公路工程预算定额》确定采用机动翻斗车运输时，试确定软石的开挖与装车定额。

解：机械化施工是当前公路工程施工的特点，定额的选用也应充分考虑这一特点。但在预算定额中没有机动翻斗车的机械装车定额，所以无论实际的施工是如何进行，这里必须采用人工装车。

查阅表[1-1-8]和表[1-1-14]的小注、工作内容，得知人工开炸石方定额中，运输 20m 是重叠的工作，故应调整定额。

根据定额表[1-1-14-1]及其附注说明、定额附录四“定额基价人工、材料单位质量、单价表”，确定 1000m^3 软石开挖及装车的定额如下。

人工：270.5 − 50 = 220.5（工日）；

钢钎：18.0kg；

硝铵炸药：132.5kg；

导火线：338m；

普通雷管：268 个；

煤：0.171t；

其他材料费：12.5 元；

基价:14721 −50 ×49.20 =12261(元)。

【例 2-8】 试确定 20cm 厚级配碎石基层的预算定额。

解:(1)由预算定额目录可知,该定额在第 130 页,由第 130 页至第 131 页可知,级配碎石路面有三种施工方法,即拖拉机带铧犁拌和人工摊铺、平地机拌和机械摊铺及拖拉机带铧犁拌和机械摊铺。施工方法的选择应综合考虑公路等级、工程质量的要求以及工程所在地的施工水平、常用施工方法来确定。这里选用平地机拌和、机械摊铺集料的施工方法。由于层厚为 20cm,所以定额编号应为[2-2-2-14 +17 ×12]。

依据《公路工程预算定额》第二章第二节说明第 1 条,可知该项内容的人工定额每 $1000m^2$ 增加 3 个工日,平地机、压路机台班数量加倍。

(2)由定额表[2-2-2-14 +17 ×12]查得 $1000m^2$ 的 20cm 厚级配碎石基层的定额确定如下。

人工:2.7 +0.1 ×12 +3 =6.9(工日);

石屑:42.34 +5.29 ×12 =105.82(m^3);

路面用碎石(1.5cm):30.42 +3.80 ×12 =76.02(m^3);

路面用碎石(2.5cm):26.77 +3.35 ×12 =66.97(m^3);

路面用碎石(3.5cm):21.90 +2.74 ×12 =54.78(m^3);

120kW 以内自行式平地机:0.61 +0 ×12 +0.61 =1.22(台班);

6 ~8t 光轮压路机:0.14 +0 ×12 +0.14 =0.28(台班);

12 ~15t 光轮压路机:1.27 +0 ×12 +1.27 =2.54(台班);

6000L 以内洒水汽车:0.20 +0.02 ×12 =0.44(台班);

基价:9198 +996 ×12 +3 ×49.2 +0.61 ×908.89 +0.14 ×251.49 +1.27 ×411.77 =22410(元)。

【例 2-9】 人工开挖普通土(人工挑抬)运 40m 的预算定额,重载运输升 7% 的坡。

解:定额号为[1-1-6-(2 +4)]。

根据附注,坡度 7% 时,每升高 1m,运距要增加 7m,则运距为 40 +40 ×7% ×15 =59.6(m)。

人工:181.1 +[(59.6 −20) ÷10] ×18.2 =253.17(工日);

基价:8910 +[(59.6 −20) ÷10] ×895 =12454(元)。

【例 2-10】 某桥的草袋围堰工程,装草袋土的运距为 220m,围堰高 2.2m,确定该工程的预算定额。

解:由《公路工程预算定额》第四章第二节说明 2 可知,当运距大于 50m 时,应按"人工挖运土方"的增运定额,增加运输用工。

定额号为[4-2-2-6]和[1-1-6-4]。

人工:38.8 +18.2 ×[(220 −50) ÷10] ×(68.41 ÷1000) =59.37(工日);

草袋:1139 个;

土:$68.41m^3$;

基价:3150 +895 ×[(220 −50) ÷10] ×(68.41 ÷1000) =4191(元)。

【例 2-11】 某桥梁工程以手推车运输预制构件,每构件重量小于 3t,需构件出坑堆放,重载运输升 4% 的坡,运距 84m,确定预算定额。

解:定额号为[4-8-1-(1+2)]。

按照第四章第八节说明:①出坑堆放加计第一个定额;②载重运输升4%,人工增运系数提高1.5倍;③超运距不足半个不计。

人工:2.5+2.5+0.4×[(80-10)÷10]×1.5=9.2(工日);

基价:127+127+20×[(80-10)÷10]×1.5=464(元)。

5. 定额的调整换算

由于定额是按一般正常合理的施工组织和正常的施工条件编制的,定额中所采用的施工方法和工程质量标准,主要是根据国家现行公路工程施工技术及验收规范、质量评定标准及安全操作规程取定的,因此,使用时不得因具体工程的施工组织、操作方法和材料消耗与定额的规定不同而变更定额。以下是几种允许对定额中某些项目进行换算调整的情况。

1)水泥、石灰稳定土类基层定额配合比换算

水泥、石灰稳定土基层定额中的水泥或石灰与其他有关材料的消耗量是按固定的配合比计算的,当设计配合比与定额标明的配合比不同时,则需进行配合比换算,其有关材料数量按以下公式换算:

$$\text{换算后的材料定额} = \text{设计厚度定额} \times \frac{\text{材料的设计配合比百分率}}{\text{材料的定额配合比百分率}} \tag{2-5}$$

【例2-12】 求设计配合比为5:15:80、设计厚度为16cm的厂拌石灰粉煤灰矿渣混合料定额。

解:(1)设计厚度定额换算。

设计(压实)厚度为16cm的厂拌石灰粉煤灰矿渣混合料每1000m^{2}定额为[2-1-7-33+34×1]。据此,设计厚度在定额配合比下的定额如下。

人工:2.0+0.1=2.1(工日);

水:34+2=36(m^3);

生石灰:15.448+1.030=16.478(t);

矿渣:169.98+11.33=181.31(m^3);

粉煤灰:48.06+3.20=51.26(m^3);

3m^{3}以内轮胎式装载机:0.35+0.02=0.37(台班);

300t/h以内稳定土厂拌设备:0.18+0.01+0.19(台班);

基价:5952+390=6342(元)。

(2)设计配合比材料数量换算。

将设计(压实)厚度定额材料用量、定额配合比(6:14:80)和设计配合比百分率代入式(2-5),得调整后各种材料定额为:

$$\text{生石灰} = 16.478 \times \frac{5}{6} = 13.732(\text{t});$$

$$\text{粉煤灰} = 51.26 \times \frac{15}{14} = 54.92(\text{m}^3);$$

$$\text{矿渣} = 181.31 \times \frac{80}{80} = 181.31(\text{m}^3)。$$

(3)定额基价换算。

查定额附录四“定额基价人工、材料单位质量、单价表”得材料基价:生石灰 105.00 元/t,矿渣 16.00 元/m^3,粉煤灰 20.97 元/m^3。则:

基价 = 6342 + (13.732 - 16.478) × 105.00 + (54.92 - 51.26) × 20.97 + (181.31 - 181.31) × 16.00 = 6130(元)

(4)设计配合比为 5:15:80,设计厚度为 16cm 的石灰粉煤灰矿渣基层定额如下。

人工:2.1 工日;

水:36m^3;

生石灰:13.732t;

矿渣:181.31t;

粉煤灰:54.92m^3;

3m^3 以内轮胎式装载机:0.37 台班;

300t/h 以内稳定土厂拌设备:0.19 台班;

基价:6130 元。

2)稳定土类混合料不同生产能力拌和设备定额消耗量的换算

厂拌基层稳定土混合料的定额是按拌和能力为 300t/h 的拌和设备编制的,若实际施工所用设备型号与定额不符时,需根据实际调整定额中人工、装载机和拌和设备的消耗数量来计算。

【例 2-13】 求采用拌和能力为 200t/h 的拌和设备拌和,水泥剂量为 5%,设计厚度为 18cm 的水泥碎石基层定额。

解:设计配合比与定额相同,设计厚度为 18cm 的水泥碎石基层定额为[2-1-7-5 + 6 × 3]。据此,设计厚度的定额如下。

人工:2.8 + 0.2 × 3 = 3.4(工日);

32.5 级水泥:16.755 + 1.117 × 3 = 20.106(t);

水:21 + 1 × 3 = 24(m^3);

碎石:220.32 + 14.69 × 3 = 264.39(m^3);

3m^3 以内轮胎式装载机:0.48 + 0.03 × 3 = 0.57(台班);

300t/h 以内稳定土厂拌设备:0.24 + 0.02 × 3 = 0.30(台班);

基价:12230 + 818 × 3 = 14684(元)。

根据定额附注,实际用拌和设备与定额拌和设备的拌和能力不同,应按《公路工程预算定额》第 116 页“不同生产能力拌和设备定额消耗数量调整表”予以调整。查定额附录四“定额基价人工、材料单位质量、单价表”得人工基价:49.2 元/工日,查《公路工程机械台班费用定额》得机械台班基价:2m^3 以内轮胎式装载机 704.65 元/台班,3m^3 以内轮胎式装载机 904.00 元/台班,200t/h 以内稳定土厂拌设备 816.28 元/台班,300t/h 以内稳定土厂拌设备 949.20 元/台班。将以上定额中的人工、3m^3 以内轮胎式装载机、300t/h 以内稳定土厂拌设备及基价分别进行换算如下。

人工:3.1 + 0.2 × 3 = 3.7(工日);

2m^3 以内轮胎式装载机:0.71 + 0.05 × 3 = 0.86(台班);

200t/h 以内稳定土厂拌设备:0.2 + 0.02 × 3 = 0.26(台班);

基价：14684 + (3.7 − 3.4) × 49.2 + (0.86 × 704.65 − 0.57 × 904.00) + (0.26 × 816.28 − 0.30 × 949.20) = 14717(元)。

32.5 级水泥、水、碎石的定额不变，即为所求定额。

3)抽换定额砂浆、混凝土强度等级

当设计图纸砂浆或混凝土强度等级与定额砂浆或混凝土强度等级不一致时，必须将定额中原砂浆、混凝土材料用量抽出，换入设计图纸强度等级的砂浆或混凝土材料用量，并调整基价，这一过程称为抽换定额砂浆或混凝土强度等级。

【例 2-14】 求 M10 水泥砂浆砌筑、M12.5 水泥砂浆勾缝的浆砌片石轻型桥台预算定额。

解：查定额[4-5-2-7]得：砌筑用 M7.5 水泥砂浆为 3.50m^3，勾缝用 M10 水泥砂浆为 0.17m^3，基价为 1992 元。

查预算定额附录二基本定额的砂浆配合比表，得

1m^3 M10 水泥砂浆材料用量为：32.5 级水泥 0.311t，中(粗)砂 1.07m^3；

1m^3 M12.5 水泥砂浆材料用量为：32.5 级水泥 0.345t，中(粗)砂 1.07m^3。

查定额附录四“定额基价人工、材料单位质量、单价表”得材料基价：32.5 级水泥 320 元/t，中(粗)砂 60 元/m^3。

将定额[4-5-2-7]中原 32.5 级水泥 0.984t、中(粗)砂 4.00m^3 及基价进行如下换算。

32.5 级水泥：0.311 × 3.5 + 0.345 × 0.17 = 1.147(t)；

中(粗)砂：1.07 × 3.50 + 1.07 × 0.17 = 3.927(m^3)；

基价：1992 + (1.147 − 0.984) × 320 + (3.927 − 4.00) × 60 = 2040(元)。

原定额中其他人工、材料、机械及其他材料费不变，即为所求定额。

【例 2-15】 求浇筑 C30 钢筋混凝土耳墙的预算定额。

解：查定额[4-6-4-9]得：浇筑用 C25 水泥混凝土 10.20m^3，32.5 级水泥 3.417t，中(粗)砂 4.90m^3，碎石(4cm)8.47m^3，基价 5135 元。

由于需浇筑的水泥混凝土的强度较大，将原定额中所有的 32.5 级水泥换成 42.5 级水泥。

查定额附录二基本定额的混凝土配合比表得 1m^3 C30 混凝土的材料用量为：42.5 级水泥 0.355t，中(粗)砂 0.46m^3，碎石(4cm)0.84m^3。

查定额附录四“定额基价人工、材料单位质量、单价表”得材料基价：32.5 级水泥 320 元/t，42.5 级水泥 350 元/t，中(粗)砂 60 元/m，碎石(4cm)55 元/m^3。

将定额[4-6-4-9]中原 32.5 级水泥、中(粗)砂、碎石(4cm)及基价进行如下换算。

42.5 级水泥：10.20 × 0.355 = 3.621(t)；

中(粗)砂：10.20 × 0.46 = 4.692(m^3)；

碎石(4cm)：10.20 × 0.84 = 8.568(m^3)；

基价：5135 + (3.621 × 350 − 3.417 × 320) + (4.692 − 4.900) × 60 + (8.568 − 8.470) × 55 = 5302(元)。

原定额中其他人工、材料、机械及其他材料费不变，即为所求定额。

4)片石混凝土定额的片石掺量换算

片石混凝土定额是按一定的片石掺量编制的。当设计图纸的片石掺量与片石混凝土定额

的片石掺量不同时，就必须按设计图纸的片石掺量对定额进行调整换算。其换算方法举例说明如下。

【例 2-16】 求 C15 片石（掺量 20%）混凝土拱桥桥墩定额。

解：(1)原定额片石掺量的确定。

查定额第四章桥涵工程第六节现浇混凝土及钢筋混凝土的节说明 2 可知：定额中片石混凝土中片石含量均为 15%。即原定额 $10m^3$ 片石混凝土中，片石实体为 $1.5m^3$（不是堆方），混凝土实体为 $8.5m^3$。

(2)求原定额中 $1m^3$ 片石实体材料定额用量（片石用堆方数量，且计入了场内运输及操作损耗 2%）。

查原定额[4-6-2-6]，片石材料定额用量为 $2.19m^3$，则 $1m^3$ 片石实体的片石材料定额用量为 $2.19 \div 1.5 = 1.46(m^3)$。

(3)求 C15 片石（掺量 20%）混凝土材料用量和搅拌机台班。

查原定额[4-6-2-6]，其中 32.5 级水泥 2.193t，中（粗）砂 $4.79m^3$，片石 $2.19m^3$，碎石 (8cm) $7.24m^3$，定额基价 2724 元。

查定额附录二基本定额的混凝土配合比表得 $1m^3$ C15 混凝土材料用量为：32.5 级水泥 0.253t；中（粗）砂 $0.55m^3$；碎石 (8cm) $0.83m^3$。

查定额附录四“定额基价人工、材料单位质量、单价表”得材料基价：32.5 级水泥 320 元/t，中（粗）砂 60 元/m^3，碎石 (8cm) 49 元/m^3，片石 34 元/m^3。

查原定额[4-6-2-6]得：C15 片石混凝土（含片石）为 $10.20m^3$，则每 $10m^3$ C15 片石（掺量 20%）混凝土中混凝土 $10.2 \times 80\% = 8.16m^3$，片石实体 $2m^3$，其材料定额用量如下。

32.5 级水泥：$0.253 \times 8.16 = 2.064(t)$；

中（粗）砂：$0.55 \times 8.16 = 4.488(m^3)$；

碎石 (8cm)：$0.83 \times 8.16 = 6.773(m^3)$；

片石：$2 \times 1.46 = 2.92(m^3)$；

基价：$2724 + (2.064 - 2.193) \times 320 + (4.488 - 4.79) \times 60 + (6.773 - 7.24) \times 49 + (2.92 - 2.19) \times 34 = 2667$（元）。

(4) C15 片石（掺量 20%）混凝土拱桥桥墩定额。

将原定额[4-6-2-6]中 32.5 级水泥 2.193t、中（粗）砂 $4.79m^3$、片石 $2.19m^3$、碎石 (8cm) $7.24m^3$、基价 2724 元进行如下换算。

32.5 级水泥：2.064t；

中（粗）砂：$4.488m^3$；

片石：$2.92m^3$；

碎石 (8cm)：$6.773m^3$；

基价：2667 元；

其他人工、材料、其他材料费、机械、小型机具使用费不变，即为 C15 片石（掺量 20%）混凝土拱桥桥墩定额。

注意：在水泥混凝土拌和和运输工程量计算时，应注意由于片石掺量的变化所带来的水泥混凝土数量的变化。

5)钢筋混凝土锚碇体积比换算

当沉井浮运、定位、落床使用的钢筋混凝土锚碇质量与定额不相同时,按相近锚体质量定额执行,但应按锚碇质量比例抽换定额中的水泥、中(粗)砂、碎石的数量,并计算基价,同时注意相应调整水泥混凝土拌和和运输工程量,这就称为钢筋混凝土锚碇体积比换算。调整方法举例说明如下。

【例 2-17】 求设计钢筋混凝土锚体质量为 31t、体积为 13.50m^3 的制锚、抛锚、起锚定额。

解:(1)求锚体设计与定额的体积比。

由定额[4-2-8-13]可知,C20 水泥混凝土为 15.30m^3,则定额锚碇的体积之比为:

$$\frac{13.5}{15.3}=0.8824$$

(2)求质量为 31t、体积为 13.50m^3 的制锚、抛锚、起锚定额。

查定额附录四"定额基价人工、材料单位质量、单价表"得材料基价:32.5 级水泥 320 元/t,中(粗)砂 60 元/m^3,碎石(8cm)49 元/m^3。

将定额[4-2-8-13]中的 32.5 级水泥 4.314t、中(粗)砂 7.77m^3、碎石(8cm)12.55m^3、基价 44317 元调整如下。

32.5 级水泥:$4.314\times0.8824=3.807$(t);

中(粗)砂:$7.77\times0.8824=6.856$(m^3);

碎石(8cm):$12.55\times0.8824=11.074$(m^3);

基价:$44317+(3.807-4.314)\times320+(6.856-7.77)\times60+(11.074-12.55)\times49=44028$(元);

原定额中的人工、其他材料、其他材料费、设备摊销费、机械台班、拖轮、驳船、小型机具使用费不变,即为所求定额。

注意:在水泥混凝土拌和工程量计算时,应注意对拌和量作相应调整。

6)周转及摊销材料定额用量换算

如确因施工安排达不到规定的周转次数时,就地浇筑钢筋混凝土梁用的支架及拱圈的拱盔、支架及金属设备,则需要进行周转及摊销材料定额用量换算。而其他周转性、摊销性材料已按规定的周转、摊销次数计入定额中,不论周转或摊销次数是否达到或超过规定次数,一般均不作调整。

材料换算周转(或摊销)次数后的用量按下式计算:

$$\text{换算周转(或摊销)次数后的用量}=\frac{\text{定额用量}\times\text{定额周转(或摊销)次数}}{\text{需要换算的周转(或摊销)次数}} \tag{2-6}$$

【例 2-18】 求材料周转 4 次的 $L=2$m 以内拱涵拱盔及支架定额。

解:查定额附录"材料的周转及摊销",可知拱盔支架木料的定额用量是按 5 次周转计算,改为 4 次周转计算,木料定额用量应乘系数:

$$5/4=1.25$$

查定额[4-9-1-1],定额值为:原木 3.250m^3,锯材 1.712m^3,基价 8989 元。

查《公路工程预算定额》附录四"定额基价人工、材料单位质量、单价表"得材料基价:原木 1120 元/m^3,锯材 1350 元/m^3。

换算为4次周转定额用量。

原木：$3.250 \times 1.25 = 4.063(m^3)$；

锯材：$1.712 \times 1.25 = 2.140(m^3)$；

基价：$8989 + (4.063 - 3.250) \times 1120 + (2.140 - 1.712) \times 1350 = 10477$（元）。

将原定额[4-9-1-1]中的原木$3.250m^3$，锯材$1.712m^3$，基价8989元换为：

原木：$4.063m^3$；

锯材：$2.140m^3$；

基价：10477元；

其他人工、材料、机械台班、小型机具使用费不变，即为所求定额。

7）定额钢筋品种比例调整

图纸与定额中光圆钢筋、带肋钢筋比例关系不同时，需进行定额钢筋品种比例调整，其调整方法举例说明如下。

【例2-19】 预制悬拼预应力箱梁，钢筋为：光圆钢筋15.603t，带肋钢筋37.680t，求钢筋制作定额。

解：按光圆钢筋15.603t，带肋钢筋37.680t，共计53.283t进行每吨定额各种钢筋品种比例调整，由于钢筋的操作损耗为2.5%，即需要1.025t的钢筋才能制作出1.0t的成品，故：

$$\text{光圆钢筋} = \frac{15.603}{52.283} \times 1.025 = 0.3(t)$$

$$\text{带肋钢筋} = \frac{37.680}{53.283} \times 1.025 = 0.725(t)$$

查定额附录四"定额基价人工、材料单位质量、单价表"得材料基价：光圆钢筋3300元/t；带肋钢筋3400元/t。

将原定额[4-7-17-3]中的光圆钢筋0.196t，带肋钢筋0.829t，定额基价4082元进行如下换算。

光圆钢筋：0.300t；

带肋钢筋：0.725t；

基价：$4082 + (0.300 - 0.196) \times 3300 + (0.725 - 0.829) \times 3400 = 4072$（元）；

原定额[4-7-17-3]中其他人工、材料、其他材料费、机械台班、小型机具使用费不变，即为所求定额。

8）每10t预应力钢筋、钢丝束的根数、束数计算

制作、张拉预应力钢筋、钢丝束及拆除临时预应力钢丝束定额[4-7-20-I]和[4-7-20-II]，是按每10t预应力钢筋和钢丝束多少根（束）及每增减一根（束）编制的，使用定额时，必须先按照设计图纸每片梁的预应力钢筋或钢丝束，以及临时预应力钢丝束的钢筋或钢丝束数量及根（束）数，计算出每10t预应力钢筋或钢丝束的根（束）数。其计算方法举例说明如下。

【例2-20】 某大桥预应力T形梁，采用锥形锚、胶管成孔，设计图纸预应力钢丝为每片T形梁7束重0.802t，求其制作、张拉预应力钢丝束预算定额。

解：(1)求每10t预应力钢丝束数。

$$\frac{10 \times 7\text{束}}{0.802} = 87\text{束}$$

(2)制作、张拉预应力钢丝束定额。

制作、张拉预应力钢丝束每10t 87束定额为[4-7-20-1+2×7],所求定额如下。

人工:371.1+1.8×7=383.7(工日);

光圆钢筋:0.073+0.001×7=0.080(t);

高强钢丝:10.400(t);

电焊条:2.7kg;

弗氏锚具:956.4+12.2×7=1041.8(kg);

铁件:29.5+0.4×7=32.3(kg);

20~22号铁丝:20.5kg;

铁皮:13.8+0.2×7=15.20(m^2);

胶管:49m;

32.5级水泥:6.292t;

水:5m^3;

其他材料费:56.0+0.7×7=60.9(元);

90t以内预应力拉伸机:26.04+0.33×7=28.35(台班);

50kN以内单筒慢速卷扬机:20.37台班;

32kV·A以内交流电弧焊机:1.23+0.02×7=1.37(台班);

小型机具使用费:217.1+0.6×7=221.3(元);

基价:91123+226×7=92705(元)。

每吨预应力钢绞线的束数计算与每10t预应力钢筋、钢丝束的根数、束数计算相近似,这里不再叙述。

第四节 公路工程概算定额

一、概算定额概述

1.概算定额的概念

概算定额,是在预算定额基础上,以主要工序为准综合相关分项的扩大定额,是按主要分项工程规定的计量单位及综合相关工序的劳动、材料和机械台班而制定的消耗标准。定额水平比预算定额为低。

概算定额与预算定额,都属于计价定额。不同的是在项目划分和综合扩大程度上的差异,以适用于不同设计阶段计价的需要。概算定额是在预算定额的基础上加以综合而成的,因而产品常使用更大的单位来表示,如:小桥涵以座(道)表示,桥梁上部构造以10m标准跨径表示,1000m^2黑色碎石路面,公路公里……等等。

2.概算定额的作用

(1)概算定额是初步设计阶段编制建设项目概算和技术设计阶段编制修正概算的依据。

建设程序规定,采用两阶段设计时,其初步设计必须编制概算;采用三阶段设计时,其技术设计必须编制修正概算,对拟建项目进行总估价。

(2)概算定额是设计方案比较的依据。

所谓设计方案比较,目的是选择出技术先进、可靠、经济合理的方案,在满足使用功能的条件下,达到降低造价和资源消耗。概算定额采用扩大综合后可为设计方案的比较提供方便条件。

(3)概算定额是编制主要材料需要量的计算基础。

根据概算定额所列材料消耗指标计算工程用料数量可在施工图设计之前提出供应计划,为材料的采购、供应做好施工准备。

(4)概算定额是编制建设项目投资估算指标的基础。

(5)在按初步设计招标的工程中,概算定额还可以作为制订工程标底的基础。

(6)在实行建设项目投资包干时,其项目包干费用通常可以概算定额为计算依据。

3. 预算定额的内容

现行的《公路工程概算定额》由原交通部于2007年10月19日颁布,2008年1月1日实施。概算定额的内容、格式与预算定额基本相同,《公路工程概算定额》包括路基工程、路面工程、隧道工程、涵洞工程、桥梁工程、交通工程及沿线设施、临时工程共七章。

二、公路工程概算定额的应用

【例2-21】 某路基在新疆境内,海拔2800m,山岭重丘地形,机械打眼开炸,次坚石,推土机清运,运距80m,试确定其概算定额。

解:(1)公路工程概算定额表号:[1-1-12-6+8×4]。

(2)每1000m^3 天然密实岩石定额值如下。

人工:105.7+3.2×4=118.5(工日);

空心钢钎:18kg;

ϕ50mm以内合金钻头:25个;

硝铵炸药:179kg;

导火线:481m;

普通雷管:381个;

其他材料费:26.4元;

135kW以内履带式推土机:4.51+0.99×4=8.47(台班);

9m^3/min以内机动空压机:8.45台班;

小型机具使用费:494.4元;

基价:18221+4×1329=23537(元)。

【例2-22】 某高速公路路基工程,全长28km,按设计断面计算的填缺压实方为6720000m^3,无利用方,平均填土高度7.0m,两边各宽填0.2m,路基平均占地宽45m,路基占地及取土坑均为耕地,土质为III类土。采用1m^3 以内斗容单斗挖掘机挖装土方,平均挖深2m,填土前以12t光轮压路机压实耕地。设12t光轮压路机的有效作用力为66kN/cm^2,普通土的抗沉陷系数为3.5kN/cm^3。试确定:路基宽填增加土方量为多少?填前压实增加土方量为多少?总计价土方量(压实方)为多少?挖掘机挖装借方作业所需工、料、机消耗量及基价为多少?

解:(1)路基宽填增加土方量为:

$$宽填压实方 = 28000 \times 7 \times 0.2 \times 2 = 78400m^3(借方)$$

(2)按《公路工程概算定额》第一章路基工程的第一节路基土、石方说明2:因路基沉陷需增加的填方应计入路基填方。

$$天然土压实产生的沉降量 = 66/3.5 = 18.86(cm)$$

$$平均路基基底面积 = 45 \times 28000 = 1260000(m^2)(借方)$$

$$填前压实增加土方量(压实方) = 12600000 \times 0.1886 = 237636(m^3)(借方)$$

(3)总计价方(压实方) = 78400 + 6720000 + 237636 = 7036036(m^3)。

(4)挖掘机挖装土方(借方)工、料、机消耗量:按《公路工程概算定额》第一章路基工程的第一节路基土、石方说明1:当以填方压实体积为工程量,采用以天然密实方为计量单位时普通土的换算系数为1.16。

查概算定额[1-1-6-5],工、料、机消耗量计算如下。

人工:14.7 × 7036036 × 1.16/1000 = 119978.5(工日);

75kW 以内履带式推土机:0.44 × 7036036 × 1.16/1000 = 3591(台班);

1m^3 以内单斗挖掘机:2.06 × 7036036 × 1.16/1000 = 16813(台班)。

(5)总基价为:2694 × 7036036 × 1.16/1000 = 21987894(元)。

●第五节　公路工程估算指标●

估算指标既不同于施工定额,也不同于概(预)算定额。它是以某项目或其单位工程或单项工程为对象,综合项目全过程投资和建设成本的技术性经济指标,是在研究阶段编制估算文件的依据。由于估算的总费用仅仅只作为社会效益、内部收益率、回收期计算的参考,所以它的作用和重要性是特别的。

《公路工程估算指标》和《公路基本建设工程投资估算编制办法》于1996年由原交通部颁布施行。估算指标是原交通部对公路建设项目建议书和可行性研究报告的工作深度要求,以现行的《公路工程技术标准》、技术规范、《公路工程概算定额》、各项费用定额以及近年公路建设项目的设计和竣工资料为依据而制定的,反映了我国当前公路建设的实际情况,适用于公路基本建设新建、改建工程。

估算指标的作用主要是为了做好公路基本建设项目可行性研究中的投资估算工作,为经济效益评价提供建设项目造价成本的计算依据。它包括综合指标和分项指标两部分。

一、综合指标

综合指标是指以人工、主要材料和其他材料费、设备摊销费和机械使用费的消耗量标准为表现形式的指标。其项目划分按全国省区、公路等级、地质地貌区类型,以公里(km)为单位编制实物量指标。它是编制建设项目建议书(预可行性研究)的依据。

综合指标中涵盖了建设项目的路基、路面、桥涵、交叉、安全设施、服务设施等主要工程的各项费用和实物数量的消耗标准,但不包括全长1000m以上(含1000m)特大桥工程、隧道工程、辅道工程、支线工程等主要工程,也不包括其他工程。其他工程包括清除场地、拆除旧建筑物和构造物、绿化工程、公路交工前养护费、临时轨道铺设、便道、便桥、临时电力线路、临时电信线路、临时码头、改河土方和其他零星工程等。当计算各项实物和费用的消耗量时,应注意以下几个问题:

(1)路线工程项目按综合指标(基本指标与调整指标之和)计算。基本指标以1km为单位,工程量按建设项目公路公里长度计算;调整指标单位按定额表的规定执行,调整数量为实际工程量与指标工程量之差,指标工程量为估算指标第208页附录五中指标与公路里程乘积。当设计路基宽度与指标取定值(见估算指标总说明第七条)不同时,可按路基宽度比例调整。由于指标中仅编有新建项目,如为改建工程使用估算指标,可按式(2-7)进行调整。

$$K=\frac{L_1+L_2\times 0.8}{L} \tag{2-7}$$

式中:K——调整系数;

L——建设项目路线总长度;

L_1——建设项目中新建路段长度;

L_2——建设项目中利用旧路的路段长度。

(2)路线工程项目中如有1000m以上(含1000m)特大桥工程、隧道工程或需设置的辅道工程、支线工程,特大桥工程按分项指标的大(中)桥工程有关项目计算,它的调治工程(如导流坝等)按分项指标路基工程的土方及防护工程项目计算;隧道工程按分项指标的隧道工程有关项目计算;辅道工程、支线工程按综合指标中相应等级公路的指标计算。

(3)其他工程不列人工、材料、机械设备的数量指标,只计算列出费用指标,路线工程、隧道工程、独立大(中)桥工程、路线工程中的1000m以上(含1000m)特大桥工程的其他工程费用指标均以主要工程费为基数,按《公路工程估算指标》附录一中规定的百分率计算。

二、分项指标

分项指标是指以各项工程的人工、主要材料和其他材料费、机械使用费消耗量及施工管理费指标为表现形式的指标。它是工程可行性研究估算投资的依据。

分项指标按路基、路面、隧道、涵洞、小桥及标准跨径小于20m的中桥、标准跨径大于20m的中桥及大桥、交叉工程及沿线设施等主要工程项目分别编制,与概算定额十分接近,但不齐全。分项指标中,将主要工程项目以外的工程归为“其他工程”,分项指标其他工程的内容、计算方法与综合指标的其他工程相同。由于工程可行性研究报告投资估算的编制方法和步骤与概(预)算文件比较接近,限于篇幅,这里不予以详细介绍。

第六节　公路工程机械台班费用定额

一、机械台班费用定额概述

1. 机械台班费用定额的概念

机械台班费用定额是指在一个台班中,为使机械正常运转需要支出和分摊的折旧、维修、安装拆卸、辅助设施以及人工、动力燃料、养路费、车船使用税等各项费用的消耗的标准,即确定机械台班单价的定额。

2. 机械台班费用定额的作用

机械台班费用定额是编制公路基本建设工程设计概算和施工图预算的依据,它在公路基本建设过程中具有很重要的作用。

(1)机械台班费用定额是计算机械台班单价的依据。

(2)机械台班费用定额是计算台班消耗的人工、燃料等实物量的依据。

(3)机械台班费用定额是编制施工组织设计,进行经济比较的依据。

3. 机械台班费用定额的内容

现行的机械台班费用定额是由原交通部于2007年10月19日颁布,2008年1月1日实施的。定额内容包括:说明,土、石方工程机械,路面工程机械,混凝土及灰浆机械,水平运输机械,起重及垂直运输机械,打桩、钻孔机械,泵类机械,金属、木、石料加工机械,动力机械,工程船舶,其他机械,共11类746个子目,以及本定额用词说明。

二、公路工程机械台班费用定额的应用

【例2-23】 试分析135kW履带式推土机12.3台班基价。

解:查《公路工程机械台班费用定额》土、石方工程机械代号[1006]可知:

折旧费,250.44元;

大修理费,98.11元;

经常修理费,255.09元;

安装拆卸及辅助设施费,1.05元;

不变费小计,604.69元;

柴油,98.06kg;

定额基价,1183.58元;

12.3台班基价:12.3×1183.58=14558.03(元)。

复习思考题

1. 何谓定额?

2. 定额有何作用?

3. 定额有哪些特点?

4. 你能否从不同的角度对定额进行分类?各分为哪些定额?

5. 何谓产量定额?何谓时间定额?两者有何关系?

6. 材料定额由哪些部分组成?它有哪几种表现形式?

7. 机械设备定额有哪几种表现形式?从何种途径来分析计算台班单价和台班的实物消耗数量?

8. 为什么要编制项目建议书投资估算?编制公路项目建议书投资估算时,应采用何种

定额?

9. 为什么要编制可行性研究报告投资估算?编制公路工程可行性研究造价估算时,应采用何种定额?

10. 初步设计阶段所编制的造价文件名称是什么?应采用何种定额编制?

11. 技术设计阶段所编制的造价文件名称是什么?应采用何种定额编制?

12. 施工图设计的造价文件是什么?应采用何种定额?

13. 定额表的基价是什么?随意抽出一个定额表,你能否计算出其中各栏的基价?

14. 如何进行定额号的编写?计算机软件又是如何对定额进行编号的?

15. 给你某座桥梁的工程数量表,你能否套用定额、进行相关定额的抽换,并采用工、料、机基价计算出该桥梁的价格?

16. 补充定额的作用是什么?

17. 定额的抽换在哪几方面进行?为什么进行抽换?

第三章

公路工程项目建议书投资估算

教学要求

1. 解释项目建议书投资估算的概念,并论述其作用;
2. 描述项目建议书投资估算资料调查的内容;
3. 描述项目建议书投资估算的文件组成;
4. 描述项目建议书投资估算项目划分的内容;
5. 描述项目建议书投资估算的费用组成、计算程序及计算方法;
6. 编制项目建议书投资估算。

●第一节　概　　述●

一、项目建议书投资估算的基本概念

公路工程投资估算是对拟建公路工程项目的全部投资费用进行的预测估算,项目建议书投资估算是项目建议书的重要组成部分,是对项目进行经济评价和投资决策的重要依据之一,对可行性研究及可行性研究投资估算的编制起指导作用。

项目建议书,是国家选择建设项目和进行可行性研究报告编制的依据,是公路基本建设程序中前期准备工作阶段的第一个工作环节,故具有极其重要的作用。

遵照公路基本建设程序的规定和要求编制的公路项目建议书,就其工作深度而言,其投资估算的编制,不是依靠详细的分析计算,而是依靠粗略的估计来进行的。如工程估算指标就是以不同地形(如平原微丘、山岭重丘)以公里(km)为计量单位,所以影响投资估算的因素是多方面的,故其可塑性是比较大的。同时,它又是公路工程造价多次性计价过程中的第一阶段,认真做好项目建议书的投资估算工作,就具有十分重要的意义。

二、项目建议书投资估算的资料调查与收集

项目建议书投资估算的外业调查工作,一般是由具有较丰富建设实践经验并有广泛基础知识的公路勘察、设计和工程经济、交通工程等人员组成的调查研究小组统一指导,分工配合共同来完成的。

(1)向建设项目的主管部门或建设单位了解项目的筹资方式、要求贷款的最大额度,以便据以安排年度计划贷款数和计算建设期贷款利息。

(2)了解并掌握建设项目的总体实施部署方案，如计划何年开始建设，要求几年建成；是否采用分段建成，分段交付使用；是实行国外招标或国内招标，或者采用其他方式分派施工任务；工程监理安排情况等，因为这些因素与取定工资标准和一些费率有关。

(3)调查并掌握公路沿线路基土石方的比例，以便与综合指标的含量进行比较，据以进行必要的换算与调整。

(4)了解收集当地公路(交通)工程定额(造价管理)站发布的人工、材料的价格信息。这类价格信息，从我国现阶段的情况来讲，是属于指令性的，应严格遵照执行；这也有利于后继造价文件的对比分析。

(5)调查收集拟建项目所在地各种外购材料的供应地点、供应渠道和可能采用的经济合理的运输方式，并计算取定其平均运距；同时，了解有无收取过路、过桥费等情况，以便据以计算材料运费。

(6)调查砂石材料当地市场销售价格及产销情况，今后施工单位自行开采的可能性与开采的条件，以及平均运距、运输方法等原始资料。

(7)调查并掌握建设项目所在地的砂石料的规格品种情况，因为综合指标规定了材料预算价格的规格取定数据，如砂与砂砾、碎石与砾石等，是分别按一定的含量(%)综合为单一价格的，而它们彼此之间，不仅供应价格差异大，而且其重度不同，对投资估算的编制会产生一定的影响。因此，若建设项目当地并无砾石可供使用，则应采用碎石的价格作为计算依据；如果有的话，则应合理确定使用的比重，作为综合取定的依据。凡类似综合取定价格的材料品种，均应按此原则加以必要的分析，合理确定，以确保投资估算的质量。这是在外业调查工作中要特别予以注意的一个问题。

(8)调查并了解征用土地的各种赔偿费用标准，以及每公里可能需要占用土地的数量，当地政府有无特殊的优惠政策，如暂不征耕地占用税，征地赔偿由地方政府的土地管理部门统一负责等情况。

(9)调查并掌握因工程的兴建而需拆迁的建筑物、构筑物的数量与可能需要的赔偿费用，以便与综合指标规定的费额进行比较，如有较大的差异，则可据以进行必要的调整。

(10)调查并掌握项目实施时利用电网供电的可能性与额度，以便核查供电贴费计算指标与实际有无较大的差异，是否需要进行调整。

(11)了解并与建设项目的主管部门或建设单位商定应列入投资估算内的设备、工具、器具和大型专用机械设备的规格品种和数量的购置计划清单，以便据以计算这些费用。

(12)收集当地的工程造价历史资料，以供编制投资估算时参考。

(13)了解当地人民政府对项目兴建时和建成后的合理要求，及对投资估算会产生影响的有关因素和事项。

三、项目建议书投资估算编制的依据

(1)根据项目建议书的工作深度，核实工程规模、工程数量、路线走向、公路等级及工程所在地的地形、地貌等建设条件，按现行的《公路工程估算指标》中的综合指标及《公路基本建设工程投资估算编制办法》的规定编制。

(2)国家或地方的方针、政策和有关制度。

(3)业主对建设项目中的有关资金筹措、实施计划、水电供应、配套工程的落实情况。

(4)工程所在地的交通、能源供应等生产、生活条件资料。

(5)工程所在地的人工工资标准、材料供应价格、运输条件、运费标准等基础资料。

(6)当地政府有关征地、拆迁、安置、补偿标准等文件或通知。

(7)业主对建设工期、工程监理安排的意见。

(8)项目建议书的委托书、合同或协议。

第二节　公路工程项目建议书投资估算费用及文件组成

一、项目建议书投资估算的文件组成

项目建议书投资估算文件由封面、目录、估算编制说明及全部估算的计算表格组成。

1. 封面及目录

估算文件的封面和扉页应按《公路工程基本建设项目设计文件编制办法》中的规定制作，扉页的次页应有建设项目名称、编制单位、编制及复核人员姓名、编制日期及第几册共几册等内容并加盖资格印章。目录应按估算表的表号顺序编排。

2. 估算编制说明

估算编制完成后，应写出编制说明，文字力求简明扼要。应叙述的内容一般有：

(1)项目建议书的依据及有关文号，依据的资料及比选方案等。

(2)采用的估算指标、费用标准及人工、材料单价的依据或来源、补充指标及编制依据的详细说明。

(3)与估算有关的委托书、协议书、会谈纪要的主要内容(或将抄件附后)。

(4)总估算金额，人工、钢材、水泥、木料、沥青的总需求量情况，各建设方案的经济比较以及编制中存在的问题。

(5)其他与估算有关但不能在表格中反映的事项。

3. 估算表格

项目建议书投资估算应按统一的估算表格计算，封面及表格式样见附录二。

4. 估算文件

项目建议书投资估算文件是项目建议书的组成部分，应按《公路建设项目可行性研究报告编制办法》中有关文件报送份数的规定报送。

项目建议书投资估算文件包括如下内容：

(1)项目建议书投资估算编制说明。

(2)项目建议书总估算汇总表(01 表)。

(3)项目建议书总估算表(02 表)。

(4)项目建议书人工、主要材料数量汇总表(03 表)。

(5)项目建议书设备、工具、器具购置费与工程建设其他费用计算表(04 表)。

(6)项目建议书工程估算表(05 表)。

(7)项目建议书人工及主要材料价格计算表(06 表)。

二、项目建议书投资估算项目

项目建议书投资估算项目应按项目表的序列及内容编制,如实际某部分费用不发生时,第一、二、三部分的序号应保留不变。如第二部分设备、工具、器具购置费在该项目中不发生,工程建设其他费用仍为第三部分。估算应按一个建设项目(如一条路线或一座独立大、中桥)进行编制。当一个建设项目需要分段估算投资时,应分别编制总估算表,但必须汇总编制"总估算汇总表"。

项目建议书投资估算项目分为路线工程估算项目和独立桥梁工程估算项目。项目表中的单位是总估算表中数量栏的单位,也是技术经济指标的单位。如表3-1、表3-2。

项目建议书路线工程项目表　　表3-1

项	目	节	工程或费用名称	单位	备　注
			第一部分　建筑安装工程费	公路公里	
一			路线工程	公路公里	按路段分目
		1		……	
二			桥长1000m以上(含1000m)特大桥工程	m/座	按桥名分目
		1		……	
三			附属工程	公路公里	按项目分目
	1		辅道工程	km	
	2		支线工程	km	
		3	……		
四			综合利税费	公路公里	
			第二部分　设备、工具、器具购置费	公路公里	
			第三部分　工程建设其他费用	公路公里	
一			征用土地费	市亩	
二			拆迁赔偿费	公路公里	
三			建设单位管理费		
	1		建设单位管理费	公路公里	
	2		工程质量监督费	公路公里	
	3		工程监理费	公路公里	
	4		定额编制管理费	公路公里	
	5		设计文件审查费	公路公里	
四			研究试验费	公路公里	
五			勘察设计费	公路公里	
六			供电贴费	公路公里	
七			大型专用机械设备购置费	公路公里	
八			固定资产投资方向调节税	公路公里	
九			建设期贷款利息	公路公里	

续上表

项	目	节	工程或费用名称	单位	备　注
			第一、二、三部分费用合计	公路公里	
			预留费用	公路公里	
			1. 工程造价增涨预留费	公路公里	
			2. 预备费	公路公里	
			投资估算总金额	公路公里	
			平均每公里造价	万元	

项目建议书独立桥梁工程项目表

表 3-2

项	目	节	工程或费用名称	单位	备　注
			第一部分　建筑安装工程费	桥长米	
一			引道工程	桥长米	
二			大桥工程	桥长米	
	1		主桥	m^2/m	按结构形式分节
		1	……		
	2		引桥	m^2/m	按结构形式分节
		1	……		
	3		调治工程	m^3	按结构形式分节
		1	……		
三			综合利税费	桥长米	
			第二部分　设备、工具、器具购置费	桥长米	
			第三部分　工程建设其他费用	桥长米	
一			征用土地费	公顷	
二			拆迁赔偿费	桥长米	
三			建设单位管理费	桥长米	
	1		建设单位管理费	桥长米	
	2		工程质量监督费	桥长米	
	3		工程监理费	桥长米	
	4		定额编制管理费	桥长米	
	5		设计文件审查费	桥长米	
四			研究试验费	桥长米	
五			勘察设计费	桥长米	
六			供电贴费	桥长米	
七			大型专用机械设备购置费	桥长米	

续上表

项	目	节	工程或费用名称	单位	备　注
八			固定资产投资方向调节税	桥长米	
九			建设期贷款利息	桥长米	
			第一、二、三部分费用合计	桥长米	
			预留费用	桥长米	
			1. 工程造价增涨预留费	桥长米	
			2. 预备费	桥长米	
			投资估算总金额	桥长米	
			平均每桥长米造价	万元	

三、项目建议书投资估算的费用组成及计算方法

项目建议书投资估算的费用组成如图3-1所示。

- 估算总金额
  - 建筑安装工程费
    - 直接费
      - 人工费
      - 材料费
      - 机械使用费
    - 其他工程费
    - 其他直接费、现场经费与间接费综合费用
    - 综合利税费
  - 设备、工具、器具购置费
  - 工程建设其他费用
    - 征用土地费
    - 拆迁赔偿费
    - 建设单位管理费
    - 研究试验费
    - 勘察设计费
    - 供电贴费
    - 大型专用机械设备购置费
    - 固定资产投资方向调节税
    - 建设期贷款利息
  - 预留费用
    - 工程造价增涨预留费
    - 预备费

图3-1　项目建议书投资估算费用组成

1. 建筑安装工程费

建筑安装工程费包括主要工程费、其他工程费、其他直接费、现场经费、间接费、综合利税费。

(1)直接费,即主要工程的工、料、机费,由人工费、材料费、机械使用费组成。人工费、材料费以综合指标的人工工日数及各种材料数量乘以工程所在地的人工费单价、材料预算单价计算。

工程所在地的人工费单价和材料预算单价按《公路工程基本建设项目概算预算编制办

法》的规定计算,并根据《公路工程估算指标》中附录二"材料预算价格的规格取定表"计算指标材料综合价格。

其他材料费、机械使用费在指标中是以人民币绝对值"元"表示的消耗量,该部分的消耗量是按1996年价格计算的,在编制投资估算时应按年价格上涨率予以调整。年价格上涨率一般可按5%估列,以1996年为基期,按式(3-1)调整。

$$A = B(1 + C)^{n-1} \tag{3-1}$$

式中:A——投资估算编制年指标消耗量;

B——指标中消耗量(青海、新疆、西藏三省(区),将指标内"机械使用费"乘以1.15系数后的数值);

C——年价格上涨率;

n——1996年至投资估算编制年的年数。

例如某项目投资估算在1997年编制,则 $n = 1997 - 1996 + 1 = 2$

(2)其他工程费以直接费为基数,按《公路工程估算指标》中附录一规定的百分率计算。

(3)其他直接费、现场经费与间接费综合费用按《公路基本建设工程投资估算编制办法》中附录规定的费率计算,路线工程项目中的1000m以上(含1000m)的特大桥工程按独立桥梁工程的费率计算。附录中未列北京市、天津市、上海市的费率,北京市、天津市、上海市可采用邻近省份的费率计算。其他直接费、现场经费与间接费综合费用的计算公式如下:

综合费用=指标直接费×(1+其他工程费率)×其他直接费、现场经费与间接费综合费率

综合费率是以省会地点和省、自治区、直辖市直属施工企业施工为对象测算的,如与建设项目实际有较大出入,可以进行调整。

(4)综合利税费指施工技术装备费、计划利润和税金之和,以直接费、其他工程费、其他直接费、现场经费与间接费综合费用之和为基数,按综合利税率10%计算。

2. 设备、工具、器具购置费及工程建设其他费用

路线工程和独立桥梁工程的设备、工具、器具购置费以及工程建设其他费用中的拆迁赔偿费、研究试验费、勘察设计费、供电贴费按《公路基本建设工程投资估算编制办法》中附录规定的费率,以第一部分建筑安装工程费总额为基数计算。建设单位管理费(含工程质量监督费、工程监理费、定额编制管理费、设计文件审查费)按《公路工程基本建设项目概算预算编制办法》中的规定费率均以"指标建筑安装工程费"总额为基数计算。征用土地费按《公路工程估算指标》中附录规定的亩数以工程所在地的价格计算。如与建设项目的亩数有较大出入时,可以抽换。大型专用机械设备购置费、固定资产投资方向调节税、建设期贷款利息均按《公路工程基本建设项目概算预算编制办法》的规定计算。路线工程项目中的1000m以上(含1000m)的特大桥工程按独立桥梁工程的数值和费率计算。

3. 预留费用

预备费以第一、二、三部分费用之和(扣除大型专用机械设备购置费、固定资产投资方向调节税、建设期贷款利息)的11%计算。

工程造价增涨预留费按《公路工程基本建设项目概算预算编制办法》的规定计算。

项目建议书投资估算的计算程序及计算方式见表3-3。

项目建议书投资估算的计算程序及计算方式　　表3-3

代号	项　　目	说明及计算式
一	指标直接费	指公路工程估算指标基价
二	直接费(工、料、机费)	按估算编制年工程所在地的预算价格计算
三	其他工程费	(二)×其他工程费率
四	其他直接费、现场经费、间接费综合费用	[(一)+(三)]×综合费率
五	综合利税费	[(二)+(三)+(四)]×综合利税费率
六	指标建筑安装工程费	(一)+(三)+(四)+(五)
七	建筑安装工程费	(二)+(三)+(四)+(五)
八	设备、工具、器具购置费	按编制办法或有关规定计算
九	工程建设其他费用	
	征用土地费	按有关规定计算
	拆迁赔偿	按有关规定计算
	建设单位管理费	(六)×费率
	工程质量监督费	(六)×费率
	工程监理费	(六)×费率
	定额编制管理费	(六)×费率
	设计文件审查费	(六)×费率
	研究试验费	按编制办法或有关规定计算
	勘察设计费	按编制办法或有关规定计算
	供电贴费	按编制办法或有关规定计算
	大型专用机械设备购置费	按需购置清单计算
	固定资产投资方向调节税	按有关规定计算
	建设期贷款利息	按实际贷款数及利率计算
十	预留费用	
	工程造价增涨预留费	以(七)为基数按规定公式计算
	预备费	[(七)+(八)+(九)-大型专用机械设备购置费-固定资产投资方向调节税-建设期贷款利息]×费率
十一	投资估算总金额	(七)+(八)+(九)+(十)

第三节　编制项目建议书投资估算的程序及计算步骤

遵循国家颁布的公路基本建设程序和工程造价管理的有关规定和要求,在编制项目建议书投资估算时,首先应当熟悉了解所必备的基础资料,尤其是对综合估算指标的内容,即指标所包括的主要工程与含量,应有充分的了解。因为结合拟建项目的实际情况和踏勘调查资料,选用指标并允许进行必要的换算调整,都作了明确而具体的规定。其次是应根据建设项目的主管部门或建设单位对拟建项目的总体实施规划进行必要的分析研究,尽可能做到合理可靠,然后按照下列程序和计算步骤进行项目建议书投资估算的编制工作。

一、项目建议书投资估算编制的程序

编制项目建议书投资估算的一般程序，概括起来，就是熟悉设计意图，整理外业调查资料；确定人工、材料价格，进行计算汇总；写出编制说明并装订签章，其顺序如下：

(1)熟悉拟建项目的建设规模、技术标准，了解路线或桥型方案设想意图和工程全貌，掌握建设项目现场的有关实际情况。

(2)对踏勘调查所涉及的有关投资估算的基础资料进行分析整理，去伪存真，做到合理可靠。

(3)对路线中的路基土石方、排水与防护、路面、大(中)桥、立体交叉工程等几项主要工程每公里的实际含量进行可能的和必要的分析比较，以便据以确定是否应对综合指标进行调整。

(4)研究建设项目的总体施工部署和实施方案，确定合理的建设工期。

(5)取定工资标准(人工费单价)、材料供应价格和运输方案，计算材料的预算价格。

(6)对选用指标中的其他材料费和机械使用费进行调整，以及指标规定的应予调整的其他事项进行调整。

(7)进行人工和材料实物量的分析计算。

(8)计算各项费用并汇编总估算及人工、材料需要量。

(9)写出编制说明，进行复核与审核。

(10)出版、盖章、上报。

二、项目建议书投资估算计算的步骤

1. 编制“项目建议书人工及主要材料价格计算表”(06 表)

人工预算单价应根据工程所在地的工资区类别、地区生活补贴标准、工资性津贴标准资料，按《公路工程基本建设项目概算预算编制办法》的规定计算，并在编制说明中加以说明。

材料预算单价应根据《公路工程估算指标》规定的材料取定规格，按《公路工程基本建设项目概算预算编制办法》的规定计算，将计算依据、计算过程、计算结果填入表内。

2. 编制“项目建议书工程估算表”(05 表)

根据工程所在地的地区行政区划、地形、地貌特征、工程规模、建设标准、公路等级、年价格上涨指数、其他工程费费率、其他直接费费率、现场经费费率、间接费费率、人工预算单价、主要材料预算单价(06 表)等资料编制“项目建议书工程估算表”。其填制方法如下：

(1)“建设项目名称”：填入本建设项目的全称。

(2)“编制范围”：填入本投资估算的编制范围或起讫桩号。

(3)“工程名称”：填入套用的估算指标表头的工程名称，如“一级公路”。

(4)“工程细目名称”：填入套用的指标细目名称，如“平原微丘区、内蒙古”。

(5)“指标单位”：填入套用的指标表头的单位，如“1km”。

(6)“工程量”：填入工程规模的数量，如为 135km，则填入“135”。

(7)“估算指标标号”：填入所套用的指标代号，如“1”。

(8)“编号”：按顺序填写。

(9)“工、料、机名称”:按所套用的指标项目栏填入,如“人工、原木、锯材……、指标基价、直接费、其他工程费、综合费用、直接工程费与间接费合计”等名称。

(10)“单位”:按所套用的指标工、料、机名称对应的单位填写,如“工日、m^3、元”等。

(11)“单价”:按06表计算的单价对应填入。

(12)“指标”:按估算指标给定的消耗量对应填入,其中,其他材料费、机械使用费投资估算年指标消耗量等于指标中消耗量$\times(1+$年价格上涨率$)^{n-1}$的计算结果;其他工程费、综合费用填入相应费率。

(13)“数量”:等于“指标”栏消耗量乘“工程量”栏的数量。

(14)“金额”:等于“单价”乘“数量”。其中:直接费金额等于人工金额、主要材料金额、其他材料费金额、机械使用费金额的合计;其他工程费金额等于直接费金额乘其他工程费费率;综合费用金额等于指标直接费金额×(1+其他工程费费率)×其他直接费、现场经费与间接费综合费率(指标直接费金额等于指标基价乘数量的金额);直接工程费与间接费合计金额等于直接费金额、其他工程费金额、综合费用金额之和。

3. 编制“项目建议书设备、工具、器具购置费与工程建设其他费用计算表”(04表)

该表的编制应在全部05表完成时才能编制,并依据《公路基本建设工程投资估算编制办法》规定的费用项目、费率、计算程序及方法填写。具体填制方法如下:

(1)“建设项目名称”:同05表。

(2)“编制范围”:同05表。

(3)“序号”:按“项目建议书路线工程项目表”或“项目建议书独立桥梁工程项目表”的规定“项”“目”号及该建设项目实际费用情况填写。

(4)“费用名称”:按“项目建议书路线工程项目表”或“项目建议书独立桥梁工程项目表”对应的费用名称及该建设项目实际费用情况填写。

(5)“说明及计算式”:填写各项费用的计算过程或说明,如:征用土地费可在该栏填入“105亩×10000元/亩”等。

(6)“金额”:填写“说明及计算式”栏的计算结果。

4. 编制“项目建议书人工、主要材料数量汇总表”(03表)

本表依据“项目建议书工程估算表”(05表)进行编制。具体填制方法如下:

(1)“建设项目名称”:同05表。

(2)“序号”:按顺序填写。

(3)“材料规格名称”:按人工、主要材料的顺序填写,如人工、原木、锯材等名称。

(4)“单位”:按指标中人工、主要材料对应的单位填入,如工日、m^3、t等。

(5)“分项统计”:按05表中计算的合计数量分项统计后填入。

(6)“总数量”:将“分项统计”栏的数量合计后填入。

5. 编制“项目建议书总估算表”

本表的编制应在完成05表、04表的基础上进行,并依据《公路基本建设工程投资估算编制办法》中“项目建议书路线工程项目表”或“项目建议书独立桥梁工程项目表”的“项”“目”“节”号的规定和要求及该建设项目实际费用情况填写。具体填制方法如下:

(1)“建设项目名称”:同05表。

(2)“编制范围”:同05表。

(3)“项”“目”“节”:按“项目建议书路线工程项目表”或“项目建议书独立桥梁工程项目表”的“项”“目”“节”号的规定和要求及该建设项目实际费用情况填写。

(4)“工程或费用名称”:按“项目建议书路线工程项目表”或“项目建议书独立桥梁工程项目表”的“项”“目”“节”号的规定和要求的工程或费用名称及该建设项目实际费用情况填写。

(5)“单位”:按“工程或费用名称”栏对应的单位填写。

(6)“数量”:按“工程或费用名称”栏及“单位”栏对应的数量填写。

(7)“估算金额”:以万元为单位,费用分别为直接工程费与间接费合计(05表)、综合利税费(即施工技术装备费、计划利润、税金之和,以直接工程费与间接费之和为基数按综合利税率计算)、设备、工器具购置费(04表)、工程建设其他费用(04表)等的金额,最后算出第一、二、三部分费用合计、预留费用、投资估算总金额、平均每公路公里造价(或平均每延长米桥梁造价)。

(8)“技术经济指标”:为“估算金额”栏与“数量”栏的比值。

(9)“各项费用比重”:为各项的“估算金额”与投资估算总金额的比值(以百分数计取)。

6. 编制“项目建议书总估算汇总表”

“项目建议书总估算汇总表”应在分段编制的项目建议书总估算表全部完成后编制,是对属于同一个建设项目但分段编制的项目建议书投资估算的汇总整理。具体填制方法如下:

(1)“建设项目名称”:同05表。

(2)“项次”:按“项目建议书路线工程项目表”或“项目建议书独立桥梁工程项目表”的“项”号填写。

(3)“工程或费用名称”:根据“项目建议书路线工程项目表”或“项目建议书独立桥梁工程项目表”的费用名称及“项”对应的工程名称填写。

(4)“单位”:根据“项目建议书路线工程项目表”或“项目建议书独立桥梁工程项目表”的费用名称及“项”对应的工程名称的单位填写。

(5)“总数量”:根据“工程或费用名称”、“单位”对应的各分段编制的02表的数量之和。

(6)“估算金额”:以万元为单位,将02表中的“估算金额”分别按编制范围填入,再将合计后的金额填入“总计”栏。

(7)“技术经济指标”:为“估算金额”栏的“总计”与“总数量”的比值。

(8)“各项费用比重”:为各项的“估算金额”栏的“总计”与投资估算总金额的“总计”之比(以百分数计取)。

7. 编写“编制说明”

估算编制完成后,应写出编制说明,主要内容应包括:编制依据、编制范围、编制内容、取费标准、总估算金额、人工、主要材料数量及其他与估算编制有关的说明等(具体内容参见本节项目建议书估算文件组成),文字简明扼要。

8. 制作目录、封面

复习思考题

1. 何谓项目建议书投资估算？
2. 项目建议书投资估算的资料调查与收集应做哪些工作？
3. 项目建议书投资估算的编制依据是什么？
4. 对项目建议书投资估算如何进行项目划分？
5. 项目建议书投资估算费用由哪几部分组成？各部分费用如何计算？
6. 简述项目建议书投资估算的编制程序和计算步骤。

第四章

公路工程可行性研究报告投资估算

教学要求

1. 解释可行性研究报告投资估算的概念，并论述其作用；
2. 描述可行性研究报告投资估算资料调查的内容；
3. 描述可行性研究报告投资估算的文件组成；
4. 描述可行性研究报告投资估算项目划分的内容；
5. 描述可行性研究报告投资估算的费用组成、计算程序及计算方法；
6. 编制可行性研究报告投资估算。

●第一节　概　　述●

一、可行性研究报告投资估算的概念及作用

可行性研究报告是基本建设程序中决策的前期工作阶段，是建设项目是否可行的重要论证依据。可行性研究报告经批准后，是进行初步设计或施工图设计(采用一阶段设计时)的依据。可行性研究报告投资估算是可行性研究报告的重要组成部分，是建设项目进行经济评价及投资决策的依据，是编制初步设计概算或施工图预算(采用一阶段设计时)的限制条件，也是进行资金筹措的依据之一。

根据公路基本建设程序的有关规定和要求，为科学地组织建设项目的实施，减少失误，根据长期的建设实践经验，可行性研究报告投资估算在项目建设中具有多方面的作用。

1. 可行性研究报告投资估算是项目建设投资决策的依据

一个建设项目能否兴建，主要看可行性研究的结果；而根据投资估算所作的经济评价，对投资的经济效益，已提出了结论性意见，故是投资决策的一个重要依据。

2. 可行性研究报告投资估算是公路建设项目国民经济评价的依据

公路建设项目的国民经济评价是支出费用与获得效益的相对比较，即通过效益费用比、净现值、内部收益率、投资回收期四个评价指标来进行的，而所得到的指标是作为评价的定量标准，其支出费用就是在可行性研究报告投资估算的基础上，按照国民经济评价的有关规定和方法进行调整后取定的。

3. 可行性研究报告投资估算是编制初步设计概算或施工图预算(采用一阶段设计时)**的主要依据**

国家规定初步设计概算与可行性研究报告投资估算的误差不能超过10%，所以初步设计

概算的编制,必须严格控制在投资估算的允许范围内。

4. 可行性研究报告投资估算是资金筹措的依据

目前,世界银行等许多国际金融组织,都把可行性研究报告作为建设项目能否给予贷款的先决条件,国内银行贷款也是通过对可行性研究报告的审查了解,确认该项目有较好的经济效益,并具有偿还贷款能力,才能给予贷款。同时,他们在确定贷款的额度时,都是按投资估算的一定比例作为贷款的主要依据的。

5. 当采用一阶段设计时,可行性研究报告投资估算是编制年度建设投资计划的依据

年度建设投资计划,是国家控制投资规模,综合平衡投资计划,实行宏观调控的重要手段。凡没有列入年度建设投资计划的建设项目,按公路基本建设程序的规定,就不能组织招标或施工。

二、可行性研究报告投资估算的资料调查与收集

可行性研究报告投资估算的资料调查,是指收集编制投资估算所需的原始基础资料,它是编制投资估算的基础工作。基础资料的全面与否以及可靠与否,是关系到投资估算质量的关键因素。

资料调查与收集的工作内容如下:

(1)根据批准的项目建议书的筹资方式、贷款额度、年度贷款计划,向建设项目的主管部门或建设单位进一步了解落实,是否有变动或新的意图,以便确定建设期贷款利息。

(2)有关建设安排和实施方案的调查研究,主要是向建设项目的主管部门或建设单位进一步了解对项目建议书中的总体实施规划有无需要进行调整和补充。同时,对建设项目的建设条件和特点,制约整个建设工程的工期、质量、造价的关键环节,在设计和实施阶段,可能采用的标段划分和合理可靠的施工方案,作必要的调查,收集涉及投资估算的有关资料。

(3)调查并掌握公路沿线的水文地质、地形地貌情况,以便正确摘取工程数量套用分项指标。

(4)了解并掌握作为编制项目建议书投资估算的工资标准和材料供应价格情况,同时了解当地公路(交通)工程定额(造价管理)站是否发布了新的价格信息。如果有的话,一则应以此作为编制可行性研究报告投资估算的依据,二则可与项目建议书投资估算所采用的价格水平相比较,以了解其价格的变化情况,从而掌握对可行性研究报告投资估算可能产生的影响程度。

(5)调查落实建设项目所在地的各种外购材料的供应地点、供应渠道,并据以核查原项目建议书投资估算所取定的经济合理的运输方式和计算的平均运距,以及计算的过路费、过桥费和运费标准,有无变化,除应以调查落实的资料作为计算材料运费的依据外,应对存在的差异作必要的分析,掌握其变化规律,达到不断提高投资估算的编制水平。

(6)调查落实公路沿线砂石材料的产供情况和市场销售价格,施工单位自行开采的可能性与开采条件,规格品种、质量、数量,以及在今后实施阶段可能产生的变化,作为计算材料预算价格的原始依据。

(7)调查建设项目占用土地和应予拆迁的建筑物、构筑物的种类和数量,人均占有耕地等资料,以及当地人民政府颁布的征用土地赔偿标准、耕地占用税等有关规定,并提出拆迁及土地占用数量表,作为计算土地、青苗等补偿费和安置补助费的依据。

(8)调查选定大型混凝土构件预制场和路面混合料拌和场的设置地点和规模,提出需要

占用土地的面积和需要恢复耕种土地的有关各项费用。

(9)调查建设项目可利用电网供电的情况,如电压等级、使用期限等资料,以便计算用电贴费。

(10)凡列入可行性研究报告投资估算内的设备、工具、器具购置费和大型专用机械设备购置费,除应以批准的项目建议书投资估算文件内的购置计划清单为依据外,还要调查了解市场新的行情,应以市场供应价格作为计算依据。

(11)收集当地工程造价历史资料,供编制投资估算参考。

(12)调查并收集与可行性研究报告投资估算有关的其他资料。

三、可行性研究报告投资估算编制的依据

(1)经批准的项目建议书投资估算文件。

(2)《公路工程估算指标》中的"分项指标"、《公路基本建设工程投资估算编制办法》、《公路工程预算定额》、《公路工程概算定额》及《公路工程基本建设项目概算预算编制办法》。

(3)可行性研究报告提供的工程规模、公路等级、主要工程项目的工程量等资料。

(4)国家、各部委或地方政府的有关文件、方针、政策和取费标准。

(5)建设项目中的有关资金筹措的方式、实施计划、水电供应、配套工程的落实情况。

(6)工程所在地的交通、能源及主要建筑材料供应等生产、生活条件资料。

(7)工程所在地的人工工资标准、材料供应价格、运输条件、运费标准及地方性材料储备量等基础资料。

(8)深入现场调查研究,掌握有关估算编制基础资料,合理确定施工方案。

(9)当地政府有关征地、拆迁、安置、补偿标准等文件或通知。

(10)业主对建设工期、工程监理安排的意见。

(11)编制可行性研究报告的委托书、合同或协议。

第二节　公路工程可行性研究报告投资估算费用及文件组成

一、可行性研究报告投资估算的文件组成

可行性研究报告投资估算文件由封面、目录、估算编制说明及全部估算计算表格组成。

1. 封面及目录

估算文件的封面和扉页应按《公路工程基本建设项目设计文件编制办法》中的规定制作,扉页的次页应有建设项目名称、编制单位、编制、复核人员姓名、编制日期及第几册共几册等内容并加盖资格印章。目录应按估算表的表号顺序编排。

2. 估算编制说明

估算编制完成后,应写出编制说明,文字力求简明扼要。应叙述的内容一般有:

(1)可行性研究报告的依据和有关文号,依据的资料及比选方案等。

(2)采用的估算指标、费用标准及人工、材料单价的依据或来源、补充指标及编制依据的详细说明。

(3)与估算有关的委托书、协议书、会谈纪要的主要内容(或将抄件附后)。

(4)总估算金额,人工、钢材、水泥、木料、沥青的总需求量情况,各建设方案的经济比较以及编制中存在的问题。

(5)其他与估算有关但不能在表格中反映的事项。

3. 估算表格

可行性研究报告投资估算应按统一的估算表格计算,封面及表格式样见附录三。

4. 估算文件

可行性研究报告投资估算文件是可行性研究报告的组成部分,应按《公路建设项目可行性研究报告编制办法》关于文件报送份数的规定报送。

可行性研究报告投资估算文件包括的内容如下:

(1)可行性研究报告投资估算编制说明。

(2)可行性研究报告总估算汇总表(01 表)。

(3)可行性研究报告总估算表(02 表)。

(4)可行性研究报告人工、主要材料数量汇总表(03 表)。

(5)可行性研究报告设备、工具、器具购置费计算表(04 表)。

(6)可行性研究报告工程建设其他费用计算表(05 表)。

(7)可行性研究报告分项工程估算表(06 表)。

(8)可行性研究报告其他直接费、现场经费及间接费综合费率计算表(07 表)。

(9)可行性研究报告材料预算价格计算表(08 表)。

二、可行性研究报告投资估算项目

可行性研究报告投资估算项目应按项目表的序列及内容编制,如实际某部分费用不发生时,第一、二、三部分的序号应保留不变。如第二部分设备、工具、器具购置费在该项目中不发生,工程建设其他费用仍为第三部分。估算应按一个建设项目[如一条路线或一座独立大、中桥(表 4-1、表 4-2)]进行编制。当一个建设项目需要分段估算投资时,应分别编制总估算表,但必须汇总编制“总估算汇总表”。

可行性研究报告路线工程项目表　　表 4-1

项	目	节	工程或费用名称	单位	备　注
			第一部分　建筑安装工程费	公路公里	
一			路基	公路公里	
	1		土方	m^3	
	2		石方	m^3	
	3		排水防护工程	m^3	
	4		特殊路基处理	km	
二			路面	公路公里	
三			桥梁涵洞	公路公里	
	1		涵洞	道	

续上表

项	目	节	工程或费用名称	单位	备注
	2		小桥及标准跨径＜20m中桥	m/座	
	3		标准跨径＞20m中桥及大桥	m/座	按结构类型分节
		1	预应力混凝土T形梁桥	m/座	
		2	……	m/座	
四			隧道	公路公里	
	1		土质隧道	m/座	
	2		石质隧道	m/座	
五			交叉工程及沿线设施	公路公里	
	1		交叉工程	处	
		1	互通式立体交叉	处	
		2	分离式立体交叉	处	
		3	平面交叉	处	
	2		安全设施	公路公里	
	3		服务设施	公路公里	
	4		辅道工程	km	
	5		支线工程	km	
六			施工技术装备费	公路公里	
七			计划利润	公路公里	
八			税金	公路公里	
			第二部分　设备、工具、器具购置费	公路公里	
一			设备购置	公路公里	
二			工具、器具购置	公路公里	
三			办公及生活用家具购置	公路公里	
			第三部分　工程建设其他费用	公路公里	
一			土地、青苗等补偿费和安置补偿费	公路公里	
二			建设单位管理费	公路公里	
	1		建设单位管理费	公路公里	
	2		工程质量监督费	公路公里	
	3		工程监理费	公路公里	
	4		定额编制管理费	公路公里	
	5		设计文件审查费	公路公里	
三			勘察设计费	公路公里	
四			研究试验费	公路公里	
五			施工机构迁移费	公路公里	
六			供电贴费	公路公里	

续上表

项	目	节	工程或费用名称	单位	备注
七			大型专用机械设备购置费	公路公里	
八			固定资产投资方向调节税	公路公里	
九			建设期贷款利息	公路公里	
			第一、二、三部分费用合计	公路公里	
			预留费用	公路公里	
			1. 工程造价增涨预留费	公路公里	
			2. 预备费	公路公里	
			投资估算总金额	公路公里	
			平均每公路公里造价	元	

可行性研究报告独立桥梁工程项目表

表 4-2

项	目	节	工程或费用名称	单位	备注
			第一部分　建筑安装工程费	桥长米	
一			桥头引道	桥长米	
	1		路基	km	
		1	土方	m^3	
		2	……		
	2		路面	m^3	
	3		桥梁涵洞	m/座(道)	涵洞为道
		1	涵洞	道	
		2	……		
	4		……		
二			大桥	桥长米	
	1		主桥	桥长米	按结构类型分节
	2		引桥	m/m^2	按结构类型分节
	3		调治结构物	m/m^2	
		1	导流坝	m^3	
		2	驳岸	m^3	
		3	……		
	4		……		
三			施工技术装备费	桥长米	
四			计划利润	桥长米	
五			税金	桥长米	
			第二部分　设备、工具、器具购置费	桥长米	
一			设备购置	桥长米	
二			工具、器具购置	桥长米	

续上表

项	目	节	工程或费用名称	单位	备注
三			办公及生活用家具购置	桥长米	
			第三部分 工程建设其他费用	桥长米	
一			土地、青苗等补偿费和安置补助费	桥长米	
二			建设单位管理费	桥长米	
	1		建设单位管理费	桥长米	
	2		工程质量监督费	桥长米	
	3		工程监理费	桥长米	
	4		定额编制管理费	桥长米	
	5		设计文件审查费	桥长米	
三			勘察设计费	桥长米	
四			研究试验费	桥长米	
五			施工机构迁移费	桥长米	
六			供电贴费	桥长米	
七			大型专用机械设备购置费	桥长米	
八			固定资产投资方向调节税	桥长米	
九			建设期贷款利息	桥长米	
			第一、二、三部分费用合计	桥长米	
			预留费用	桥长米	
			1. 工程造价增涨预留费	桥长米	
			2. 预备费	桥长米	
			投资估算总金额	桥长米	
			平均每桥长米造价	元	
			平均每平方米桥面造价	元	

三、可行性研究报告投资估算的费用组成及计算方法

估算费用组成如图 4-1。

1. 建筑安装工程费

建筑安装工程费由直接工程费、间接费、施工技术装备费、计划利润、税金五部分组成。

1）直接工程费

直接工程费由主要工程的直接费（即工、料、机费）、其他工程费、其他直接费和现场经费四部分组成。

（1）直接费即工、料、机费，指以分项指标的工、料数量按工程所在地的人工、材料预算单价计算的人工费、材料费与指标所列机械使用费的合计数。

- 估算费用
  - 直接工程费
    - 直接费
      - 人工费
      - 材料费
      - 施工机械使用费
    - 其他工程费
    - 其他直接费
      - 冬季施工增加费
      - 雨季施工增加费
      - 夜间施工增加费
      - 高原地区施工增加费
      - 沿海地区施工增加费
      - 行车干扰工程施工增加费
      - 施工辅助费
    - 现场经费
      - 临时设施费
      - 现场管理费
        - 基本费用定额
        - 其他单项费用定额
          - 主副食运费补贴
          - 职工探亲路费
          - 职工取暖补贴
          - 工地转移费
  - 间接费
    - 企业管理费
    - 财务费用
  - 施工技术装备费
  - 计划利润
  - 税金
  - 设备、工具、器具及家具购置费
    - 设备、工具、器具购置费
    - 办公及生活用具购置费
  - 工程建设其他费用
    - 土地、青苗等补偿费和安置补助费
    - 建设单位管理费
    - 研究试验费
    - 勘察设计费
    - 施工机构迁移费
    - 供电贴费
    - 大型专用机械设备购置费
    - 固定资产投资方向调节税
    - 建设期贷款利息
  - 预留费用
    - 工程造价增涨预留费
    - 预备费

图 4-1　可行性研究报告投资估算费用组成

工程所在地的人工费单价和材料预算单价，根据《公路工程估算指标》中附录二“材料预算价格的规格取定表”综合的材料规格，按《公路工程基本建设项目概算预算编制办法》的规定计算。

其他材料费、机械使用费的计算同项目建议书投资估算中其他材料费、机械使用费的规定。

(2)其他工程费以直接费为基数按《公路工程估算指标》附录一规定的百分率计算。

(3)其他直接费 = 指标直接费 ×(1 + 其他工程费率) × 其他直接费综合费率。

其中:指标直接费指分项指标中所列指标基价。

其他直接费包括冬季施工增加费、雨季施工增加费、夜间施工增加费、高原地区施工增加费、沿海地区施工增加费、行车干扰工程施工增加费、施工辅助费七项,综合费率按《公路工程基本建设项目概算预算编制办法》规定取定。

(4)现场经费 = 指标直接费 ×(1 + 其他工程费率)× 现场经费综合费率。

其中:现场经费包括临时设施费、现场管理基本费用、主副食运费补贴、职工探亲路费、职工取暖补贴、工地转移费等费用,综合费率按《公路工程基本建设项目概算预算编制办法》规定取定。

直接工程费 = 直接费 + 其他工程费 + 其他直接费 + 现场经费

指标直接工程费 = 指标直接费 + 其他工程费 + 其他直接费 + 现场经费

2)间接费

间接费 = 指标直接工程费 × 间接费综合费率

间接费包括企业管理费、财务费用两项,综合费率按《公路工程基本建设项目概算预算编制办法》规定取定。

3)施工技术装备费

施工技术装备费 =(指标直接工程费 + 间接费)× 施工技术装备费率

其中:施工技术装备费率按《公路工程基本建设项目概算预算编制办法》规定取定。

4)计划利润

计划利润 =(指标直接工程费 + 间接费)× 计划利润率

其中:计划利润率按《公路工程基本建设项目概算预算编制办法》规定取定。

5)税金

税金 =(直接工程费 + 间接费 + 计划利润)× 综合税率

税金的综合税率按3.41%计取。

2. 设备、工具、器具购置费

设备、工具、器具购置费应列出计划购置清单,按《公路工程基本建设项目概算预算编制办法》中规定的公式计算。

办公和生活用家具购置费按《公路工程基本建设项目概算预算编制办法》中规定的标准计算。

3. 工程建设其他费用

工程建设其他费用中的土地、青苗等补偿费和安置补助费、建设单位管理费、工程质量监督费、工程监理费、定额编制管理费、设计文件审查费、研究试验费、勘察设计费、施工机构迁移费、供电贴费、大型专用机械设备购置费、固定资产投资方向调节税、建设期贷款利息等均应按《公路工程基本建设项目概算预算编制办法》中规定的内容和要求计算。

4. 预留费用

预备费以第一、二、三部分费用之和(扣除大型专用机械设备购置费、固定资产投资方向调节税、建设期贷款利息)的9%计算。

工程造价增涨预留费按《公路工程基本建设项目概算预算编制办法》的规定计算。

可行性研究报告投资估算的计算程序及计算方法见表4-3。

可行性研究报告投资估算计算程序及计算方法　表4-3

代号	项　目	说明及计算式
一	指标直接费	指公路工程估算指标基价
二	直接费(工、料、机费)	按估算编制年工程所在地的预算价格计算
三	其他工程费	(二)×其他工程费率
四	其他直接费	[(一)+(三)]×其他直接费综合费率
五	现场经费	[(一)+(三)]×现场经费综合费率
六	指标工程费	(一)+(三)+(四)+(五)
七	直接工程费	(二)+(三)+(四)+(五)
八	间接费	(六)×间接费综合费率
九	施工技术装备费	[(六)+(八)]×施工技术装备费率
十	计划利润	[(六)+(八)]×计划利润率
十一	税金	[(七)+(八)+(十)]×税金综合税率
十二	指标建筑安装工程费	(六)+(八)+(九)+(十)+(十一)
十三	建筑安装工程费	(七)+(八)+(九)+(十)+(十一)
十四	设备、工具、器具购置费	∑(设备、工具、器具购置数量×单价+运杂费)×(1+采购保管费率)
	办公和生活用家具购置费	按有关规定计算
十五	工程建设其他费用	
	土地补偿费和安置补助费	按有关规定计算
	建设单位管理费	(十二)×费率
	工程质量监督费	(十二)×费率
	工程监理费	(十二)×费率
	定额编制管理费	(十二)×费率
	设计文件审查费	(十二)×费率
	研究试验费	按批准的计划编制
	勘察设计费	按有关规定计算
	施工机构迁移费	按有关规定计算
	供电贴费	按有关规定计算
	大型专用机械设备购置费	按需购置的清单编制
	固定资产投资方向调节税	按有关规定计算
	建设期贷款利息	按实际贷款数及利率计算
十六	预留费用	
	工程造价增涨预留费	以(十三)为基数按规定公式计算
	预备费	[(十三)+(十四)+(十五)-大型专用机械设备购置费-固定资产投资方向调节税-建设期贷款利息]×费率
十七	投资估算总金额	(十三)+(十四)+(十五)+(十六)

第三节 编制可行性研究报告投资估算的程序及计算步骤

一、可行性研究报告投资估算编制的程序

根据我国现行有关工程造价管理的规定。编制可行性研究报告投资估算的一般程序如下：

(1)熟悉设计方案和各种图表资料，对各项主要工程数量进行必要的核对和计算，若发现与分项指标的要求不一致时，要提请设计人员查实，或在外业调查时，予以解决。然后按分项指标的内容要求，正确摘取各种计价工程数量，为编制投资估算提供可靠的基础资料。

(2)按照编制可行性研究报告投资估算的要求，整理分析好涉及投资估算的各种外业调查资料，如进行材料综合供应价格的分析取定，计算各种材料的平均运距并确定合理的运输方案等。

(3)研究建设安排和实施方案的内容和要求是否合理可行，如建设工期、工程进度等，核查与批准的项目建议书投资估算文件的规定是否相符，如有变动，则要分析其合理性，做到更符合实际，合理可靠。

(4)取定人工费单价和材料供应价格，按照运距示意图确定的运输方案和平均运距，计算材料的预算价格。

(5)根据确定的总体实施方案的要求，结合建设项目的实际情况，正确取定其他直接费、现场经费、间接费等费率标准，并进行汇总。

(6)对拟选用的各种分项估算指标中的其他材料费、机械使用费，按指标规定的调整计算公式逐项进行调整，以及指标规定的可以调整的其他有关内容进行调整。

(7)根据摘取的主要工程数量和选用的并经调整好的分项估算指标，计算出人工和材料的实物量。

(8)根据确定的人工、材料的预算价格和各种费率标准，计算出各项费用，并进行累计汇总。

(9)编制设备、工具、器具购置费和工程建设其他费用。

(10)编制总估算及统计汇总人工和主要材料数量。

(11)若系分段编制投资估算的，汇编总估算。

(12)写出编制说明，进行复核与审核。

(13)出版、盖章、上报。

二、可行性研究报告投资估算计算的步骤

1. 编制“可行性研究报告材料预算价格计算表”(08 表)

编制可行性研究报告材料预算价格计算表应根据《公路工程估算指标》中取定的材料品种、规格、各种材料的综合程度，并结合工程所在地的材料供应情况、供应价格、运距、运价标准、供货方式进行计算。具体填制方法同设计概算或施工图预算中的“材料预算单价计算表(09 表)”。

2. 编制"可行性研究报告其他直接费、现场经费及间接费综合费率计算表"(07表)

可行性研究报告其他直接费、现场经费及间接费综合费率计算表应根据《公路工程基本建设项目概算预算编制办法》中的规定及工程所在地实际情况(如:工地转移里程,主副食运距,气温区等资料)计取。具体填制方法同设计概算或施工图预算中的"其他直接费、现场经费及间接费综合费率计算表(04表)"。

3. 编制"可行性研究报告分项估算表"(06表)

可行性研究报告分项估算表应在"可行性研究报告材料预算价格计算表"及"可行性研究报告其他直接费、现场经费及间接费综合费率计算表"完成的基础上编制。编制依据主要有:可行性研究报告提供的主要工程数量、《公路工程估算指标》中的"分项指标"、《公路工程概算定额》、《公路工程预算定额》、年价格上涨率、材料预算价格、其他直接费、现场经费及间接费综合费率等资料。具体填制方法如下:

(1)"建设项目名称":填入该建设项目的全称。

(2)"编制范围":填入该段估算的编制范围。

(3)"工程名称":填入《公路工程估算指标》中分项指标(或《公路工程概算定额》或《公路工程预算定额》中分节的名称),如:"排水与防护"。

(4)"工程细目名称":填入所套用指标(或定额)子目的名称或说明,如:"砌石圬工"。

(5)"指标单位":填入所套用指标(或定额)的单位,如:"$100m^3$"。

(6)"工程量":将可行性研究报告提供的工程量换算成定额单位后填入,如:$15000m^3$的砌石圬工,则填入"150"。

(7)"估算指标表号":填入所套用的指标或定额表号,如:"1-4-1"。

(8)"序号":按顺序填写。

(9)"工、料、机名称":根据所套用的指标(或定额),依次填入指标或定额给定的人工、材料名称(机械名称)、其他材料费、机械使用费、指标基价(或定额基价)及直接费、其他工程费、其他直接费、现场经费、间接费、直接工程费与间接费合计等名称。

(10)"单位":根据指标(或定额)给定的人工、材料(机械)的单位填写,其他各项费用的单位均为"元"。

(11)"指标":根据所套用的指标(或定额)给定的人工、材料(机械)消耗量填写,其他材料费、机械使用费及指标基价应根据指标消耗量、年物价上涨率及估算编制年限等资料,按《公路基本建设工程投资估算编制办法》的规定调整后填入;其他工程费、其他直接费、现场经费、间接费等费用在该栏则填入相应费率;直接费对应的本栏不填。

(12)"数量":该栏根据人工、材料、其他材料费、机械使用费及指标基价的"指标"栏数量乘"工程量"栏数量后依次填入;直接费、其他工程费、其他直接费、现场经费、间接费、直接费与间接费合计等栏对应的本栏不填。

(13)"金额":该栏的人工、材料、其他材料费、机械使用费、指标基价对应的金额等于"数量"栏乘"单价"栏。直接费的金额等于人工、材料、其他材料费、机械使用费等栏对应的"金额"栏数量之和;其他工程费的金额等于直接费对应的"金额"栏数量乘其他工程费率;其他直接费的金额等于指标基价对应的"金额"栏数量与其他工程费对应的"金额"数量之和乘以其他直接费综合费率;现场经费的金额等于指标基价对应的"金额"栏数量与其他工程费对应的

“金额”数量之和乘以现场经费综合费率；间接费金额等于指标基价的金额、其他工程费的金额、其他直接费的金额、现场经费的金额等之和乘以间接费综合费率；直接工程费与间接费合计的金额等于直接费金额、其他工程费金额、其他直接费金额、现场经费金额、间接费金额之和。

4. 编制“可行性研究报告工程建设其他费用计算表”(05 表)

本表的编制应根据可行性研究报告提供的有关费用项目数量，工程所在地政府文件(或计费标准)，国家有关部、委的取费标准及政策、法规，按《公路工程基本建设项目概算预算编制办法》的规定计算。具体填制方法参见概算(或预算)文件中的“工程建设其他费用及回收金额计算表”的填写。

5. 编制“可行性研究报告设备、工具、器具购置费计算表”(04 表)

本表的编制应根据计划购置清单，按《公路工程基本建设项目概算预算编制办法》的规定计算相关费用。具体填制方法参见概算(或预算)文件内的“设备、工具、器具购置费计算表”的填写。

6. 编制“可行性研究报告人工、主要材料数量汇总表”(03 表)

本表根据“可行性研究报告分项估算表”进行编制。具体填制方法参见“项目建议书人工、主要材料数量汇总表”。

7. 编制“可行性研究报告总估算表”(02 表)

本表应根据“可行性研究报告路线工程项目表”或“可行性研究报告独立桥梁工程项目表”、“可行性研究报告设备、工具、器具购置费计算表”、“可行性研究报告工程建设其他费用计算表”、“可行性研究报告分项估算表”进行编制。具体填制方法如下：

(1)“建设项目名称”：同前。

(2)“编制范围”：同前。

(3)“项”、“目”、“节”：按“可行性研究报告路线工程项目表”或“可行性研究报告独立桥梁工程项目表”规定填写。

(4)“工程或费用名称”：根据“可行性研究报告路线工程项目表”或“可行性研究报告独立桥梁工程项目表”中对应的名称填写。增加的“目”或“节”按实际情况填写。

(5)“单位”：根据“可行性研究报告路线工程项目表”或“可行性研究报告独立桥梁工程项目表”中对应的单位填写。增加的“目”或“节”按实际情况填写。

(6)“数量”：根据“工程或费用名称”及“单位”栏对应的数量填写。

(7)“估算金额”：各节的估算金额指直接工程费与间接费的合计，根据“可行性研究报告分项估算表”的合计金额栏的相应费用填写；各目的估算金额等于该目下各节的估算金额之和；各项的估算金额等于该项下各目的估算金额之和；施工技术装备费、计划利润的估算金额根据“可行性研究报告分项估算表”计算，等于指标直接工程费与间接费之和乘以费率；税金的估算金额等于直接工程费、间接费及计划利润之和乘以税率，第一部分建筑安装工程费的估算金额等于该部分各项估算金额之和，第二部分设备购置费、工具、器具购置费及办公生活用家具购置费根据“可行性研究报告设备、工具、器具购置费计算表”的计算结果填写，第三部分工程建设其他费用根据“可行性研究报告工程建设其他费用计算表”的计算结果填写；预留费用根据“可行性研究报告工程建设其他费用计算表”的相应结果填写；投资估算总金额的估算金额栏等于第一、二、三部分费用合计加预留费用;平均每公路公里造价的估算金额等于投资估算总金额除公路里程。

(8)“技术经济指标”:根据各项、目、节或各部分的估算金额除以数量后填入。

(9)“各项费用比重”:根据各项或部分的估算金额除以投资估算总金额后填入。

8. 编制“可行性研究报告总估算汇总表”(01 表)

该表根据分段编制的“可行性研究报告总估算表”进行编制。具体填制方法如下:

(1)“建设项目名称”:填法同前。

(2)“项次”:根据“可行性研究报告路线工程项目表”或“可行性研究报告独立桥梁工程项目表”“项”的编号填写。

(3)“工程或费用名称”:根据“项次”栏对应的工程或费用名称填写。

(4)“单位”:根据“工程或费用名称”栏对应的单位填写。

(5)“总数量”:等于各分段编制的“可行性研究报告总估算表”中的对应栏的数量之和。

(6)“估算金额”:根据分段编制的“可行性研究报告总估算表”,分别填入各分段的编制范围、估算金额。

(7)“估算金额合计”:等于各分段的估算金额之和。

(8)“技术经济指标”:等于估算金额合计除以总数量。

(9)“各项费用比重”:等于估算金额合计除以该建设项目投资估算总金额。

9. 编写“编制说明”

10. 制作目录、封面

复习思考题

1. 何谓可行性研究报告投资估算?
2. 可行性研究报告投资估算的资料调查与收集应做哪些工作?
3. 可行性研究报告投资估算的编制依据是什么?
4. 对可行性研究报告投资估算如何进行项目划分?
5. 可行性研究报告投资估算费用由哪几部分组成?各部分费用如何计算?
6. 简述可行性研究报告投资估算的编制程序和计算步骤。

第五章

公路工程概(预)算

教学要求

1. 解释公路工程概(预)算的概念,并论述其作用;
2. 描述投资额测算体系的组成;
3. 描述公路工程概(预)算的费用、项目及文件组成;
4. 描述公路工程概(预)算编制的依据;
5. 进行工程项目的划分;
6. 计算概(预)算的各项费用;
7. 编制概(预)算文件。

●第一节　概　　述●

一、概(预)算的概念及作用

1. 公路工程概(预)算的概念

基本建设工程(或简称建设项目)设计概算和施工图预算,是指在执行基本建设程序过程中,根据不同设计阶段设计文件的具体内容和国家规定的定额、编制办法、指标及各项费用的取费标准,预先计算和确定每项新建、扩建、改建和重建工程所需要的全部投资额的文件。它是从经济上反映建设项目在不同建设阶段的特点,是基本建设程序的重要组成部分。

2. 公路工程概(预)算的作用

公路工程概(预)算是基本建设管理工作中的重要环节。概(预)算质量的好坏,对国家基本建设资金使用是否正常合理有密切的关系。

当基本建设项目确定后,如何将大量的劳动力、资金和材料用好、管好,做到少花钱多办事,是工程经济组织管理的主要内容。因此,从设计到施工直至投产,都离不开工程概(预)算。工程概(预)算是设计文件的组成部分,又是工程管理不可缺少的内容和依据。其作用归纳如下:

(1)工程概(预)算是编制基本建设计划、确定和控制基本建设投资额的依据。编制年度基本建设计划,确定计划投资额及其构成数额,要以批准的初步设计概算中有关指标为依据,初步设计概算没有批准的建设工程不能列入年度基本建设计划。批准的投资数额,是控制国家投资的最高限额,在工程建设过程中,一般不能突破这一限额。

(2)工程概(预)算是设计与施工方案优选的依据。工程概(预)算是确定工程价值的综合文件,它不仅反映各项工程的建设规模,并规定了工程经济活动范围,同时也综合体现出各项工程设计与施工方案的合理性(其中包括路线方案、结构形式、材料品种和施工方法等各个方面)。

首先,概(预)算有货币的指标体系。当建设项目的各个设计方案出来以后,可以利用总概(预)算造价指标,单位工程概算造价指标,单位产品成本等指标进行经济比较,从而可以发现问题,促使设计人员进一步改造设计,从而选出最优的设计方案。因为每个方案的设计意图都会通过计算工程量和各项费用全部反映到概(预)算文件中来,通过这些货币指标的比较,就可以从中选出在各方面均能满足原定要求而又经济的最佳方案,从而促进优化设计的工作。

其次,基本建设概(预)算文件中的实物指标,如主要材料(钢材、木材、水泥、沥青等)的消耗量,人工、机械台班的消耗量,对于进行技术经济分析与考虑经济效益也有着重要的作用。尤其当需要考虑物价上涨问题时,对不同材料的上涨指数,可通过对实物指标的分析来获得,从而可预测不同设计方案的物价风险。

(3)工程概(预)算是实行基本建设招投标,签订工程合同,办理工程拨款、贷款和结算的依据。合同制是按照经济规律要求所确定的一种经济管理办法。工程承包合同包括工程范围、施工期限、工程质量、工程造价、材料设备供应和工程结算等内答,所以工程概(预)算是签订工程承包合同的重要依据之一。

建设银行也要以基本建设项目概(预)算为依据办理基本建设项目的拨款、贷款和竣工工程结算。

初步设计概算是拨款和贷款的最高限额,对建设项目的全部拨款、贷款或单项、单位工程的拨款、贷款累计总额,不能超过初步设计概算。以批准的初步设计进行施工招标的工程,其单项或单位工程的标底应在批准的总概算范围内。

施工图预算是实行建筑安装工程包干,办理工程进度款,安排施工组织计划和备料,进行工程结算的依据。以施工图设计进行施工招标的工程,经审定批准后的施工图预算是编制工程标底的依据。

(4)工程概(预)算是施工企业加强经营管理,搞好经济核算的基础。公路工程施工企业为了加强经营管理,搞好经济核算,降低工程成本,增加利润,就必须以概(预)算为基础,制订经营计划,做好施工准备,进行“两算”对比,并考核经营效果和完善经济责任制。

施工企业的经营计划和施工技术财务计划的组成内容,以及它们的相应指标体系中的部分指标的确定,都必须以施工图预算为依据。例如:实物工程量、工作量、总产值和利润额等指标,其中的总产值应直接按工程承包的施工图预算价格计算。另外,在编制施工技术财务计划的实施性计划中的材料供应计划时,也必须以施工图预算为依据。

在对拟建工程进行施工的准备过程中,依赖于施工图预算提供有关数据的工作主要有:在施工图预算的控制下编制工程施工预算;以施工图预算的分部、分项工程量、工料分析为依据,编制施工进度计划和劳动力、材料、成品、半成品、构件及施工机械等需要量及供应计划,并落实货源,组织运输,控制消耗;以施工图预算提供的直接工程费、间接费为依据,对工程施工进度的网络计划进行工期与资源、工期与成本优化等。

“两算”是指施工图预算和施工预算。施工企业为搞好经济核算,常常通过施工预算与施工图预算的对比,对"两算"进行互审,从中发现矛盾并及时分析原因,然后予以纠正。这样既可以防止多算或漏算,有利于企业对单位工程经济收入的预测与控制,又可以使人工、材料、机械台班等资源需要量计划的编制工作准确无误,有利于工料消耗的分析与控制,确保工程施工的顺利进行。

施工企业通过企业内部单位工程竣工成本决算,进行实际成本分析,反映自身经营管理的经济效果。以工程竣工后的工程结算为依据,对照单位工程的预算成本、实际成本,核算成本降低额,总结经验教训,提高企业经营管理水平。

施工企业以施工图预算为依据,对实行内部核算的单项工程、班组和各职能部门进行经济核算,从而使企业本身及其内部各部门和全体职工明确自己的经济责任,努力提高劳动生产率,确保安全施工,大力节约工时和资源,保证每项工程都能达到工期短、质量好、成本低、利润高的目的。

(5)工程概(预)算是对工程进行成本分析和统计工程进度的重要指标。对基本建设计划完成情况和存在的问题必须通过基本建设统计分析加以反映。基本建设会计是以货币指标和实物指标反映工程的人工、材料、机械台班的实际消耗。统计的有关科目应和概(预)算一致,才能对照工程概(预)算各费用项目,进行成本分析。同时,通过对在建项目的概(预)算完成情况的统计,可以及时了解工程的进度。

必须指出,由于设计概算和施工图预算编制的时间、依据和要求不同,因此它们的作用既有共同点也有不同之处。由于它们都是国家对基本建设进行科学管理和监督的有效手段,所以在编制年度基本建设计划、确定工程造价、评价设计方案、签订工程合同、建设银行进行拨款(贷款)和竣工结算等方面有着共同的作用。其不同之处主要表现在:设计概算在确定和控制建设项目投资总额等方面的作用最为突出;施工图预算在最终确定和控制单项工程或单位工程的计划价格、作为施工企业加强经济管理等方面的作用最为显著。

二、概(预)算编制的依据

公路工程概(预)算的编制是一项十分细致的工作,编制前应全面了解工程所在地的建设条件,掌握各种基础资料,正确引用规定的定额、取费标准和材料及设备价格。在编制时严格执行国家的方针、政策和有关制度,符合公路设计规范和施工技术规范。编制的主要依据如下。

1. 法令性文件

法令性文件指编制概(预)算中所必须遵循的国家、交通运输部和地方主管部门颁布的有关法令性文件或规定,如原交通部颁发的《公路工程基本建设项目概算预算编制办法》以及《公路工程基本建设项目设计文件编制办法》等。

2. 设计资料

概算文件应根据建设项目的初步设计(或扩大初步设计)编制;修正概算文件应根据技术设计文件编制;施工图预算则根据施工图设计编制。

编制人员应熟悉设计资料、结构特点及设计意图。设计图纸上的工程细目数量往往不能满足概(预)算编制的要求,还需作必要的计算或补充,对设计文件上提出的施工方案还需补充和完善。

3. 概(预)算定额,取费标准,材料、设备预算价格等资料

概算文件应根据概算定额、施工管理费定额、其他直接费和间接费标准、计划利润率、税金、施工技术装备费、材料和设备预算价格等资料进行编制。施工图预算应根据国家或主管部门编制的公路工程预算定额或其他专用定额、省(区)编制的补充定额、施工管理费及其他费用标准、计划利润率、施工技术装备费、综合税率、材料设备预算价格等进行编制。

4. 施工组织设计资料

从施工组织设计中可以看出,与概(预)算编制有关的资料包括:工程开竣工日期,施工方案,主要工程项目的进度要求,材料开采与堆放地点,大型临时设施的规模、建设地点和施工方法等。

5. 当地物资、劳力、动力等资源可供利用的情况

本着因地制宜、就地取材的原则,对当地情况应作深入的调查了解,经反复比较后确定最优成果。

物资:外购材料要确定外购的地点、货源、质量、分期到货等情况;自采加工材料要确定料场、开采方式、运输条件(道路,运输工具及各种运输工具的比重、运价、装卸费等)、堆放地点等。

劳力:当地各种技工及普工可以提供的数量、劳力分布地点、工资标准及其他要求等。

动力:当地可供利用的电力资源情况,包括提供的数量、单价以及可能出现的输电线路变压器问题等情况。

运输:向运输部门了解当地各种运输工具可供利用的情况及运价、基价、装卸费等有关规定。

6. 施工单位的施工能力及潜力

编制概算时,施工单位尚未明确,可按中等施工能力考虑。施工图预算,若已明确施工单位,就应根据施工单位的管理与技术水平,确定新工艺、新技术采用的可能程度,明确施工单位可以提供的施工机具、劳力、设备以及外部协作关系。

7. 当地的自然条件

了解当地自然条件及其变化规律,如气温、雨季、冬季、洪水季节及规律,风雪、冰冻、地质、水源等。

8. 其他工程及沿线设施

如旧有建筑物的拆迁,与水利、电信、铁路的干扰及解决措施,清除场地,管理养护及服务设施等。

第二节 概(预)算的费用、项目及文件组成

一、概(预)算的费用组成

根据原交通部《公路工程基本建设项目概算预算编制办法》(JTG B06—2007)的规定,公路工程概(预)算费用由建筑安装工程费,设备、工具、器具及家具购置费,工程建设其他费用,预留费用共四大部分费用组成,如图5-1所示。

- 概(预)算总金额
  - 建筑安装工程费
    - 直接费
      - 直接工程费
        - 人工费
        - 材料费
        - 施工机械使用费
      - 其他工程费
        - 冬季施工增加费
        - 雨季施工增加费
        - 夜间施工增加费
        - 特殊地区施工增加费
        - 行车干扰工程施工增加费
        - 安全及文明施工措施费
        - 临时设施费
        - 施工辅助费
        - 工地转移费
    - 间接费
      - 规费
        - 养老保险费
        - 失业保险费
        - 医疗保险费
        - 住房公积金
        - 工伤保险费
      - 企业管理费
        - 基本费用
        - 主副食运费补贴
        - 职工探亲路费
        - 职工取暖补贴
        - 财务费用
    - 利润
    - 税金
  - 设备、工具、器具及家具购置费
    - 设备、工具、器具购置费
    - 办公及生活用家具购置费
  - 工程建设其他费用
    - 土地征用及拆迁补偿费
    - 建设项目管理费
    - 研究试验费
    - 前期工作费
    - 专项评价(估)费
    - 施工机构迁移费
    - 供电贴费
    - 联合试运转费
    - 生产人员培训费
    - 固定资产投资方向调节税
    - 建设期贷款利息
  - 预备费
    - 价差预备费
    - 基本预备费

图 5-1　概(预)算费用组成

二、概(预)算项目表

公路建设工程从筹建至竣工、验收、交付使用的全过程中需要的建设费用是由建筑安装工程费,设备及工具、器具购置费和工程建设其他费用三部分组成。其中,设备、工(器)具和家具是一般工业部门生产的产品,购置活动属于价值转移性质;而工程建设其他费用多为费用性质的支付。这两部分费用可分别按国家规定的有关费用标准和相应的产品价格直接计算,较易确定。但是,建筑安装工程则不同,如第一章和本节所述,要从基本的分项工程的各项消耗开始逐步扩大计算,其中包括直接消耗、间接消耗和建安工人为社会所创造的价值。因此,公路工程概(预)算价值的主要组成部分是建筑安装工程的概(预)算价值。在一定意义上讲,编制公路工程概(预)算,主要是编制建筑安装工程概(预)算,它是编制公路工程概(预)算的关键。

建筑安装工程是相当数量的分项工程组成的庞大复杂的综合体,直接计算出它的全部人工、材料和机械台班的消耗量及价值,是一项极为困难的工作。为了准确无误地计算和确定建筑安装工程的造价,必须对公路基本建设工程项目进行科学地分析与分解,使之有利于公路工程概(预)算的编审,以及公路基本建设的计划、统计、会计和基建拨款、贷款等各方面的工作,同时也是为了便于同类工程之间进行比较和对不同分项工程进行技术经济分析,以及编制概(预)算项目时不重不漏,保证质量。因此,必须对概(预)算项目的划分、排列顺序及内容作出统一规定,这就形成了公路工程概(预)算项目表。

公路工程概(预)算项目应按项目表的序列及内容编制。它又分为路线工程概(预)算项目和独立大(中)桥工程概(预)算项目。

编制概(预)算项目时应注意如下事项:

概(预)算项目应按项目表的序列及内容编制,如实际出现的工程和费用项目与项目表的内容不完全相符时,第一、二、三部分和“项”的序号应保留不变,“目”、“节”可随需要增减,并按项目表的顺序以实际出现的“目”、“节”依次排列,不保留缺少的“目”、“节”序号。如第二部分,设备、工具、器具购置费在该项工程中不发生时,第三部分工程建设其他费用仍为第三部分。同样,路线工程第一部分第五项为隧道工程,第六项为其他工程及沿线设施,若路线中无隧道工程项目,但其序号仍保留,其他工程及沿线设施仍为第六项时,可依次递补改变序号。路线建设项目中的互通式立体交叉、辅道、支线,如工程规模较大时,也可按概(预)算项目表单独编制建筑安装工程,然后将其概(预)算建安工程总金额列入路线的总概(预)算表中相应的项目内。

概(预)算项目主要包括以下内容:

第一部分　建筑安装工程费

第一项　临时工程

第二项　路基工程

第三项　路面工程

第四项　桥梁涵洞工程

第五项　交叉工程

第六项　隧道工程

第七项　公路设施及预埋管线工程

第八项　绿化及环境保护工程

第九项　管理、养护及服务房屋

第二部分　设备及工具、器具购置费

第三部分　工程建设其他费用

项目表的详细内容见表 5-1。

概(预)算项目表 表 5-1

项	目	节	细目	工程或费用名称	单位	备注
				第一部分 建筑安装工程费	公路公里	建设项目路线总长度(主线长度)
一				临时工程	公路公里	
	1			临时道路	km	新建便道与利用原有道路的总长
			1	临时便道的修建与维护	km	新建便道长度
			2	原有道路的维护与恢复	km	利用原有道路长度
				……		
	2			临时便桥	m/座	指汽车便桥
	3			临时轨道铺设	km	
	4			临时电力线路	km	
	5			临时电信线路	km	不包括广播线
	6			临时码头	座	按不同的形式划分节或细目
二				路基工程	km	扣除桥梁、隧道和互通立交的主线长度,独立桥梁或隧道为引道或接线长度
	1			场地清理	km	
		1		清理与掘除	m^2	按清除内容的不同划分细目
			1	清除表土	m^3	
			2	伐树、挖根、除草	m^2	
				……		
		2		挖除旧路面	m^2	按不同的路面类型和厚度划分细目
			1	挖除水泥混凝土路面	m^2	
			2	挖除沥青混凝土路面	m^2	
			3	挖除碎(砾)石路面	m^2	
				……		
		3		拆除旧建筑物、构筑物	m^3	按不同的构筑材料划分细目
			1	拆除钢筋混凝土结构	m^3	
			2	拆除混凝土结构	m^3	
			3	拆除砖石及其他砌体	m^3	
				……		
	2			挖方	m^3	
		1		挖土方	m^3	按不同的地点划分细目
			1	挖路基土方	m^3	
			2	挖改路、改河、改渠土方	m^3	
				……		
		2		挖石方	m^3	按不同的地点划分细目

续上表

项	目	节	细目	工程或费用名称	单位	备　注
			1	挖路基石方	m^3	
			2	挖改路、改河、改渠石方	m^3	
				……		
		3		挖非适用材料	m^3	
		4		弃方运输	m^3	
	3			填方	m^3	
		1		路基填方	m^3	按不同的填筑材料划分细目
			1	换填土	m^3	
			2	利用土方填筑	m^3	
			3	借土方填筑	m^3	
			4	利用石方填筑	m^3	
			5	填砂路基	m^3	
			6	粉煤灰及填石路基	m^3	
				……		
		2		改路、改河、改渠填方	m^3	按不同的填筑材料划分细目
			1	利用土方填筑	m^3	
			2	借土方填筑	m^3	
			3	利用石方填筑	m^3	
				……		
		3		结构物台背回填	m^3	按不同的填筑材料划分细目
			1	填碎石	m^3	
				……		
	4			特殊路基处理	km	指需要处理的软弱路基长度
		1		软土处理	km	按不同的处治方法划分细目
			1	抛石挤淤	m^3	
			2	砂、砂砾垫层	m^3	
			3	灰土垫层	m^3	
			4	预压与超载预压	m^2	
			5	袋装砂井	m	
			6	塑料排水板	m	
			7	粉喷桩与旋喷桩	m	
			8	碎石桩	m	
			9	砂桩	m	
			10	土工布	m^2	

续上表

项	目	节	细目	工程或费用名称	单位	备　注
			11	土工格栅	m^2	
			12	土工格室	m^2	
				……		
		2		滑坡处理	处	按不同的处治方法划分细目
			1	卸载土石方	m^3	
			2	抗滑桩	m^3	
			3	预应力锚索	m	
				……		
		3		岩溶洞回填	m^3	按不同的回填材料划分细目
			1	混凝土	m^3	
				……		
	4	4		膨胀土处理	km	按不同的处理方法划分细目
			1	改良土	m^3	
				……		
		5		黄土处理	m^3	按黄土的不同特性划分细目
			1	陷穴	m^3	
			2	湿陷性黄土	m^2	
				……		
		6		盐渍土处理	m^2	按不同的厚度划分细目
				……		
	5			排水工程	km	按不同的结构类型分节
		1		边沟	m^3/m	按不同的材料、尺寸划分细目
			1	现浇混凝土边沟	m^3/m	
			2	浆砌混凝土预制块边沟	m^3/m	
			3	浆砌片石边沟	m^3/m	
			4	浆砌块石边沟	m^3/m	
				……		
		2		排水沟	处	按不同的材料、尺寸划分细目
			1	现浇混凝土排水沟	m^3/m	
			2	浆砌混凝土预制块排水沟	m^3/m	
			3	浆砌片石排水沟	m^3/m	
			4	浆砌块石排水沟	m^3/m	
				……		
		3		截水沟	m^3/m	按不同的材料、尺寸划分细目

续上表

项	目	节	细目	工程或费用名称	单位	备　注
			1	浆砌混凝土预制块截水沟	m^3/m	
			2	浆砌片石截水沟	m^3/m	
				……		
		4		急流槽	m^3/m	按不同的材料、尺寸划分细目
			1	现浇混凝土急流槽	m^3/m	
	5		2	浆砌片石急流槽	m^3/m	
				……		
		5		暗沟	m^3	按不同的材料、尺寸划分细目
				……		
		6		渗(盲)沟	m^3/m	按不同的材料、尺寸划分细目
				……		
		7		排水管	m	按不同的材料、尺寸划分细目
				……		
		8		集水井	m^3/个	按不同的材料、尺寸划分细目
				……		
		9		泄水槽	m^3/个	按不同的材料、尺寸划分细目
				……		
	6			防护与加固工程	km	按不同的结构类型分节
		1		坡面植物防护	m^2	按不同的材料划分细目
			1	播种草籽	m^2	
			2	铺(植)草皮	m^2	
			3	土工织物植草	m^2	
			4	植生袋植草	m^2	
			5	液压喷播植草	m^2	
			6	客土喷播植草	m^2	
			7	喷混植草	m^2	
				……		
		2		坡面圬工防护	m^3/m^2	按不同的材料和形式划分细目
			1	现浇混凝土护坡	m^3/m^2	
			2	预制块混凝土护坡	m^3/m^2	
			3	浆砌片石护坡	m^3/m^2	
			4	浆砌块石护坡	m^3/m^2	
			5	浆砌片石骨架护坡	m^3/m^2	
			6	浆砌片石护面墙	m^3/m^2	

续上表

项	目	节	细目	工程或费用名称	单位	备　注
			7	浆砌块石护面墙	m^3/m^2	
				……		
		3		坡面喷浆防护	m^2	按不同的材料划分细目
			1	抹面、捶面护坡	m^2	
			2	喷浆护坡	m^2	
			3	喷射混凝土护坡	m^3/m^2	
				……		
		4		坡面加固	m^2	按不同的材料和形式划分细目
			1	预应力锚索	t/m	
			2	锚杆、锚钉	t/m	
			3	锚固板	m^3	
				……		
		5		挡土墙	m^3/m	
			1	现浇混凝土挡土墙	m^3/m	
			2	锚杆挡土墙	m^3/m	
	6		3	锚碇板挡土墙	m^3/m	
			4	加筋土挡土墙	m^3/m	
			5	扶壁式、悬臂式挡土墙	m^3/m	
			6	桩板墙	m^3/m	
			7	浆砌片石挡土墙	m^3/m	
			8	浆砌块石挡土墙	m^3/m	
			9	浆砌护肩墙	m^3/m	
			10	浆砌(干砌)护脚	m^3/m	
				……		
		6		抗滑桩	m^3	按不同的规格划分细目
				……		
		7		冲刷防护	m^3	按不同的材料和形式划分细目
			1	浆砌片石河床铺砌	m^3	
			2	导流坝	m^3/处	
			3	驳岸	m^3/m	
			4	石笼	m^3/处	
				……		
		8		其他工程	km	根据具体情况划分细目
				……		

续上表

项	目	节	细目	工程或费用名称	单位	备　注
三				路面工程	km	
	1			路面垫层	m^2	按不同的材料分节
		1		碎石垫层	m^2	按不同的厚度划分细目
		2		砂砾垫层	m^2	按不同的厚度划分细目
				……		
	2			路面底基层	m^2	按不同的材料分节
		1		石灰稳定类底基层	m^2	按不同的厚度划分细目
		2		水泥稳定类底基层	m^2	按不同的厚度划分细目
		3		石灰粉煤灰稳定类底基层	m^2	按不同的厚度划分细目
		4		级配碎(砾)石底基层	m^2	按不同的厚度划分细目
				……		
	3			路面基层	m^2	按不同的材料分节
		1		石灰稳定类基层	m^2	按不同的厚度划分细目
		2		水泥稳定类基层	m^2	按不同的厚度划分细目
		3		石灰粉煤灰稳定类基层	m^2	按不同的厚度划分细目
		4		级配碎(砾)石基层	m^2	按不同的厚度划分细目
		5		水泥混凝土基层	m^2	按不同的厚度划分细目
		6		沥青碎石混合料基层	m^2	按不同的厚度划分细目
				……		
	4			透层、黏层、封层	m^2	按不同的形式分节
		1		透层	m^2	
		2		黏层	m^2	
		3		封层	m^2	按不同的材料划分细目
			1	沥青表处封层	m^2	
			2	稀浆封层	m^2	
				……		
		4		单面烧毛纤维土工布	m^2	
		5		玻璃纤维格栅	m^2	
				……		
	5			沥青混凝土面层	m^2	指上面层面积
		1		粗粒式沥青混凝土面层	m^2	按不同的厚度划分细目
		2		中粒式沥青混凝土面层	m^2	按不同的厚度划分细目
		3		细粒式沥青混凝土面层	m^2	按不同的厚度划分细目
		4		改性沥青混凝土面层	m^2	按不同的厚度划分细目

续上表

项	目	节	细目	工程或费用名称	单位	备注
		5		沥青玛蹄脂碎石混合料面层	m^2	按不同的厚度划分细目
				……		
	6			水泥混凝土面层	m^2	按不同的材料分节
		1		水泥混凝土面层	m^2	按不同的厚度划分细目
		2		连续配筋混凝土面层	m^2	按不同的厚度划分细目
		3		钢筋	t	
	7			其他面层	m^2	按不同的类型分节
		1		沥青表面处治面层	m^2	按不同的厚度划分细目
		2		沥青贯入式面层	m^2	按不同的厚度划分细目
		3		沥青上拌下贯式面层	m^2	按不同的厚度划分细目
		4		泥结碎石面层	m^2	按不同的厚度划分细目
		5		级配碎(砾)石面层	m^2	按不同的厚度划分细目
		6		天然砂砾面层	m^2	按不同的厚度划分细目
				……		
	8			路槽、路肩及中央分隔带	km	
		1		挖路槽	m^2	按不同的土质划分细目
			1	土质路槽	m^2	
			2	石质路槽	m^2	
		2		培路肩	m^2	按不同的厚度划分细目
		3		土路肩加固	m^2	按不同的加固方式划分细目
			1	现浇混凝土	m^2	
			2	铺砌混凝土预制块	m^2	
			3	浆砌片石	m^2	
				……		
		4		中央分隔带回填土	m^3	
		5		路缘石	m^3	按现浇和预制安装划分细目
				……		
	9			路面排水	km	按不同的类型分节
		1		拦水带	m	按不同的材料划分细目
			1	沥青混凝土	m	
			2	水泥混凝土	m	
		2		排水沟	m	按不同的类型划分细目
			1	路肩排水沟	m	
			2	中央分隔带排水沟	m	

续上表

项	目	节	细目	工程或费用名称	单位	备　注
				……		
		3		排水管	m	按不同的类型划分细目
			1	纵向排水管	m	
			2	横向排水管	m/道	
				……		
		4		集水井	m^3/个	按不同的规格划分细目
				……		
四				桥梁涵洞工程	km	指桥梁长度
	1			漫水工程	m/处	
		1		过水路面	m/处	
		2		混合式过水路面	m/处	
	2			涵洞工程	m/道	按不同的结构类型分节
		1		钢筋混凝土管涵	m/道	按管径和单、双孔划分细目
			1	1—ϕ1.0m 圆管涵	m/道	
			2	1—ϕ1.0m 圆管涵	m/道	
			3	倒虹吸管	m/道	
				……		
		2		盖板涵	m/道	按不同的材料和涵径划分细目
			1	2.0m×2.0m 石盖板涵	m/道	
			2	2.0m×2.0m 钢筋混凝土盖板涵	m/道	
				……		
		3		箱涵	m/道	按不同的涵径划分细目
			1	4.0m×4.0m 钢筋混凝土箱涵	m/道	
				……		
		4		拱涵	m/道	按不同的材料和涵径划分细目
			1	4.0m×4.0m 石拱涵	m/道	
			2	4.0m×4.0m 钢筋混凝土拱涵	m/道	
	3			小桥工程	m/座	按不同的结构类型分节
		1		石拱桥	m/座	按不同的跨径划分细目
		2		钢筋混凝土矩形板桥	m/座	按不同的跨径划分细目
		3		钢筋混凝土空心板桥	m/座	按不同的跨径划分细目
		4		钢筋混凝土 T 形梁桥	m/座	按不同的跨径划分细目
		5		预应力混凝土空心板桥	m/座	按不同的跨径划分细目
				……		

续上表

项	目	节	细目	工程或费用名称	单位	备　注
	4			中桥工程	m/座	按不同的结构类型或桥名分节
		1		钢筋混凝土空心板桥	m/座	按不同的跨径或工程部位划分细目
		2		钢筋混凝土T形梁桥	m/座	按不同的跨径或工程部位划分细目
		3		钢筋混凝土拱桥	m/座	按不同的跨径或工程部位划分细目
		4		预应力混凝土空心板桥	m/座	按不同的跨径或工程部位划分细目
				……		
	5			大桥工程	m/座	按桥名或不同的工程部位分节
		1		××大桥	m^3/m	按不同的工程部位划分细目
			1	天然基础	m^2/m	
			2	桩基础	m^3	
			3	沉井基础	m^3	
			4	桥台	m^3	
			5	桥墩	m^3	
			6	上部构造	m^3	注明上部构造跨径组成及结构形式
				……		
		2		……		
	6			××特大桥工程	m^2/m	按桥名分目，按不同的工程部位分节
		1		基础	m^3/座	按不同的形式划分细目
			1	天然基础	m^3	
			2	桩基础	m^3	
			3	沉井基础	m^3	
			4	承台	m^3	
				……		
		2		下部构造	m^3/座	按不同的形式划分细目
			1	桥台	m^3	
			2	桥墩	m^3	
			3	索塔	m^3	
				……		
		3		上部构造	m^3	按不同的形式划分细目，并注明其跨径组成
			1	预应力混凝土空心板	m^3	
			2	预应力混凝土T形梁	m^3	
			3	预应力混凝土连续梁	m^3	
			4	预应力混凝土连续刚构	m^3	
			5	钢管拱桥	m^3	

续上表

项	目	节	细目	工程或费用名称	单位	备注
			6	钢箱梁	t	
			7	斜拉索	t	
			8	主缆	t	
			9	预应力钢材	t	
				……		
		4		桥梁支座	个	按不同规格划分细目
			1	矩形板式橡胶支座	dm^3	
			2	圆形板式橡胶支座	dm^3	
			3	矩形四氟板式橡胶支座	dm^3	
			4	圆形四氟板式橡胶支座	dm^3	
			5	盆式橡胶支座	个	
				……		
		5		桥梁伸缩缝	m	指伸缩缝长度,按不同规格划分细目
			1	橡胶伸缩装置	m	
			2	模数式伸缩装置	m	
	6		3	填充式伸缩装置	m	
				……		
		6		桥面铺装	m^3	按不同的材料划分细目
			1	沥青混凝土桥面铺装	m^3	
			2	水泥混凝土桥面铺装	m^3	
			3	水泥混凝土垫平层	m^3	
			4	防水层	m^2	
				……		
		7		人行道系	m	指桥梁长度,按不同的类型划分细目
			1	人行道及栏杆	m^3/m	
			2	桥梁钢防撞护栏	m	
			3	桥梁波形梁护栏	m	
			4	桥梁水泥混凝土防撞墙	m	
			5	桥梁防护网	m	
				……		
		8		其他工程	m	指桥梁长度,按不同类型划分细目
			1	看桥房及岗亭	座	
			2	砌筑工程	m^3	
			3	混凝土构件装饰	m^2	

续上表

项	目	节	细目	工程或费用名称	单位	备　注
				……		
五				交叉工程	处	按不同的交叉形式分目
	1			平面交叉道	处	按不同的类型分节
		1		公路与铁路平面交叉	处	
		2		公路与公路平面交叉	处	
		3		公路与大车道平面交叉	处	
				……		
	2			通道	m/处	按结构类型分节
		1		钢筋混凝土箱式通道	m/处	
		2		钢筋混凝土板式通道	m/处	
				……		
	3			人行天桥	m/处	
		1		钢结构人行天桥	m/处	
		2		钢筋混凝土结构人行天桥	m/处	
	4			渡槽	m/处	按结构类型分节
		1		钢筋混凝土渡槽	m/处	
		2		……		
	5			分离式立体交叉	处	按交叉名称分节
		1		××分离式立体交叉	处	按不同的工程内容划分细目
			1	路基土石方	m^3	
			2	路基排水防护	m^3	
			3	特殊路基处理	km	
			4	路面	m^2	
			5	涵洞及通道	m^3/m	
			6	桥梁	m^2/m	
				……		
		2		……		
	6			××互通式立体交叉	处	按互通名称分目(注明其类型),按不同的分部工程分节
		1		路基土石方	m^3/km	
			1	清理与掘除	m^2	
			2	挖土方	m^3	
			3	挖石方	m^3	
			4	挖非适用材料	m^3	
			5	弃方运输	m^3	

续上表

项	目	节	细目	工程或费用名称	单位	备　注
			6	换填土	m^3	
			7	利用土方填筑	m^3	
			8	借土方填筑	m^3	
			9	利用石方填筑	m^3	
			10	结构物台背回填	m^3	
		2		特殊路基处理	km	
			1	特殊路基垫层	m^3	
			2	预压与超载预压	m^2	
			3	袋装砂井	m	
			4	塑料排水板	m	
			5	粉喷桩与旋喷桩	m	
			6	碎石桩	m	
			7	砂桩	m	
			8	土工布	m^2	
			9	土工格栅	m^2	
	6		10	土工格室	m^2	
				……		
		3		排水工程	m^3	
			1	混凝土边沟、排水沟	m^3/m	
			2	砌石边沟、排水沟	m^3/m	
			3	现浇混凝土急流槽	m^3/m	
			4	浆砌片石急流槽	m^3/m	
			5	暗沟	m^3	
			6	渗(盲)沟	m^3/m	
			7	拦水带	m	
			8	排水管	m	
			9	集水井	m^3/个	
				……		
		4		防护工程	m^3	
			1	播种草籽	m^2	
			2	铺(植)草皮	m^2	
			3	土工织物植草	m^2	
			4	植生袋植草	m^2	
			5	液压喷播植草	m^2	

续上表

项	目	节	细目	工程或费用名称	单位	备注
			6	客土喷播植草	m^2	
			7	喷混植草	m^2	
			8	现浇混凝土护坡	m^3/m^2	
			9	预制块混凝土护坡	m^3/m^2	
			10	浆砌片石护坡	m^3/m^2	
			11	浆砌块石护坡	m^3/m^2	
			12	浆砌片石骨架护坡	m^3/m^2	
			13	浆砌片石护面墙	m^3/m^2	
			14	浆砌块石护面墙	m^3/m^2	
			15	喷射混凝土护坡	m^3/m^2	
			16	现浇混凝土挡土墙	m^3/m	
			17	加筋土挡土墙	m^3/m	
			18	浆砌片石挡土墙	m^3/m	
	6		19	浆砌块石挡土墙	m^3/m	
				……		
		5		路面工程	m^2	
			1	碎石垫层	m^2	
			2	砂砾垫层	m^2	
			3	石灰稳定类底基层	m^2	
			4	水泥稳定类底基层	m^2	
			5	石灰粉煤灰稳定类底基层	m^2	
			6	级配碎(砾)石底基层	m^2	
			7	石灰稳定类基层	m^2	
			8	水泥稳定类基层	m^2	
			9	石灰粉煤灰稳定类基层	m^2	
			10	级配碎(砾)石基层	m^2	
			11	水泥混凝土基层	m^2	
			12	透层、黏层、封层	m^2	
			13	沥青混凝土面层	m^2	
			14	改性沥青混凝土面层	m^2	
			15	沥青玛蹄脂碎石混合料面层	m^2	
			16	水泥混凝土面层	m^2	
			17	中央分隔带回填土	m^3	
			18	路缘石	m^3	

续上表

项	目	节	细目	工程或费用名称	单位	备　注
				……		
		6		涵洞工程	m/道	
			1	钢筋混凝土管涵	m/道	
			2	倒虹吸管	m/道	
			3	盖板涵	m/道	
			4	箱涵	m/道	
			5	拱涵	m/道	
		7		桥梁工程	m/道	
			1	天然基础	m^3	
			2	桩基础	m^3	
			3	沉井基础	m^3	
			4	桥台	m^3	
			5	桥墩	m^3	
			6	上部构造	m^3	
				……		
		8		通道	m/处	
六				隧道工程	km/座	按隧道名称分目，并注明其形式
	1			××隧道	m	按明洞、洞门、洞身开挖、衬砌等分节
		1		洞门及明洞开挖	m^3	
			1	挖土方	m^3	
			2	挖石方	m^3	
				……		
		2		洞门及明洞修筑	m^3	
			1	洞门建筑	m^3/座	
			2	明洞衬砌	m^3/m	
			3	遮光棚(板)	m^3/m	
			4	洞口坡面防护	m^3	
			5	明洞回填	m^3	
				……		
		3		洞身开挖	m^3/m	
			1	挖土石方	m^3	
			2	注浆小导管	m	
			3	管棚	m	
			4	锚杆	m	

续上表

项	目	节	细目	工程或费用名称	单位	备　注
			5	钢拱架(支撑)	t/榀	
			6	喷射混凝土	m^3	
			7	钢筋网	t	
				……		
		4		洞身衬砌	m^3	
			1	现浇混凝土	m^3	
			2	仰拱混凝土	m^3	
			3	管、沟混凝土	m^3	
				……		
		5		防水与排水	m^3	
			1	防水板	m^2	
			2	止水带、条	m	
			3	压浆	m^3	
			4	排水管	m	
	3			……		
		6		洞内路面	m^2	按不同的路面结构和厚度划分细目
			1	水泥混凝土路面	m^2	
			2	沥青混凝土路面	m^2	
				……		
		7		通风设施	m	按不同的设施划分细目
			1	通风机安装	台	
			2	风机启动柜洞门	个	
				……		
		8		消防设施	m	按不同的设施划分细目
			1	消防室洞门	个	
			2	通道防火闸门	个	
			3	蓄(集)水池	座	
			4	喷防火涂料	m^2	
				……		
		9		照明设施	m	按不同的设施划分细目
			1	照明灯具	m	
				……		
		10		供电设施	m	按不同的设施划分细目
		11		其他工程	m	按不同的内容划分细目

续上表

项	目	节	细目	工程或费用名称	单位	备注
			1	卷帘门	个	
			2	检修门	个	
			3	洞身及洞门装饰	m^2	
				……		
	2			××隧道	m	
七				公路设施及预埋管线工程	公路公里	
	1			安全设施	公路公里	按不同的设施分节
		1		石砌护栏	m^3/m	
		2		钢筋混凝土防撞护栏	m^3/m	
		3		波形钢板护栏	m	按不同的形式划分细目
		4		隔离栅	km	按不同的材料划分细目
		5		防护网	km	
		6		公路标线	km	按不同的类型划分细目
		7		轮廓标	根	
		8		防眩板	m	
		9		钢筋混凝土护柱	根/m	
		10		里程碑、百米桩、公路界碑	块	
		11		各类标志牌	块	按不同的规格和材料划分细目
		12		……		
	2			服务设施	公路公里	按不同的设施分节
		1		服务区	处	按不同的内容划分细目
		2		停车区	处	按不同的内容划分细目
		3		公共汽车停靠站	处	按不同的内容划分细目
	3			管理、养护设施	公路公里	按不同的设施分节
		1		收费系统设施	处	按不同的内容划分细目
			1	设备安装	公路公里	
			2	收费亭	个	
			3	收费天棚	m^2	
			4	收费岛	个	
			5	通道	m/道	
			6	预埋管线	m	
			7	架设管线	m	
				……		
		2		通信系统设施	公路公里	按不同的内容划分细目

续上表

项	目	节	细目	工程或费用名称	单位	备　注
			1	设备安装	公路公里	
			2	管道工程	m	
			3	人(手)孔	个	
			4	紧急电话平台	个	
				……		
		3		监控系统设施	公路公里	按不同的内容划分细目
			1	设备安装	公路公里	
			2	光(电)缆敷设	km	
				……		
		4		供电、照明系统设施	公路公里	按不同的内容划分细目
			1	设备安装	公路公里	
				……		
		5		养护工区	处	按不同的内容划分细目
			1	区内道路	km	
				……		
	4			其他工程	公路公里	
			1	悬出路台	m/处	
			2	渡口码头	处	
			3	辅道工程	km	
			4	支线工程	km	
			5	公路交工前养护费	km	按附录一计算
八				绿化及环境保护工程	公路公里	
	1			撒播草种和铺植草皮	m^2	按不同的内容分节
		1		撒播草种	m^2	按不同的内容划分细目
		2		铺植草皮	m^2	按不同的内容划分细目
		3		绿地喷灌管道	m	按不同的内容划分细目
	2			种植乔、灌木	株	按不同的内容分节
		1		种植乔木	株	按不同的树种划分细目
			1	高山榕	株	
			2	美人蕉	株	
				……		
		2		种植灌木	株	按不同的树种划分细目
			1	夹竹桃	株	
			2	月季	株	

续上表

项	目	节	细目	工程或费用名称	单位	备　注
				……		
		3		种植攀缘植物	株	按不同的树种划分细目
			1	爬山虎	株	
			2	葛藤	株	
		4		……		
		5		种植竹类植物	株	按不同的内容划分细目
		6		种植棕榈类植物	株	按不同的内容划分细目
		7		栽植绿篱	m	
	3			栽植绿色带	m^2	按不同的类型分节
		1		声屏障	m	
		2		消声板声屏障	m	
		3		吸音砖声屏障	m^3	
				砖墙声屏障	m^3	
				……		
	4			污水处理	处	按不同的内容分节
	5			取、弃土场防护	m^3	按不同的内容分节
				……		
九				管理、养护及服务房屋	m^2	
	1			管理房屋	m^2	
		1		收费站	m^2	
		2		管理站	m^2	
		3		……		
	2			养护房屋	m^2	按房屋名称分节
		1		……		
	3			服务房屋	m^2	按房屋名称分节
		1		……		
				第二部分　设备及工具、器具购置费	公路公里	
一				设备购置费	公路公里	
	1			需安装的设备	公路公里	
		1		监控系统设备	公路公里	按不同设备分别计算
		2		通信系统设备	公路公里	按不同设备分别计算
		3		收费系统设备	公路公里	按不同设备分别计算
		4		供电照明系统设备	公路公里	按不同设备分别计算
	2			不需安装的设备	公路公里	
		1		监控系统设备	公路公里	按不同设备分别计算
		2		通信系统设备	公路公里	按不同设备分别计算
		3		收费系统设备	公路公里	
		4		供电照明系统设备	公路公里	

续上表

项	目	节	细目	工程或费用名称	单位	备注
		5		养护设备	公路公里	
二				工具、器具购置	公路公里	
三				办公及生活用家具购置	公路公里	
				第三部分 工程建设其他费用	公路公里	
一				土地征用及拆迁补偿费	公路公里	
二				建设项目管理费	公路公里	
	1			建设单位(业主)管理费	公路公里	
	2			工程质量监督费	公路公里	
	3			工程监理费	公路公里	
	4			工程定额测定费	公路公里	
	5			设计文件审查费	公路公里	
	6			竣(交)工验收试验检测费	公路公里	
三				研究试验费	公路公里	
四				建设项目前期工作费	公路公里	
五				专项评价(估)费	公路公里	
六				施工机构迁移费	公路公里	
七				供电贴费	公路公里	
八				联合试运转费	公路公里	
九				生产人员培训费	公路公里	
十				固定资产投资方向调节税	公路公里	
十一				建设期贷款利息	公路公里	
				第一、二、三部分费用合计	公路公里	
				预备费	元	
				1. 价差预备费	元	
				2. 基本预备费	元	
				概(预)算总金额	元	
				其中:回收金额	元	
				公路基本造价	公路公里	

三、概(预)算文件组成

概(预)算文件由封面及目录,概(预)算编制说明及全部概(预)算计算表格组成。

1. 封面及目录

概(预)算文件的封面和扉页应按《公路工程基本建设项目设计文件编制办法》中的规定制作,扉页的次页应有建设项目名称,编制单位,编制、复核人员姓名并加盖执业(从业)资格印章,编制日期及第几册共几册等内容。目录应按概(预)算表的表号顺序编排。(封面及目录样式详见附录五)

2. 概(预)算编制说明

概(预)算编制完成后,应写出编制说明,文字力求简明扼要。应叙述的内容一般有:

(1)建设项目设计资料的依据及有关文号,如建设项目可行性研究报告批准文件号、初步设计和概算批准文号(编修正概算及预算时),以及根据何时的测设资料及比选方案进行编制的等。

(2)采用的定额、费用标准,人工、材料、机械台班单价的依据或来源,补充定额及编制依据的详细说明。

(3)与概(预)算有关的委托书、协议书、会议纪要的主要内容(或将抄件附后)。

(4)总概(预)算金额,人工、钢材、水泥、木料、沥青的总需要量情况,各设计方案的经济比较,以及编制中存在的问题。

(5)其他与概(预)算有关但不能在表格中反映的事项。

3. 概(预)算表格

概(预)算文件的主要内容和组成部分是概(预)算表格,它实际上是由一套规定的表格所组成。公路工程概(预)算应按统一的概(预)算表格计算(表格式样见附录五),概(预)算表格是一个有机的整体,它们互相联系,共同反映工程的费用。概(预)算的材料和机械台班单价及各项费用的计算都应通过表格反映。各种表格的计算顺序及相互关系,如图5-2所示。

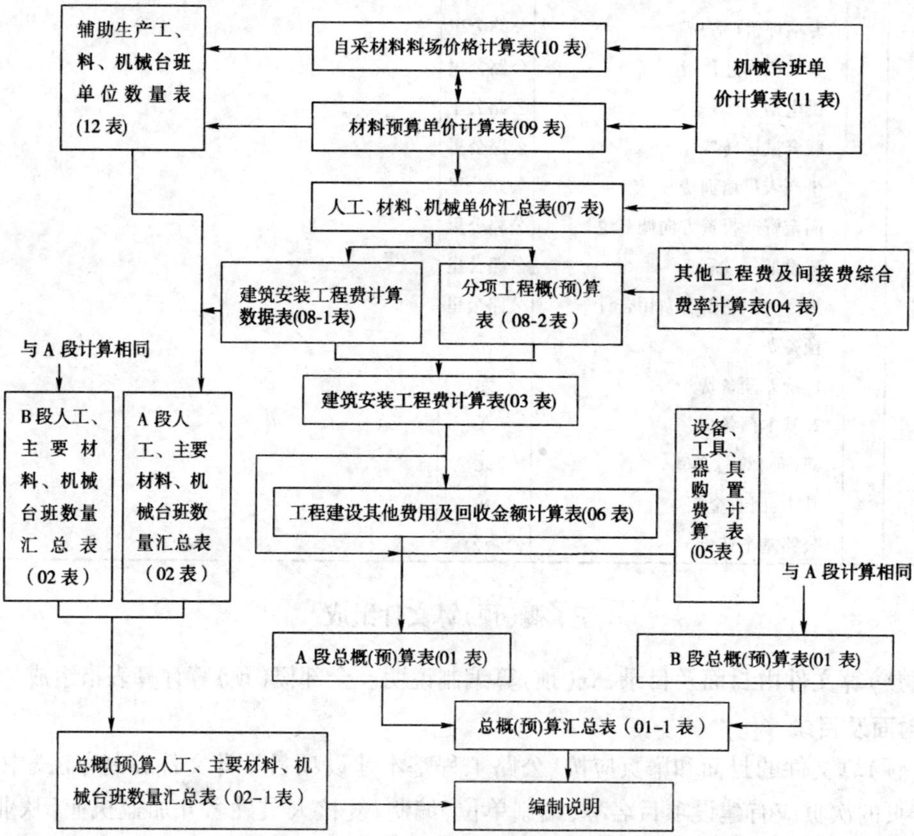

图5-2 概(预)算表格的计算顺序表

4. 甲组文件与乙组文件

概(预)算文件是设计文件的组成部分,概(预)算文件按不同的需要分为两组,甲组文件为各项费用计算表;乙组文件为建筑安装工程费用各项基础数据计算表,只供审批使用。甲、乙组文件应按《公路工程基本建设项目设计文件编制办法》关于设计文件报送份数的要求,随设计文件一并报送。报送乙组文件时,还应提供"建筑安装工程费各项基础数据计算表"的电子文档和编制补充定额的详细资料,并随同概(预)算文件一并报送。

乙组文件中的"建筑安装工程费计算数据表"(08-1 表)和"分项工程概(预)算表"(08-2 表)应根据审批部门或建设项目业主单位的要求全部提供或仅提供其中的一种。

概(预)算应按一个建设项目(如一条路线或一座独立大、中桥)进行编制。当一个编制项目需要分段或分部编制时,应根据需要分别编制,但必须汇总编制"总概(预)算汇总表"。

甲、乙组文件包括的内容如下:

甲组文件:
- 编制说明
- 总概(预)算汇总表(01-1 表)
- 总概(预)算人工、主要材料、机械台班数量汇总表(02-1 表)
- 总概(预)算表(01 表)
- 人工、主要材料、机械台班数量汇总表(02 表)
- 建筑安装工程费计算表(03 表)
- 其他工程费及间接费综合费率计算表(04 表)
- 设备、工具、器具购置费计算表(05 表)
- 工程建设其他费用及回收金额计算表(06 表)
- 人工、材料、机械台班单价汇总表(07 表)

乙组文件:
- 建筑安装工程费计算数据表(08-1 表)
- 分项工程概(预)算表(08-2 表)
- 材料预算单价计算表(09 表)
- 自采材料料场价格计算表(10 表)
- 机械台班单价计算表(11 表)
- 辅助生产工、料、机械台班单位数量表(12 表)

以上 12 种概(预)算文件表格的形式、表格的填写说明及相应计算办法详见附录五。

• 第三节　公路工程概(预)算费用的计算 •

一、建筑安装工程费的计算

建筑安装工程是施工企业按预定生产目标创造的直接生产成果,包括建筑工程和设备安装工程两大类。它必须通过施工企业的生产活动和消耗一定的资源来实现。从理论上讲,建筑安装工程费用以建筑安装工程价值为基础。建筑安装工程的价值由三个部分组成:一是建筑业转移的生产资料价值;二是生产者为自己劳动所创造的价值;三是生产者为社会劳动所创造的价值。建筑安装工程费用就是这些价值的货币量化值,它由三个部分组成:第一部分为施工企业转移的生产资料的费用,主要包括建筑材料、构(配)件的价值和进行建筑安装生产所使用施工机械等固定资产的折旧费用等;第二部分为施工企业职工的劳动报酬和必要的费用等;第三部分为施工企业向财政缴纳的税金和税后留存的利润。前两部分构成建筑安装工程成本。

现行的《公路工程基本建设项目概算预算编制办法》规定建筑安装工程费用由直接费、间接费、利润和税金四大部分组成。其中直接费的计算是关键和核心,其他三部分费用则分别以规定的基数按各自的费率计算取费。

1. 直接费

直接费由直接工程费和其他工程费组成。

直接费的计算方法是:

①将工程项目按要求分解成分项工程,并计算各分项工程的工程量;

②查阅和套用定额项目表中各分项工程的人工、材料、机械消耗量及定额基价;

③根据分项工程的工程量大小和定额的规定计算出各分项工程的人工、材料、机械消耗量及定额基价;

④用人工工日单价、材料预算单价和机械台班单价计算出各分项工程的人工费、材料费、机械使用费,即直接工程费;

⑤以直接工程费为基数,按其他工程费的综合费率计算其他工程费;

⑥由直接工程费和其他工程费求得直接费。

因此,直接费的计算是以定额为基础,以工程量和工、料、机预算单价为依据。定额的运用已在第二章介绍,关键是工、料、机预算单价的计算,工程量的复核计算,综合费率的调查计算。

1)直接工程费

直接工程费是指施工过程中耗费的构成工程实体和有助于工程形成的各项费用,包括人工费、材料费、施工机械使用费。

直接工程费是建筑安装工程费的主体部分,它的高低直接决定了工程造价的高低。直接工程费的多少取决于设计质量、施工方法,概(预)算定额、工程所在地的人工工日单价、材料预算价格、机械台班单价等因素。

(1)人工费计算。人工费系指列入概(预)算定额的直接从事建筑安装工程施工的生产工人开支的各项费用,内容包括:

①基本工资。系指发放给生产工人的基本工资、流动施工津贴和生产工人劳动保护费,以及为职工缴纳的养老、失业、医疗保险费和住房公积金等。

生产工人劳动保护费系指按国家有关部门规定标准发放的劳动保护用品的购置费及修理费、徒工服装补贴、防暑降温费、在有碍身体健康环境中施工的保健费用等。

②工资性补贴。系指按规定标准发放的物价补贴,煤、燃气补贴,交通费补贴,地区津贴等。

③生产工人辅助工资。系指生产工人年有效施工天数以外非作业天数的工资,包括开会和执行必要的社会义务时间的工资,职工学习、培训期间的工资,调动工作、探亲、休假期间的工资,因气候影响停工期间的工资,女工哺乳期间的工资,病假在六个月以内的工资及产、婚、丧假期的工资。

④职工福利费。系指按国家规定标准计提的职工福利费。

人工费以概(预)算定额人工工日数乘以每工日人工费计算。

公路工程生产工人每工日人工费按如下公式计算：

$$人工费(元/工日)=[基本工资(元/月)+地区生活补贴(元/月)+工资性津贴(元/月)]\times(1+14\%)\times12月/240(工日) \quad (5\text{-}1)$$

式中：生产工人基本工资——按不低于工程所在地政府主管部门发布的最低工资标准的1.2倍计算；

地区生活补贴——指国家规定的边远地区生活补贴、特区补贴；

工资性津贴——指物价补贴，煤、燃气补贴，交通费补贴、住房补贴等。

以上各项标准由各省、自治区、直辖市公路(交通)工程造价(定额)管理站根据当地人民政府的有关规定核定后公布执行，并抄送交通运输部公路司备案。并应根据最低工资标准的变化情况及时调整公路工程生产工人工资标准。

人工费单价仅作为编制概(预)算的依据，不作为施工企业实发工资的依据。

【例5-1】 湖南省交通厅湘交造价[2007]638号文规定：新建和改建的公路工程基本建设项目，人工工资(含机械工)按45.45元/工日计算。今后将按国家人工工资政策的变化按时测算并定期发布。

湖北省交通厅鄂交基[2007]603号文规定：全省公路建设工程采用统一的人工工日单价，人工工日单价标准为42.98元/工日。人工工日单价标准只作为编制概(预)算的依据，不作为施工企业实发工资的依据。

广西壮族自治区交通厅桂交基建发[2008]62号文规定：全区公路工程基本建设项目采用统一的人工工日单价，人工费单价全区统一为45元/工日。

(2)材料费计算。材料费系指施工过程中耗用的构成工程实体的原材料、辅助材料、构(配)件、零件、半成品、成品的用量和周转材料的摊销量，按工程所在地的材料预算价格计算的费用。

材料费在建筑安装工程中占主要地位，其比重达50%左右，因此，准确计算材料费对概(预)算工作质量有重要意义。其计算公式如式(5-2)。

$$材料费=\sum(分项工程数量\times相应项目定额单位材料消耗量\times材料预算价格)+其他材料费 \quad (5\text{-}2)$$

式中：分项工程数量——由设计图纸按工程量计算规则计算的定额单位工程数量；

相应项目定额单位材料消耗量——指完成一定数量单位的分项工程量(如：$10m^3$ 实体、1t钢筋、$1000m^2$……)定额规定所需各种材料数量，由定额可直接查得；

材料预算价格——由材料原价、运杂费、场外运输损耗、采购及仓库保管费组成。

由于材料预算价格的重要性及其计算的复杂性，还专门有“材料预算单价计算表”(09表)来进行计算。

$$材料预算价格=(材料原价+运杂费)\times(1+场外运输损耗率)\times(1+采购及保管费率)-包装品回收价值 \quad (5\text{-}3)$$

①材料原价。各种材料原价按以下规定计算，在09表中第4栏填写。

外购材料：国家或地方的工业产品，按工业产品出厂价格或供销部门的供应价格计算，并根据情况加计供销部门手续费和包装费。如供应情况、交货条件不明确时，可采用当地规定的价格计算。

地方性材料：地方性材料包括外购的砂、石材料等，按实际调查价格或当地主管部门规定的预算价格计算。

自采材料：自采的砂、石、黏土等材料，按定额中开采单价加辅助生产间接费和矿产资源税（如有）计算。在编制概（预）算表格中，通过10表进行计算。

材料原价应按实计取。各省、自治区、直辖市公路（交通）工程造价（定额）管理站应通过调查，编制本地区的材料价格信息，供编制概（预）算使用。

②运杂费。运杂费系指材料自供应地点至工地仓库（施工地点存放材料的地方）的运杂费用，包括装卸费、运费，如果发生，还应计囤存费及其他杂费（如过磅、标签、支撑加固、路桥通行等费用）。

材料单位运杂费 =（基本运价 × 运距 + 装卸费 + 其他杂费）× 单位重 × 毛重系数　（5-4）

通过铁路、水路和公路运输部门运输的材料，按铁路、航运和当地交通运输部门规定的基本运价计算运费。

施工单位自办的运输，单程运距为15km以上的长途汽车运输按当地交通运输部门规定的统一运价计算运费；单程运距为5～15km的汽车运输按当地交通运输部门规定的统一运价计算运费；当工程所在地交通不便、社会运输力量缺乏时，如边远地区和某些山岭区，允许按当地交通运输部门规定的统一运价加50%计算运费；单程运距为5km及以内的汽车运输以及人力场外运输，按预算定额计算运费，其中人力装卸和运输另按人工费加计辅助生产间接费。

运杂费计算中的有关规定如下：

a. 材料运距。由于运距的变化，对运费的影响很大，所以对每种材料都要科学地确定其合理运距。《公路工程基本建设项目概算预算编制办法》规定，一种材料如有两个以上供应点时，应根据不同的运距、运量、运价采用加权平均的方法计算运费。

b. 毛重系数及单位毛重。有容器或包装的材料及长大轻浮材料，应按规定的毛重系数计算其运输的实际质量。桶装沥青、汽油、柴油按每吨摊销一个旧汽油桶计算包装费（不计回收）。只有用铁路、水运及雇佣汽车的公路运输，才按毛重计算单位运杂费；而采用定额计算运费时，不按毛重计算，即对材料单位质量不必再乘以毛重系数。材料毛重系数及单位毛重见表5-2。

材料毛重系数及单位毛重表　　表5-2

材料名称	单位	毛重系数	单位毛重
爆破材料	t	1.35	—
水泥、块状沥青	t	1.01	—
铁钉、铁件、焊条	t	1.10	—
液体沥青、液体燃料、水	t	桶装1.17，油罐车装1.00	—
木料	m^3	—	1.000t
草袋	个	—	0.004t

c. 由于预算定额中汽车运输台班已考虑工地便道特点，以及定额中已计入了“工地小搬运”项目，因此平均运距中汽车运输便道里程不得乘调整系数，也不得在工地仓库或堆料场之外再加场内运距或二次倒运的运距。

d. 在计算材料运杂费时，注意其单位要与实物量单位一致。

e. 材料运输的运价率必须结合材料的等级、运输路线等级来确定。材料等级、运输路线等级及各等级的运价率可按地方的"补充规定"计取。

f. 装卸费应按实际发生的费用计取。有些材料只发生装车的费用,而不发生卸车的费用;有些材料则只发生卸车的费用,而不发生装车的费用,这时装卸费应折半计取。如砂、石材料,一般采用自卸汽车运输,装卸费中只有装车的费用,没有卸车的费用。

在计算材料费时,涉及材料运距计算问题。下面对材料供应经济范围的确定和平均运距的计算作一介绍。

a) 运料终点的确定。由于路线工程是线形构造物,所以材料运料终点的确定对运距的确定影响极大。原则上,运料终点是工地仓库或工地堆料点。但是,当施工组织设计不能提供工地仓库或堆料地点的具体位置时,其运料终点为:

(a) 独立大中桥为桥梁的中心桩号,大型隧道为隧道的中心桩号,集中型工程为范围中心桩的桩号。

(b) 路线工程,对于外购材料一般以路线中点里程作为运料终点,当工程用料分布不均衡时,可按加权平均法确定材料的卸料重心点位置作为运料终点;对于自采材料,则应根据料场供应范围及各工程点用料量、距料场运距等情况具体计算确定。

b) 材料经济供应范围的确定。自采材料经济供应范围的划分,有两种方法可供选择,即最大运距相等法和平均运距相等法,这两种方法的计算结果相差不大,下面介绍比较直观的最大运距相等法。

当一条路线工程,在其沿线有多个供应同种材料的料场,则应在各相邻料场间确定一个经济供应分界点,即经济合理地确定各自采材料料场的经济供应范围。

料场供应范围的经济划分,与料场开采价格、沿路线(各段)各点的用料量、料场至卸料点的运距、运价等有关。

用最大运距相等法确定料场(或供料点)间的经济分界点 K 时,一般认为:

(a) 各料场的开采价格(供应价格)相等;

(b) 某种材料沿路线的用量是比较均匀的(个别用量特别大的路段,材料用量超出平均用量的部分,应另按点式卸料计算);

(c) 各料场至用料地点间距的运价率是相等的。

按最大运距相等法确定料场间分界点的原则是:当 A 料场与 B 料场相邻,且料价、运价率相等,沿线材料用量均匀,则 A、B 两料场至分界点 K 的运距相等(图 5-3)。

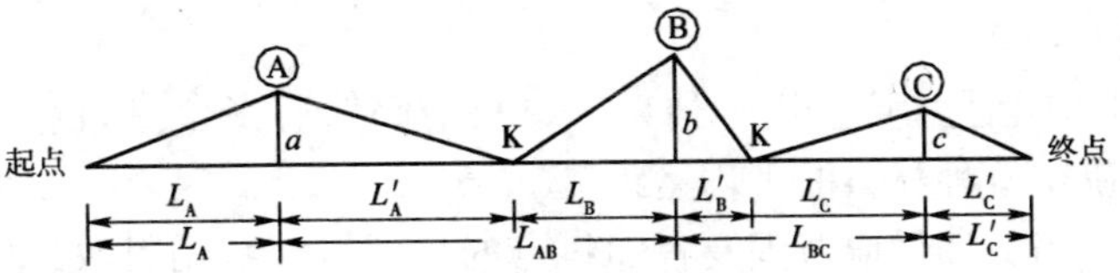

图 5-3 划分料场供应范围图

如图 5-3,当 $a > (b + L_{AB})$ 时,取消 A 料场,由 B 料场供料;

当 $b > (a + L_{AB})$,取消 B 料场,由 A 料场供料;

当 $a < (b + L_{AB})$ 且 $b < (a + L_{AB})$,应确定两料场的经济分界点 K,其计算表达式如下:

根据定义

$$L_{max}=a+L'_A=b+L_B \tag{5-5}$$

则：
$$L'_A=[L_{AB}+(b-a)]/2 \tag{5-6}$$
$$L_b=[L_{AB}-(b-a)]/2 \tag{5-7}$$

式中：a——A 料场至上路桩号运距；

b——B 料场至上路桩号运距；

L_{AB}——A 料场支线上路点 K_a 至 B 料场支线上路点 K_b 之间的运距；

L'_A——K_a 点至 K 点运距；

L_B——K 点至 K_b 点运距；

L_{max}——最大运距。

确定相邻料场间的经济分界点的注意事项：

ⓐ路线起点或终点之外无料场时，则路线的起点和终点为自然分界点；若有料场，则应视为路线供应料场之一，按上述方法确定经济分界点。

ⓑ计算运距时，要考虑断链的影响。

ⓒ支线运距以调查的实际运距为准（不是空间距离）。

ⓓ确定料场的取舍，尚应充分考虑料场开发、运输的可行性；考虑运料重载升坡的影响。

ⓔ料场料价，运价差异很大时，可按两料场至分界点加权最大运距相等的原则来划分。

【例 5-2】 某公路工程的料场分布如图 5-4 所示。已知 A 料场的上路桩号为 K2 + 100，支线运距 1.6km，B 料场上路桩号为 K7 + 900，支线运距 2.5km。试确定 A、B 料场间的经济分界点桩号。

解：由图 5-4 知：

$L_{AB}=7.9-2.1=5.8$(km)

$b-a=2.5-1.6=0.9$(km)

$L'_A=0.5\times(5.8+0.9)=3.35$(km)

$L_B=5.8-3.35=2.45$(km)

分界点 L_{AB} 桩号为：(K2 + 100) + 3.350(km) = K5 + 450。

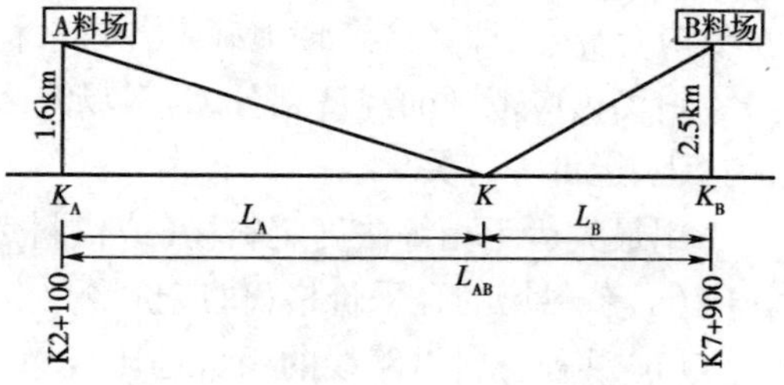

图 5-4 料场分布示意图

复核：$1.6+3.35=2.5+2.45=4.95$(km)（正确）。

c)路线材料平均运距计算。为了计算运杂费，必须先确定各种材料的平均运距。当一种材料有多个供应点时，必须先确定各供应点的经济供应范围；一种材料有多个卸料点，必须计算其平均运距。

(a)自采材料平均运距计算。当一种自采材料沿路线有多个供料点且有多个用料点时，可用下列两种方法确定该种材料的平均运距（图 5-5）。

ⓐ加权平均法。当料场供应范围及各卸料点的位置、运距、用料数量确定后，可按下式计算该种材料的全路线加权平均运距：

$$L'_{1CP}=\frac{\sum_{i=1}^{n}M_i}{\sum_{i=1}^{n}Q_i}=\frac{\sum_{i=1}^{n}Q_iL_i}{\sum_{i=1}^{n}Q_i} \tag{5-8}$$

式中：L'_{1CP}——某种材料全路线加权平均运距(km)；

n——卸料点个数；

M_i——卸料点 i 材料运量(t·km)；

Q_i——卸料点 i 卸料数量(t)；

L_i——供料点 i 至卸料点间运距(km)，路面材料卸料点为路段中心点，构造物用料卸料点为仓库或料堆。

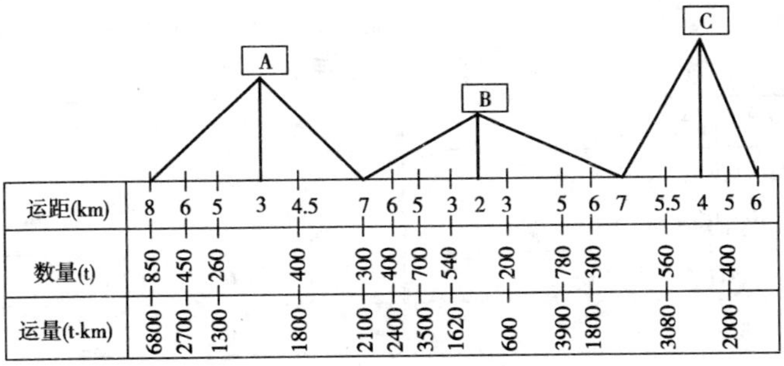

图 5-5　路线材料供应示意图

【例 5-3】　试计算图 5-5 所示路段的某种自采材料的加权平均运距。

解：

$$L_{1CP}=\frac{\sum_{i=1}^{n}Q_iL_i}{\sum_{i=1}^{n}Q_i}=\frac{6800+2700+\cdots+3080+200}{850+450+\cdots560+400}=5.47(\text{km})$$

ⓑ算术平均值法。图 5-5 所示路线材料平均运距也可采用算术平均值法计算：

$$L_{1CP}=\frac{\sum_{i=1}^{n}L_i}{n} \tag{5-9}$$

式中：L_{1CP}——某种材料全路线算术平均运距(km)；

其他符号意义同前。

【例 5-4】　试计算上例的算术平均运距。

解：

$$L_{1CP}=\frac{\sum_{i=1}^{n}L_i}{n}=\frac{8+6+\cdots+5.5+5}{13}=5.31(\text{km})$$

由上述两例可知，加权平均运距与算术平均运距仅相差 3% 左右，考虑到运距不一定经过丈量，本身的误差就可能大于计算误差，特别是加权平均法，需待各分项预算编完后才有条件计算平均运距，故在工程用料量分布不是十分不均衡的情况下，采用算术平均法较为简便。

(b)外购材料平均运距计算。外购材料一般只有一个供应点，但却具有一个或多个用料点(仓库、料堆点)，如图 5-6 所示。

当采用加权平均运距法或算术平均法计算外购材料的平均运距时，可分别按式(5-8)、式(5-9)进行。这时 n 表示仓库(或卸料点)个数，Q_i 表示某种材料仓库的入库量，L_i 表示卸料仓库 i 至供料地点的运距。

③场外运输损耗。场外运输损耗系指有些材料在场外正常的运输过程中发生的损耗，这

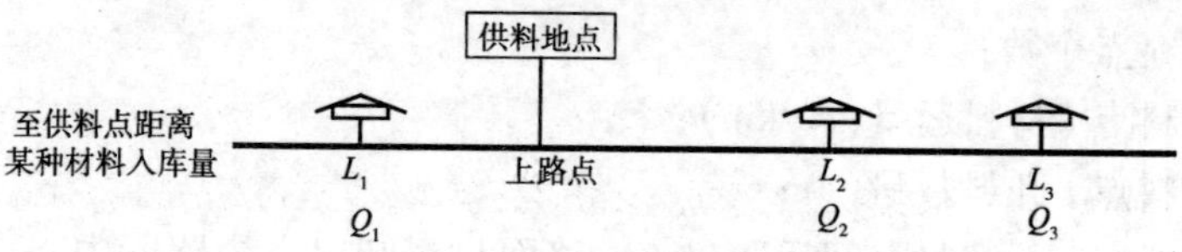

图 5-6 外购材料示意图

部分损耗应计入材料预算单价内。材料场外运输操作损耗率见表 5-3。

材料场外运输操作损耗率表(%)　　表 5-3

材料名称		场外运输(包括一次装卸)	每增加一次装卸
块状沥青		0.5	0.2
石屑、碎砾石、砂砾、煤渣、工业废渣、煤		1.0	0.4
砖、瓦、桶装沥青、石灰、黏土		3.0	1.0
草皮		7.0	3.0
水泥	袋装	1.0	0.4
	散装	1.0	0.4
砂	一般地区	2.5	1.0
	多风地区	5.0	2.0

注:汽车运水泥,如运距超过500km时,增加损耗率:袋装0.5%。材料采购及保管费,以材料的原价加运杂费及场外运输损耗的合计数为基数,乘以采购保管费率计算。材料的采购及保管费费率为2.5%。外购的构件、成品及半成品的预算价格,其计算方法与材料相同,但构件(如外购的钢桁梁、钢筋混凝土构件及加工钢材等半成品)的采购保管费率为1%。商品混凝土预算价格的计算方法与材料相同,但其采购保管费率为0。

④采购及保管费。材料采购及保管费系指材料供应部门(包括工地仓库以及各级材料管理部门)在组织采购、供应和保管材料的过程中,所需的各项费用及工地仓库的材料储存损耗,该项费用在09表中第13、14栏计算。

【例5-5】 水泥原价370元/t,自办运输,运距35km,基本运价0.55元/t·km,装卸费3.5元/t,求运杂费和材料价格。

解:

$$运杂费=(0.55\times35+3.5)\times1.01=22.98(元/t)$$

$$材料价格=(370+22.98)\times(1+1\%)\times(1+2.5\%)=406.83(元/t)$$

(3)施工机械使用费计算。施工机械使用费系指列入概(预)算定额的施工机械台班数量,按相应的机械台班费用定额计算的施工机械使用费和小型机具使用费。计算公式为:

$$施工机械使用费=\sum(分项工程数量\times相应项目定额单位机械台班消耗量\times机械台班单价)+小型机具使用费 \tag{5-10}$$

式中:分项工程数量——同前。

小型机具使用费——从定额中查出相应项目定额单位所规定的消耗费用,与分项工程数量相乘即可。

定额机械台班消耗量——由定额直接查得完成一定数量单位的分项工程定额所规定消耗机械种类和台班数量。

机械台班单价——机械台班单价应按原交通部公布的《公路工程机械台班费用定额》计算,台班单价由不变费用和可变费用组成。不变费用包括折旧费、大修理费、经常修理费、安装拆卸及辅助设施费等。可变费用包括机上人员人工费、动力燃料费、车船使用税等。

不变费用,全国除青海、新疆、西藏三省区允许调整外,其余各地均应直接采用。

可变费用中的人工工日数及动力燃料消耗量,应以机械台班费用定额中的数值为准,台班人工费工日单价同生产工人人工费单价。动力燃料费用则按材料费的计算规定计算。

车船使用税,如需缴纳时,应根据各省、自治区、直辖市及国务院有关部门的规定计算。各种机械台班单价通过"机械台班单价计算表"(11 表)计算。

当工程用电为自行发电时,电动机械每度(kW·h)电的单价可由下述近似公式(5-11)计算:

$$A = 0.24\frac{K}{N} \tag{5-11}$$

式中:A——每度(kW·h)单价(元);

K——发电机组的台班单价(元);

N——发电机组的总功率(kW)。

2)其他工程费计算

其他工程费系指直接工程费以外施工过程中发生的直接用于工程的费用。内容包括冬季施工增加费、雨季施工增加费、夜间施工增加费、特殊地区施工增加费、行车干扰工程施工增加费、安全及文明施工措施费、临时设施费、施工辅助费、工地转移费九项。公路工程中的水费、电费及因场地狭小等特殊情况而发生的材料二次搬运等其他工程费已包括在概(预)算定额中,不再另计。

其他工程费的取费率需按工程类别来取。间接费也是如此。

(1)其他工程费及间接费取费标准的工程类别划分如下:

①人工土方。系指人工施工的路基、改河等土方工程,以及人工施工的砍树、挖根、除草、平整场地、挖盖山土等工程项目,并适用于无路面的便道工程。

②机械土方。系指机械施工的路基、改河等土方工程,以及机械施工的砍树、挖根、除草等工程项目。

③汽车运输。系指汽车、拖拉机、机动翻斗车等运送的路基、改河土(石)方、路面基层和面层混合料、水泥混凝土及预制构件、绿化苗木等。

④人工石方。系指人工施工的路基、改河等石方工程,以及人工施工的挖盖山石项目。

⑤机械石方。系指机械施工的路基、改河等石方工程(机械打眼即属机械施工)。

⑥高级路面。系指沥青混凝土路面、厂拌沥青碎石路面和水泥混凝土路面的面层。

⑦其他路面。系指除高级路面以外的其他路面面层,各等级路面的基层、底基层、垫层、透层、黏层、封层,采用结合料稳定的路基和软土等特殊路基处理等工程,以及有路面的便道工程。

⑧构造物 I。系指无夜间施工的桥梁、涵洞、防护(包括绿化)及其他工程,交通工程及沿线设施工程(设备安装及金属标志牌、防撞钢护栏、防眩板、防眩网、隔离栅、防护网除外),以及临时工程中的便桥、电力电信线路、轨道铺设等工程项目。

⑨构造物 II。系指有夜间施工的桥梁工程。

⑩构造物 III。系指商品混凝土(包括沥青混凝土和水泥混凝土)的浇注和外购构件及设备

的安装工程。商品混凝土和外购构件及设备的费用不作为其他工程费和间接费的计算基数。

⑪技术复杂大桥。系指单孔跨径在120m以上(含120m)和基础水深在10m以上(含10m)的大桥主桥部分的基础、下部和上部工程。

⑫隧道。系指隧道工程的洞门及洞内土建工程。

⑬钢材及钢结构。系指钢桥及钢吊桥的上部构造,钢沉井、钢围堰、钢套箱及钢护筒等基础工程,钢索塔,钢锚箱,钢筋及预应力钢材,模数式及橡胶板式伸缩缝,钢盆式橡胶支座,四氟板式橡胶支座,金属标志牌、防撞钢护栏,防眩板、防眩网、隔离栅、防护网等工程项目。

购买路基填料的费用不作为其他工程费和间接费的计算基数。

(2)其他工程费的计算,按以下项目进行:

①冬季施工增加费。冬季施工增加费系指按照公路工程施工及验收规范所规定的冬季施工要求,为保证工程质量和安全生产所需采取的防寒保温设施、工效降低和机械作业率降低以及技术操作过程的改变等所增加的有关费用。

冬季施工增加费的内容包括:

a. 因冬季施工所需增加的一切人工、机械与材料的支出。

b. 施工机具所需修建的暖棚(包括拆、移),增加油脂及其他保温设备费用

c. 因施工组织设计确定,需增加的一切保温、加温及照明等有关支出。

d. 与冬季施工有关的其他各项费用,如清除工作地点的冰雪等费用。

冬季气温区的划分是根据气象部门提供的满15年以上的气温资料确定的。

全国冬季施工气温区划分见《公路工程基本建设项目概算预算编制办法》附录七。若当地气温资料与附录七中划定的冬季气温区划分有较大出入时,可按当地气温资料及上述划分标准确定工程所在地的冬季气温区。

冬季施工增加费的计算方法,是根据各类工程的特点,规定各气温区的取费标准。为了简化计算手续,采用全年平均摊销的方法,即不论是否在冬季施工,均按规定的取费标准计取冬季施工增加费。一条路线穿过两个以上的气温区时,可分段计算或按各区的工程量比例求得全线的平均增加率,计算冬季施工增加费。

冬季施工增加费以各类工程的直接工程费之和为基数,按工程所在地的气温区(见《公路工程基本建设项目概算预算编制办法》附录七)选用表5-4的费率计算。

冬季施工增加费费率表(%) 表5-4

气温区 / 工程类别	冬季期平均温度(℃)								准一区	准二区
	-1以上		-1~-4		-4~-7	-7~-10	-10~-14	-14以下		
	冬一区		冬二区		冬三区	冬四区	冬五区	冬六区		
	Ⅰ	Ⅱ	Ⅰ	Ⅱ						
人工土方	0.28	0.44	0.59	0.76	1.44	2.05	3.07	4.61	—	—
机械土方	0.43	0.67	0.93	1.17	2.21	3.14	4.71	7.07	—	—
汽车运输	0.08	0.12	0.17	0.21	0.40	0.56	0.84	1.27	—	—
人工石方	0.06	0.10	0.13	0.15	0.30	0.44	0.65	0.98	—	—
机械石方	0.08	0.13	0.18	0.21	0.42	0.61	0.91	1.37	—	—

续上表

气温区 / 工程类别	冬季期平均温度(℃)								准一区	准二区
	-1 以上		-1 ~ -4		-4 ~ -7	-7 ~ -10	-10 ~ -14	-14 以下		
	冬一区		冬二区		冬三区	冬四区	冬五区	冬六区		
	I	II	I	II						
高级路面	0.37	0.52	0.72	0.18	1.48	2.00	3.00	4.50	0.06	0.16
其他路面	0.11	0.20	0.29	0.37	0.62	0.80	1.20	1.80	—	—
构造物 I	0.34	0.49	0.66	0.75	1.36	1.84	2.76	4.14	0.06	0.15
构造物 II	0.42	0.60	0.81	0.92	1.67	2.27	3.40	5.10	0.08	0.19
构造物 III	0.83	1.18	1.60	1.81	3.29	4.46	6.69	10.03	0.15	0.37
技术复杂大桥	0.48	0.68	0.93	1.05	1.91	2.58	3.87	5.81	0.08	0.21
隧道	0.10	0.19	0.27	0.35	0.58	0.75	1.12	1.69	—	—
钢材及钢结构	0.02	0.05	0.07	0.09	0.15	0.19	0.29	0.43	—	—

②雨季施工增加费。雨季施工增加费系指雨季期间施工为保证工程质量和安全生产所需采取的防雨、排水、防潮和防护措施，工效降低和机械作业率降低以及技术作业过程的改变等，所需增加的有关费用。

雨季施工增加费的内容包括：

a. 因雨季施工所需增加的工、料、机费用的支出，包括工作效率的降低及易被雨水冲毁的工程所增加的工作内容等(如基坑坍塌和排水沟等堵塞的清理、路基边坡冲沟的填补等)。

b. 路基土方工程的开挖和运输，因雨季施工(非土壤中水影响)而引起的黏附工具，降低工效所增加的费用。

c. 因防止雨水必须采取的防护措施的费用，如挖临时排水沟，防止基坑坍塌所需的支撑、挡板等费用。

d. 材料因受潮、受湿的耗损费用。

e. 增加防雨、防潮设备的费用。

f. 其他有关雨季施工所需增加的费用，如因河水高涨致使工作困难而增加的费用等。

雨量区和雨季期的划分，是根据气象部门提供的满 15 年以上的降雨资料确定的。凡月平均降雨天数在 10d 以上，月平均日降雨量在 3.5 ~5mm 之间者为 I 区，月平均日降雨量在 5mm 以上者为 II 区。全国雨季施工雨量区及雨季期的划分见《公路工程基本建设项目概算预算编制办法》附录八。若当地气象资料与《公路工程基本建设项目概算预算编制办法》附录八所划定的雨量区及雨季期出入较大时，可按当地气象资料及上述划分标准确定工程所在地的雨量区及雨季期。

雨季施工增加费的计算方法，是将全国划分为若干雨量区和雨季期，并根据各类工程的特点规定各雨量区和雨季期的取费标准，采用全年平均摊销的方法，即不论是否在雨季施工，均按规定的取费标准计取雨季施工增加费。

一条路线通过不同的雨量区和雨季期时，应分别计算雨季施工增加费或按工程量比例求得平均的增加率，计算全线雨季施工增加费。

雨季施工增加费以各类工程的直接工程费之和为基数，按工程所在地的雨量区、雨季期选用表5-5的费率计算。

雨季施工增加费费率表(%) 表5-5

雨季期（月数） / 雨量区 / 工程类别	1	1.5	2		2.5		3		3.5		4		4.5		5		6		7	8
	I	I	I	II	I	II	I	II	I	II	I	II	I	II	I	II	I	II	II	II
人工土方	0.04	0.05	0.07	0.11	0.09	0.13	0.11	0.15	0.13	0.17	0.15	0.20	0.17	0.23	0.19	0.26	0.21	0.31	0.36	0.42
机械土方	0.04	0.05	0.07	0.11	0.09	0.13	0.11	0.15	0.13	0.17	0.15	0.20	0.17	0.23	0.19	0.27	0.22	0.32	0.37	0.43
汽车运输	0.04	0.05	0.07	0.11	0.09	0.13	0.11	0.16	0.13	0.19	0.15	0.22	0.17	0.25	0.19	0.27	0.22	0.32	0.37	0.43
人工石方	0.02	0.03	0.05	0.07	0.06	0.09	0.07	0.11	0.08	0.13	0.09	0.15	0.10	0.17	0.12	0.19	0.15	0.23	0.27	0.32
机械石方	0.03	0.04	0.06	0.10	0.08	0.12	0.10	0.14	0.12	0.16	0.14	0.19	0.16	0.22	0.18	0.25	0.20	0.29	0.34	0.39
高级路面	0.03	0.04	0.06	0.10	0.08	0.13	0.10	0.15	0.12	0.17	0.14	0.19	0.16	0.22	0.18	0.25	0.20	0.29	0.34	0.39
其他路面	0.03	0.04	0.06	0.09	0.08	0.12	0.09	0.14	0.10	0.16	0.12	0.18	0.14	0.21	0.16	0.24	0.19	0.28	0.32	0.37
构造物 I	0.03	0.04	0.05	0.08	0.06	0.09	0.07	0.11	0.08	0.13	0.10	0.15	0.12	0.17	0.14	0.19	0.16	0.23	0.27	0.31
构造物 II	0.03	0.04	0.05	0.08	0.07	0.10	0.08	0.12	0.09	0.14	0.11	0.16	0.13	0.18	0.15	0.21	0.17	0.25	0.30	0.34
构造物 III	0.06	0.08	0.11	0.17	0.14	0.21	0.17	0.25	0.20	0.30	0.23	0.35	0.27	0.40	0.31	0.45	0.35	0.52	0.60	0.69
技术复杂大桥	0.03	0.05	0.07	0.10	0.08	0.12	0.10	0.14	0.12	0.16	0.14	0.19	0.16	0.22	0.18	0.25	0.20	0.29	0.34	0.39
隧道	—	—	—	—	—	—	—	—	—	—	—	—	—	—	—	—	—	—	—	—
钢材及钢结构	—	—	—	—	—	—	—	—	—	—	—	—	—	—	—	—	—	—	—	—

③夜间施工增加费。夜间施工增加费系指根据设计、施工的技术要求和合理的施工进度要求，必须在夜间连续施工而发生的工效降低、夜班津贴以及有关照明设施（包括所需照明设施的安拆、摊销、维修及油燃料、电）等增加的费用。

夜间施工增加费按夜间施工工程项目（如桥梁工程项目包括上、下部构造全部工程）的直接工程费之和为基数，按表5-6的费率计算。

夜间施工增加费费率表(%) 表5-6

工程类别	费率	工程类别	费率
构造物 II	0.35	技术复杂大桥	0.35
构造物 III	0.70	钢材及钢结构	0.35

注：设备安装工程及金属标志牌、防撞钢护栏、防眩板（网）、隔离栅、防护网等不计夜间施工增加费。

以上是按全国划分的冬季、雨季区，并根据各类工程的特点规定了不同的费率标准计取冬季、雨季、夜间施工增加费。而为了不因冬雨季及夜间施工增加的工日数在总工日数中漏列，需将这一部分工日数进行计算，其冬雨季及夜间施工增工百分率见表5-7。但需注意这部分增工不再计算费用，只作为实物（用工）指标汇入02表。

冬季雨季及夜间施工增工百分率表(%)　　表 5-7

项　目	雨季施工（雨量区）		冬季施工							
			冬一区		冬二区		冬三区	冬四区	冬五区	冬六区
	I	II	I	II	I	II				
路线	0.30	0.45	0.70	1.00	1.40	1.80	2.40	3.00	4.50	6.75
独立大中桥	0.30	0.45	0.30	0.40	0.50	0.60	0.80	1.00	1.50	2.25

注:冬雨季施工增加工以各类工程概(预)算工数之和为依据,表中雨季施工增工百分率为每个雨季月的增工率,如雨季期(不是施工期)为两个半月时,表列数值应乘以 2.5,以此类推。夜间施工增加工按夜间施工工程项目概(预)算工数的 4% 计。

④特殊地区施工增加费。特殊地区施工增加费包括高原地区施工增加费、风沙地区施工增加费和沿海地区施工增加费三项。

a. 高原地区施工增加费。高原地区施工增加费系指在海拔高度 1500m 以上地区施工,由于受气候、气压的影响,致使人工、机械效率降低而增加的费用。该费用以各类工程人工费和机械使用费之和为基数,按表 5-8 的费率计算。

高原地区施工增加费费率表(%)　　表 5-8

工程类别	海拔高度(m)							
	1501~2000	2001~2500	2501~3000	3001~3500	3501~4000	4001~4500	4501~5000	5000 以上
人工土方	7.00	13.25	19.75	29.75	43.25	60.00	80.00	110.00
机械土方	6.65	12.60	18.66	25.60	36.05	49.08	64.72	83.80
汽车运输	6.50	12.50	18.50	25.00	35.00	47.50	62.50	80.00
人工石方	7.00	13.25	19.75	29.75	43.25	60.00	80.00	110.00
机械石方	6.71	12.82	19.03	27.10	38.50	52.80	69.92	92.72
高级路面	6.58	12.61	18.69	25.72	36.26	49.41	65.17	84.58
其他路面	6.73	12.84	19.07	27.15	38.74	53.17	70.44	93.60
构造物 I	6.87	13.06	19.44	28.56	41.18	56.86	75.61	102.47
构造物 II	6.77	12.90	19.17	27.54	39.41	54.18	71.85	96.03
构造物 III	6.73	12.85	19.08	27.19	38.81	53.27	70.57	93.84
技术复杂大桥	6.70	12.81	19.01	26.94	38.37	52.61	69.65	92.27
隧道	6.76	12.90	19.16	27.50	39.35	54.09	71.72	95.81
钢材及钢结构	6.78	12.92	19.20	27.66	39.62	54.50	72.30	96.80

一条路线通过两个以上(含两个)不同的海拔高度分区时,应分别计算高原地区施工增加费或按工程量比例求得平均的增加率,计算全线高原地区施工增加费。

b. 风沙地区施工增加费。风沙地区施工增加费系指在沙漠地区施工时,由于受风沙影响,按照施工及验收规范的要求,为保证工程质量和安全生产而增加的有关费用。内容包括防风、防沙及气候影响的措施费,材料费,人工、机械效率降低增加的费用,以及积沙、风蚀的清理修复等费用。

风沙地区的划分，根据《公路自然区划标准》、“沙漠地区公路建设成套技术研究报告”的公路自然区划和沙漠公路区划，结合风沙地区的气候状况将风沙地区分为三区九类：半干旱、半湿润沙地为风沙一区，干旱、极干旱寒冷沙漠地区为风沙二区，极干旱炎热沙漠地区为风沙三区；根据覆盖度（沙漠中植被、戈壁等覆盖程度）又将每区分为固定沙漠（覆盖度＞50%）、半固定沙漠（覆盖度10%～50%）、流动沙漠（覆盖度＜10%）三类，覆盖度由工程勘察设计人员在公路工程勘察设计时确定。

全国风沙地区公路施工区划见《公路工程基本建设项目概算预算编制办法》附录九。若当地气象资料及自然特征与附录九中的风沙地区划分有较大出入时，由工程所在省、自治区、直辖市公路（交通）工程造价（定额）管理站按当地气象资料和自然特征及上述划分标准确定工程所在地的风沙区划，并抄送交通运输部公路司备案。

一条路线穿过两个以上（含两个）不同风沙区时，按路线长度经过不同的风沙区加权计算项目全线风沙地区施工增加费。

风沙地区施工增加费以各类工程的人工费和机械使用费之和为基数，根据工程所在地的风沙区划及类别，按表5-9的费率计算。

风沙地区施工增加费费率表（%） 表5-9

风沙区划 / 工程类别	风沙一区			风沙二区			风沙三区		
	沙漠类型								
	固定	半固定	流动	固定	半固定	流动	固定	半固定	流动
人工土方	6.00	11.00	18.00	7.00	17.00	26.00	11.00	24.00	37.00
机械土方	4.00	7.00	12.00	5.00	11.00	17.00	7.00	15.00	24.00
汽车运输	4.00	8.00	13.00	5.00	12.00	18.00	8.00	17.00	26.00
人工石方	—	—	—	—	—	—	—	—	-
机械石方	—	—	—	—	—	—	—	—	-
高级路面	0.50	1.00	2.00	1.00	2.00	3.00	2.00	3.00	5.00
其他路面	2.00	4.00	7.00	3.00	7.00	10.00	4.00	10.00	15.00
构造物Ⅰ	4.00	7.00	12.00	5.00	11.00	17.00	7.00	16.00	24.00
构造物Ⅱ	—	—	—	—	—	—	—	—	-
构造物Ⅲ	—	—	—	—	—	—	—	—	-
技术复杂大桥	—	—	—	—	—	—	—	—	-
隧道	—	—	—	—	—	—	—	—	-
钢材及钢结构	1.00	2.00	4.00	1.00	3.00	5.00	2.00	5.00	7.00

c. 沿海地区工程施工增加费。沿海地区工程施工增加费系指工程项目在沿海地区施工受海风、海浪和潮汐的影响，致使人工、机械效率降低等所需增加的费用。本项费用，由沿海各省、自治区、直辖市交通厅（局）制订具体的适用范围（地区），并抄送部公路工程定额站备案。

沿海地区工程施工增加费,以各类工程的定额直接费之和为基数,按表5-10的费率计算。

沿海地区工程施工增加费费率表(%) 表5-10

工程类别	费率	工程类别	费率
构造物II	0.15	技术复杂大桥	0.15
构造物III	0.15	钢材及钢结构	0.15

⑤行车干扰工程施工增加费。行车干扰工程施工增加费系指由于边施工边维持通车,受行车干扰的影响,致使人工、机械效率降低而增加的费用。该费用以受行车影响部分的工程的定额直接费之和为基数,按表5-11的费率计算。

行车干扰工程施工增加费费率表(%) 表5-11

工程类别	施工期间平均每昼夜间双向行车次数(汽车、畜力车合计)							
	51~100	101~500	501~1000	1001~2000	2001~3000	3001~4000	4001~5000	5000以上
人工土方	1.64	2.46	3.28	4.10	4.76	5.29	5.86	6.44
机械土方	1.39	2.19	3.00	3.89	4.51	5.02	5.56	6.11
汽车运输	1.36	2.09	2.85	3.75	4.35	4.84	5.36	5.89
人工石方	1.66	2.40	3.33	4.06	4.71	5.24	5.81	6.37
机械石方	1.16	1.71	2.38	3.19	3.70	4.12	4.56	5.01
高级路面	1.24	1.87	2.50	3.11	3.61	4.01	4.45	4.88
其他路面	1.17	1.77	2.36	2.94	3.41	3.79	4.20	4.62
构造物I	0.94	1.41	1.89	2.36	2.74	3.04	3.37	3.71
构造物II	0.95	1.43	1.90	2.37	2.75	3.06	3.39	3.72
构造物III	0.95	1.42	1.90	2.37	2.75	3.05	3.38	3.72
技术复杂大桥	—	—	—	—	—	—	—	—
隧道	—	—	—	—	—	—	—	—
钢材及钢结构	—	—	—	—	—	—	—	—

⑥安全及文明施工措施费。安全及文明施工措施费系指工程施工期间为满足安全生产、文明施工、职工健康生活所发生的费用。该费用不包括施工期间为保证交通安全而设置的临时安全设施和标志、标牌的费用,需要时,应根据设计要求计算。安全及文明施工措施费以各类工程的直接工程费之和为基数,按表5-12的费率计算。

安全及文明施工措施费费率表(%) 表5-12

工程类别	费率	工程类别	费率
人工土方	0.59	构造物I	0.72
机械土方	0.59	构造物II	0.78
汽车运输	0.21	构造物III	1.57
人工石方	0.59	技术复杂大桥	0.86
机械石方	0.59	隧道	0.73
高级路面	1.00	钢材及钢结构	0.53
其他路面	1.02		

注:设备安装工程按表中费率的50%计算。

⑦临时设施费。临时设施费系指施工企业为进行建筑安装工程施工所必需的生活和生产用的临时建筑物、构筑物和其他临时设施的费用等,但不包括概(预)算定额中临时工程在内。

临时设施包括:临时生活及居住房屋(包括职工家属房屋及探亲房屋)、文化福利及公用房屋(如广播室、文体活动室等)和生产、办公房屋(如仓库、加工厂、加工棚、发电站、变电站、空压机站、停机棚等),工地范围内的各种临时的工作便道(包括汽车、畜力车、人力车道)、人行便道,工地临时用水、用电的水管支线和电线支线,临时构筑物(如水井、水塔等)以及其他小型临时设施。

临时设施费用内容包括临时设施的搭设、维修、拆除费或摊销费。

临时设施费以各类工程的直接工程费之和为基数,按表 5-13 的费率计算。

临时设施费费率表(%)　　表 5-13

工程类别	费　率	工程类别	费　率
人工土方	1.57	构造物 I	2.65
机械土方	1.42	构造物 II	3.14
汽车运输	0.92	构造物 III	5.81
人工石方	1.60	技术复杂大桥	2.92
机械石方	1.97	隧　道	2.57
高级路面	1.92	钢材及钢结构	2.48
其他路面	1.87		

在概(预)算 02 表的总人工数量中,还应计入按临时设施用工指标计算的增工数量,这部分用工不再计价,其用工指标按表 5-14 的规定办理。

临时设施用工指标表　　表 5-14

项　目	路　　线(1km)					建立大中桥 ($100m^2$ 桥面)
	公路等级					
	高速公路	一级公路	二级公路	三级公路	四级公路	
工日	2340	1160	340	160	100	60

⑧施工辅助费。施工辅助费包括生产工具用具使用费、检验试验费和工程定位复测、工程点交、场地清理等费用。

生产工具用具使用费系指施工所需不属于固定资产的生产工具、检验用具、试验用具及仪器、仪表等的购置、摊销和维修费,以及支付给工人自备工具的补贴费。

检验试验费系指对建筑材料、构件和建筑安装工程进行一般鉴定、检查所发生的费用,包括自设试验室进行试验所耗用的材料和化学药品的费用,以及技术革新和研究试验费。但不包括新结构、新材料的试验费和建设单位要求对具有出厂合格证明的材料进行检验、对构件破坏性试验及其他特殊要求检验的费用。

施工辅助费以各类工程的定额直接工程费之和为基数,按表 5-15 的费率计算。

施工辅助费费率表(%)　　表 5-15

工程类别	费率	工程类别	费率
人工土方	0.89	构造物 I	1.30
机械土方	0.49	构造物 II	1.56
汽车运输	0.16	构造物 III	3.03
人工石方	0.85	技术复杂大桥	1.68
机械石方	0.46	隧道	1.23
高级路面	0.80	钢材及钢结构	0.56
其他路面	0.74		

⑨工地转移费。工地转移费系指施工企业根据建设任务的需要,由已竣工的工地或后方基地迁至新工地的搬迁费用。其内容包括:

a. 施工单位全体职工及随职工迁移的家属向新工地转移的车费、家具行李运费、途中住宿费、行程补助费、杂费及工资与工资附加费等。

b. 公物、工具、施工设备器材、施工机械的运杂费,以及外租机械的往返费及本工程内部各工地之间施工机械、设备、公物、工具的转移费等。

c. 非固定工人进、退场及一条路线中各工地转移的费用。

工地转移费以各类工程的直接工程费之和为基数,按表 5-16 的费率计算。

工地转移费费率表(%)　　表 5-16

工程类别	工地转移距离(km)					
	50	100	300	500	1000	每增加 100
人工土方	0.15	0.21	0.32	0.43	0.56	0.03
机械土方	0.50	0.67	1.05	1.37	1.82	0.08
汽车运输	0.31	0.40	0.62	0.82	1.07	0.05
人工石方	0.16	0.22	0.33	0.45	0.58	0.03
机械石方	0.36	0.43	0.74	0.97	1.28	0.06
高级路面	0.61	0.83	1.30	1.70	2.27	0.12
其他路面	0.56	0.75	1.18	1.54	2.06	0.10
构造物 I	0.56	0.75	1.18	1.54	2.06	0.11
构造物 II	0.66	0.89	1.40	1.83	2.45	0.13
构造物 III	1.31	1.77	2.77	3.62	4.48	0.25
技术复杂大桥	0.75	1.01	1.58	2.06	2.76	0.14
隧道	0.52	0.71	1.11	1.45	1.94	0.10
钢材及钢结构	0.72	0.97	1.51	1.97	2.64	0.13

转移距离以工程承包单位(如工程处、工程公司等)驻地转移前后的距离或两路线中点的距离为准;编制概(预)算时,如施工单位不明确,高速、一级公路及独立大桥、隧道按省会(自治区首府)至工地的里程计算工地转移费,二级及以下公路按地区(市、盟)至工地的里程计算工地转移费;工地转移里程数在表列里程之间时,费率可内插计算。工地转移距离在 50km 以

内的工程不计取本项费用。

2. 间接费

间接费由规费和企业管理费两项组成。

1)规费

规费系指法律、法规、规章、规程规定施工企业必须缴纳的费用(简称规费),包括:

(1)养老保险费。系指施工企业按规定标准为职工缴纳的基本养老保险费。

(2)失业保险费。系指施工企业按国家规定标准为职工缴纳的失业保险费。

(3)医疗保险费。系指施工企业按规定标准为职工缴纳的基本医疗保险费和生育保险费。

(4)住房公积金。系指施工企业按规定标准为职工缴纳的住房公积金。

(5)工伤保险费。系指施工企业按规定标准为职工缴纳的工伤保险费。

各项规费以各类工程的人工费之和为基数,按国家或工程所在地法律、法规、规章、规程规定的标准计算。

2)企业管理费

企业管理费由基本费用、主副食运费补贴、职工探亲路费、职工取暖补贴和财务费用五项组成。

(1)基本费用。企业管理费基本费用系指施工企业为组织施工生产和经营管理所需的费用,内容包括:

①管理人员工资。系指管理人员的基本工资、工资性补贴、职工福利费、劳动保护费以及缴纳的养老、失业、医疗、生育、工伤保险费和住房公积金等。

②办公费。系指企业办公用的文具、纸张、账表、印刷、邮电、书报、会议、水、电、烧水和集体取暖(包括现场临时宿舍取暖)用煤(气)等费用。

③差旅交通费。系指职工因公出差和工作调动(包括随行家属的旅费)的差旅费、住勤补助费,市内交通费和误餐补助费,职工探亲路费,劳动力招募费,职工离退休、退职一次性路费,工伤人员就医路费,以及管理部门使用的交通工具的油料、燃料、养路费及牌照费。

④固定资产使用费。系指管理和试验部门及附属生产单位使用的属于固定资产的房屋、设备、仪器等的折旧、大修、维修或租赁费等。

⑤工具用具使用费。系指管理使用的不属于固定资产的生产工具、器具、家具、交通工具和检验、试验、测绘、消防用具等的购置、维修和摊销费。

⑥劳动保险费。系指企业支付离退休职工的易地安家补助费、职工退职金、六个月以上的病假人员工资、职工死亡丧葬补助费、抚恤费、按规定支付给离休干部的各项经费。

⑦工会经费。系指企业按职工工资总额计提的工会经费。

⑧职工教育经费。系指企业为职工学习先进技术和提高文化水平,按职工工资总额计提的费用。

⑨保险费。系指企业财产保险、管理用车辆等保险费用。

⑩工程保修费。系指工程竣工交付使用后,在规定保修期以内的修理费用。

⑪工程排污费。系指施工现场按规定缴纳的排污费用。

⑫税金。系指企业按规定缴纳的房产税、车船使用税、土地使用税、印花税等。

⑬其他。系指上述项目以外的其他必要的费用支出,包括技术转让费、技术开发费、业务招待费、绿化费、广告费、投标费、公证费、定额测定费、法律顾问费、审计费、咨询费等。

基本费用以各类工程的直接费之和为基数,按表 5-17 的费率计算。

基本费用费率表(%)　　表 5-17

工程类别	费　　率	工程类别	费　　率
人工土方	3.36	构造物 I	4.44
机械土方	3.26	构造物 II	5.53
汽车运输	1.44	构造物 III	9.79
人工石方	3.45	技术复杂大桥	4.72
机械石方	3.28	隧道	4.22
高级路面	1.91	钢材及钢结构	2.42
其他路面	3.28		

(2)主副食运费补贴。主副食运费补贴系指施工企业在远离城镇及乡村的野外施工,购买生活必需品所需增加的费用。该费用以各类工程的直接费之和为基数,按表 5-18 的费率计算。

主副食运费补贴费费率表(%)　　表 5-18

工程类别	综合里程(km)											
	1	3	5	8	10	15	20	25	30	40	50	每增加 10
人工土方	0.17	0.25	0.31	0.39	0.45	0.56	0.67	0.76	0.89	1.06	1.22	0.16
机械石方	0.13	0.19	0.24	0.30	0.35	0.43	0.52	0.59	0.69	0.81	0.95	0.13
汽车运输	0.14	0.20	0.25	0.32	0.37	0.45	0.55	0.62	0.73	0.86	1.00	0.14
人工石方	0.13	0.19	0.24	0.30	0.34	0.42	0.51	0.58	0.67	0.80	0.92	0.12
机械石方	0.12	0.18	0.22	0.28	0.33	0.41	0.49	0.55	0.65	0.76	0.89	0.12
高级路面	0.08	0.12	0.15	0.20	0.22	0.28	0.33	0.38	0.44	0.52	0.60	0.08
其他路面	0.09	0.12	0.15	0.20	0.22	0.28	0.33	0.38	0.44	0.52	0.61	0.09
构造物 I	0.13	0.18	0.23	0.28	0.32	0.40	0.49	0.55	0.65	0.76	0.89	0.12
构造物 II	0.14	0.20	0.25	0.30	0.35	0.43	0.52	0.60	0.70	0.83	0.96	0.13
构造物 III	0.25	0.36	0.45	0.55	0.64	0.79	0.96	1.09	1.28	1.51	1.76	0.24
技术复杂大桥	0.11	0.16	0.20	0.25	0.29	0.36	0.43	0.49	0.57	0.68	0.79	0.11
隧道	0.11	0.16	0.19	0.24	0.28	0.34	0.42	0.48	0.56	0.66	0.77	0.10
钢材及钢结构	0.11	0.16	0.20	0.26	0.30	0.37	0.44	0.50	0.59	0.69	0.80	0.11

注:综合里程 = 粮食运距 ×0.06 + 燃料运距 ×0.09 + 蔬菜运距 ×0.15 + 水运距 ×0.70。

粮食、燃料、蔬菜、水的运距均为全线平均运距;综合里程数在表列里程之间时,费率可内插;综合里程在 1km 以内的工程不计取本项费用。

(3)职工探亲路费。职工探亲路费系指按照有关规定,施工企业职工在探亲期间发生的往返车船费、市内交通费和途中住宿费等费用。该费用以各类工程的直接费之和为基数,按表 5-19 的费率计算。

职工探亲路费费率表(%) 表5-19

工程类别	费率	工程类别	费率
人工土方	0.10	构造物 I	0.29
机械土方	0.22	构造物 II	0.34
汽车运输	0.14	构造物 III	0.55
人工石方	0.10	技术复杂大桥	0.20
机械石方	0.22	隧道	0.27
高级路面	0.14	钢材及钢结构	0.16
其他路面	0.16		

(4)职工取暖补贴。职工取暖补贴系指按规定发放给职工的冬季取暖费或在施工现场设置的临时取暖设施的费用。该费用以各类工程的直接费之和为基数,按工程所在地的气温区(见《公路工程基本建设项目概算预算编制办法》附录七)选用表5-20的费率计算。

职工取暖补贴费费率表(%) 表5-20

工程类别	气温区						
	准二区	冬一区	冬二区	冬三区	冬四区	冬五区	冬六区
人工土方	0.03	0.06	0.10	0.15	0.17	0.26	0.31
机械土方	0.06	0.13	0.22	0.33	0.44	0.55	0.66
汽车运输	0.06	0.12	0.21	0.31	0.41	0.51	0.62
人工石方	0.03	0.06	0.10	0.15	0.17	0.25	0.31
机械石方	0.05	0.11	0.17	0.26	0.35	0.44	0.53
高级路面	0.04	0.07	0.13	0.19	0.25	0.31	0.38
其他路面	0.04	0.07	0.12	0.18	0.24	0.30	0.36
构造物 I	0.06	0.12	0.19	0.28	0.36	0.46	0.56
构造物 II	0.06	0.13	0.20	0.30	0.41	0.51	0.62
构造物 III	0.11	0.23	0.37	0.56	0.74	0.93	1.13
技术复杂大桥	0.05	0.10	0.17	0.26	0.34	0.42	0.51
隧道	0.04	0.08	0.14	0.22	0.28	0.36	0.43
钢材及钢结构	0.04	0.07	0.12	0.19	0.25	0.31	0.37

(5)财务费用。财务费用系指施工企业为筹集资金而发生的各项费用,包括企业经营期间发生的短期贷款利息净支出、汇兑净损失、调剂外汇手续费、金融机构手续费,以及企业筹集资金发生的其他财务费用。

财务费用以各类工程的直接费之和为基数,按表5-21的费率计算。

财务费用费率表(%) 表5-21

工程类别	费率	工程类别	费率
人工土方	0.23	构造物 I	0.37
机械土方	0.21	构造物 II	0.40
汽车运输	0.21	构造物 III	0.82
人工石方	0.22	技术复杂大桥	0.46
机械石方	0.20	隧道	0.39
高级路面	0.27	钢材及钢结构	0.48
其他路面	0.30		

3)辅助生产间接费

辅助生产间接费系指由施工单位自行开采加工的砂、石等材料及施工单位自办的人工装卸和运输的间接费。

辅助生产间接费按人工费的5%计。该项费用并入材料预算单价内构成材料费,不直接出现在概(预)算中。

高原地区施工单位的辅助生产,可按其他工程费中高原地区施工增加费费率,以直接工程费为基数计算高原地区施工增加费(其中:人工采集、加工材料、人工装卸、运输材料按人工土方费率计算;机械采集、加工材料按机械石方费率计算;机械装、运输材料按汽车运输费率计算)。辅助生产高原地区施工增加费不作为辅助生产间接费的计算基数。

3. 利润

利润系指施工企业完成所承包工程应取得的盈利。利润按直接费与间接费之和扣除规费的7%计算。

4. 税金

税金系指按国家税法规定应计入建筑安装工程造价内的营业税、城市维护建设税及教育费附加等。按下式计算:

$$综合税金额=(直接费+间接费+利润)\times综合税率 \tag{5-12}$$

(1)纳税地点在市区的企业,综合税率为:

$$综合税率(\%)=\left(\frac{1}{1-3\%-3\%\times7\%-3\%\times3\%}-1\right)\times100=3.41(\%)$$

(2)纳税地点在县城、乡镇的企业,综合税率为:

$$综合税率(\%)=\left(\frac{1}{1-3\%-3\%\times5\%-3\%\times3\%}-1\right)\times100=3.35(\%)$$

(3)纳税地点不在市区、县城、乡镇的企业,综合税率为:

$$综合税率(\%)=\left(\frac{1}{1-3\%-3\%\times1\%-3\%\times3\%}-1\right)\times100=3.22(\%)$$

建筑安装工程费中的直接费和间接费主要由08表来计算;而利润及税金则由03表计算。在08表的基础上编制03表,就完成了建筑安装工程费的计算。

这里要特别说明的是,计算建筑安装工程费时,除了采用定额计算外,还有一类费用是采用单价乘数量来计算的,这类费用包括绿化工程、公路交工前养护费等。这一类费用的计算一般在进行建安费汇总时，在03表中计列，其计算要求及取费标准详见《公路工程基本建设项目概算预算编制办法》附录三和附录四。

二、设备、工具、器具及家具购置费计算

设备、工具、器具及家具购置费，内容包括设备购置费、工器具及生产家具购置费及办公和生活用家具购置费三项。

1. 设备购置费

设备购置费系指为满足公路的营运、管理、养护需要，购置的达到固定资产标准的设备和虽低于固定资产标准但属于设计明确列入设备清单的设备的费用，包括渡口设备，隧道照明、消防、通风的动力设备，高等级公路的收费、监控、通信、供电设备，养护用的机械、设备和工具、器具等的购置费用。

设备购置费应由设计单位列出计划购置的清单（包括设备的规格、型号、数量），以设备原价加综合业务费和运杂费按式(5-13)计算。

设备购置费 = 设备原价 + 运杂费（运输费 + 装卸费 + 搬运费）+ 运输保险费 + 采购及保管费 (5-13)

需要安装的设备，应在第一部分建筑安装工程费的有关项目内另计设备的安装工程费。设备与材料的划分标准见《公路工程基本建设项目概算预算编制办法》附录六。

2. 工器具及生产家具（简称工器具）购置费

工器具购置费系指建设项目交付使用后，为满足初期正常营运必须购置的第一套不构成固定资产的设备、仪器、仪表、工卡模具、器具、工作台（框、架、柜）等的费用。该费用不包括构成固定资产的设备、工器具和备品、备件，及已列入设备购置费中的专用工具和备品、备件。

对于工器具购置，应由设计单位列出计划购置的清单（包括规格、型号、数量），购置费的计算方法同设备购置费。

3. 办公和生活用家具购置费

办公和生活用家具购置费系指为保证新建、改建项目初期正常生产、使用和管理所必须购置的办公和生活用家具、用具的费用。

范围包括：行政、生产部门的办公室，会议室，资料档案室，阅览室，单身宿舍及生活福利设施等的家具、用具。

办公和生活用家具购置费按表5-22的规定计算。

办公和生活用家具购置费标准 表5-22

工程所在地	路线（元/公里）				有看桥房的独立大桥（元/座）	
	高速公路	一级公路	二级公路	三、四级公路	一般大桥	技术复杂大桥
内蒙古、黑龙江、青海、新疆、西藏	21500	15600	7800	4000	24000	60000
其他省、自治区、直辖市	17500	14600	5800	2900	19800	49000

注：改建工程按表列数80%计。

三、工程建设其他费用

工程建设其他费用，在概（预）算项目表中属于第三部分费用。内容包括：土地征用及拆

迁补偿费,建设项目管理费,研究试验费,前期工作费,专项评价(估)费,施工机构迁移费,供电贴费,联合试运转费,生产人员培训费,固定资产投资方向调节税,建设期贷款利息共十一项。各项费用均在06表内计算。

关于工程建设其他费用的计算,各省、自治区、直辖市交通厅(局)均有许多具体补充规定,计列时应予注意。

1. 土地征用及拆迁补偿费

土地征用及拆迁补偿费系指按照《中华人民共和国土地管理法》、《中华人民共和国土地管理法实施条例》、《中华人民共和国基本农田保护条例》等法律、法规的规定,为进行公路建设需征用土地所支付的土地征用及拆迁补偿费等费用。

1)费用内容

(1)土地补偿费。指被征用土地地上、地下附着物及青苗补偿费,征用城市郊区的菜地等缴纳的菜地开发建设基金,租用土地费,耕地占用税,用地图编制费及勘界费,征地管理费等。

(2)征用耕地安置补助费。指征用耕地需要安置农业人口的补助费。

(3)拆迁补偿费。指被征用或占用土地上的房屋及附属构筑物、城市公用设施等拆除、迁建补偿费,拆迁管理费等。

(4)复耕费。指临时占用的耕地、鱼塘等,待工程竣工后将其恢复到原有标准所发生的费用。

(5)耕地开垦费。指公路建设项目占用耕地的,应由建设项目法人(业主)负责补充耕地所发生的费用;没有条件开垦或者开垦的耕地不符合要求的,按规定缴纳的耕地开垦费。

(6)森林植被恢复费。指公路建设项目需要占用、征用或者临时占用林地的,经县级以上林业主管部门审核同意或批准,建设项目法人(业主)单位按照有关规定向县级以上林业主管部门预缴的森林植被恢复费。

2)计算方法

土地征用及拆迁补偿费应根据审批单位批准的建设工程用地和临时用地面积及其附着物的情况,以及实际发生的费用项目,按国家有关规定及工程所在地的省(自治区、直辖市)人民政府颁发的有关规定和标准计算。

森林植被恢复费应根据审批单位批准的建设工程占用林地的类型及面积,按国家有关规定及工程所在地的省(自治区、直辖市)人民政府颁发的有关规定和标准计算。

当与原有的电力电信设施、水利工程、铁路及铁路设施互相干扰时,应与有关部门联系,商定合理的解决方案和补偿金额,也可由这些部门按规定编制费用以确定补偿金额。

2. 建设项目管理费

建设项目管理费包括建设单位(业主)管理费、工程质量监督费、工程监理费、工程定额测定费、设计文件审查费和竣(交)工验收试验检测费。

1)建设单位(业主)管理费

建设单位(业主)管理费系指建设单位(业主)为建设项目的立项、筹建、建设、竣(交)工验收、总结等工作所发生的费用,不包括应计入设备、材料预算价格的建设单位采购及保管设备、材料所需的费用。

费用内容包括:工作人员的工资,工资性补贴,施工现场津贴,社会保障费用(基本养老、基本医疗、失业、工伤保险),住房公积金,职工福利费,工会经费,劳动保护费;办公费,会议费,差旅交通费,固定资产使用费(包括办公及生活房屋折旧、维修或租赁费,车辆折旧、维修、使用或租赁费,通信设备购置、使用费,测量、试验设备仪器折旧、维修或租赁费,其他设备折旧、维修或租赁费等),零星固定资产购置费,招募生产工人费;技术图书资料费,职工教育经费,工程招标费(不含招标文件及标底或造价控制值编制费);合同契约公证费,法律顾问费,咨询费;建设单位的临时设施费,完工清理费,竣(交)工验收费(含其他行业或部门要求的竣工验收费用),各种税费(包括房产税、车船使用税、印花税等);建设项目审计费,境内外融资费用(不含建设期贷款利息),业务招待费,安全生产管理费和其他管理性开支。

由施工企业代建设单位(业主)办理"土地、青苗等补偿费"的工作人员所发生的费用,应在建设单位(业主)管理费项目中支付。当建设单位(业主)委托有资质的单位代理招标时,其代理费应在建设单位(业主)管理费中支出。

建设单位(业主)管理费以建筑安装工程费总额为基数,按表5-23的费率,以累进办法计算。

建设单位管理费费率表

表5-23

第一部分　建筑安装工程费(万元)	费率(%)	算　例(万元)	
		建筑安装工程费	建设单位(业主)管理费
500以下	3.48	500	500×3.48%=17.4
501~1000	2.73	1000	17.4+500×2.73%=31.05
1001~5000	2.18	5000	31.05+4000×2.18%=118.25
5001~10000	1.84	10000	118.25+5000×1.84%=210.25
10001~30000	1.52	30000	210.25+20000×1.52%=514.25
30001~50000	1.27	50000	514.25+20000×1.27%=768.25
50001~100000	0.94	100000	768.25+50000×0.94%=1238.25
100001~150000	0.76	150000	1238.25+50000×0.76%=1618.25
150001~200000	0.59	200000	1618.25+50000×0.59%=1913.25
200001~300000	0.43	300000	1913.25+10000×0.43%=2343.25
300000以上	0.32	310000	2343.25+10000×0.32%=2375.25

水深>15m、跨度≥400m的斜拉桥和跨度≥800m的悬索桥等独立特大型桥梁工程的建设单位(业主)管理费按表5-19中的费率乘以1.0~1.2的系数计算;海上工程[指由于风浪影响,工程施工期(不包括封冻期)全年月平均工作日少于15d的工程]的建设单位(业主)管理费按表5-19中的费率乘以1.0~1.3的系数计算。

2)工程质量监督费

工程质量监督费系指根据国家有关部门规定,各级公路工程质量监督机构对工程建设质量和安全生产实施监督应收取的管理费用。工程质量监督费以建筑安装工程费总额为基数,按0.15%计算。

3)工程监理费

工程监理费系指建设单位(业主)委托具有公路工程监理资格的单位,按施工监理规范进行全面的监督和管理所发生的费用。

费用内容包括:工作人员的基本工资,工资性津贴,社会保障费用(基本养老、基本医疗、失业、工伤保险),住房公积金,职工福利费,工会经费,劳动保护费;办公费,会议费,差旅交通费,固定资产使用费(包括办公及生活房屋折旧、维修或租赁费,车辆折旧、维修、使用或租赁费,通信设备购置、使用费,测量、试验、检测设备仪器折旧、维修或租赁费,其他设备折旧、维修或租赁费等),零星固定资产购置费,招募生产工人费;技术图书资料费,职工教育经费,投标费用;合同契约公证费,咨询费,业务招待费;财务费用,监理单位的临时设施费,各种税费和其他管理性开支。

工程监理费以建筑安装工程费总额为基数,按表5-24的费率计算。

工程监理费费率表　　表5-24

工程类别	高速公路	一、二级公路	三、四级公路	桥梁及隧道
费率(%)	2.0	2.5	3.0	2.5

注:表中的桥梁指水深大于15m、斜拉桥和悬索桥等独立特大型桥梁工程;隧道指水下隧道工程。

建设单位(业主)管理费和工程监理费均为实施建设项目管理的费用,执行时根据建设单位(业主)和施工监理单位所实际承担的工作内容和工作量,在保证监理费用的前提下,可统筹使用。

4)工程定额测定费

工程定额测定费系指各级公路(交通)工程定额(造价管理)站为测定劳动定额、收集定额资料、编制工程定额及定额管理所需要的工作经费。

工程定额测定费以建筑安装工程费总额为基数,按0.12%计算。

5)设计文件审查费

设计文件审查费系指国家和省级交通主管部门在项目审批前,为保证勘察设计工作的质量,组织有关专家或委托有资质的单位,对设计单位提交的建设项目可行性研究报告和勘察设计文件以及对设计变更、调整概算进行审查所需要的相关费用。

设计文件审查费以建筑安装工程费总额为基数,按0.1%计算。

6)竣(交)工验收试验检测费

竣(交)工验收试验检测费系指在公路建设项目交工验收和竣工验收前,由建设单位(业主)或工程质量监督机构委托有资质的公路工程质量检测单位按照有关规定对建设项目的工程质量进行检测,并出具检测意见所需要的相关费用。

竣(交)工验收试验检测费按表5-25的规定计算。

竣(交)工验收试验检测费标准表　　表5-25

项　目	路线(元/公路公里)				独立大桥(元/座)	
	高速公路	一、二级公路	三、四级公路	桥梁及隧道	一般大桥	技术复杂大桥
试验检测费	15000	12000	10000	5000	30000	100000

关于竣(交)工验收试验检测费,高速公路、一级公路按四车道计算,二级及以下等级公路按双车道计算,每增加一条车道,按表5-25的费用增加10%。

3. 研究试验费

研究试验费系指为本建设项目提供或验证设计数据、资料进行必要的研究试验和按照设计规定在施工过程中必须进行试验、验证所需的费用,以及支付科技成果、先进技术的一次性技术转让费。该费用不包括:

(1)应由科技三项费用(即新产品试制费、中间试验费和重要科学研究补助费)开支的项目。

(2)应由施工辅助费开支的施工企业对建筑材料、构件和建筑物进行一般鉴定、检查所发生的费用及技术革新研究试验费。

(3)应由勘察设计费或建筑安装工程费用中开支的项目。

计算方法:按照设计提出的研究试验内容和要求进行编制,不需验证设计基础资料的不计本项费用。

4. 建设项目前期工作费

建设项目前期工作费系指委托勘察设计、咨询单位对建设项目进行可行性研究、工程勘察设计,以及设计、监理、施工招标文件及招标标底或造价控制值文件编制时,按规定应支付的费用。该费用包括:

(1)编制项目建议书(或预可行性研究报告)、可行性研究报告、投资估算,以及相应的勘察、设计、专题研究等所需的费用。

(2)初步设计和施工图设计的勘察费(包括测量、水文调查、地质勘探等),设计费,概(预)算及调整概算编制费等。

(3)设计、监理、施工招标文件及招标标底(或造价控制值或清单预算)文件编制费等。

计算方法:依据委托合同计列,或按国家颁发的收费标准和有关规定进行编制。

5. 专项评价(估)费

专项评价(估)费系指依据国家法律、法规规定须进行评价(评估)、咨询,按规定应支付的费用。该费用包括环境影响评价费、水土保持评估费、地震安全性评价费、地质灾害危险性评价费、压覆重要矿床评估费、文物勘察费、通航论证费、行洪论证(评估)费、使用林地可行性研究报告编制费、用地预审报告编制费等费用。

计算方法:按国家颁发的收费标准和有关规定进行编制。

6. 施工机构迁移费

施工机构迁移费系指施工机构根据建设任务的需要,经有关部门决定成建制地(指工程处等)由原驻地迁移到另一地区所发生的一次性搬迁费用。该费用不包括:

(1)应由施工企业自行负担的,在规定距离范围内调动施工力量以及内部平衡施工力量所发生的迁移费用。

(2)由于违反基建程序,盲目调迁队伍所发生的迁移费。

(3)因中标而引起施工机构迁移所发生的迁移费。

费用内容包括:职工及随同家属的差旅费,调迁期间的工资,施工机械、设备、工具、用具和周转性材料的搬运费。

计算方法:施工机构迁移费应经建设项目的主管部门同意按实计算。但计算施工机构迁移费后,如迁移地点即新工地地点(如独立大桥),则其他工程费内的工地转移费应不再计算;如施工机构迁移地点至新工地地点尚有部分距离,则工地转移费的距离,应以施工机构新地点为计算起点。

7. 供电贴费

供电贴费系指按照国家规定,建设项目应交付的供电工程贴费、施工临时用电贴费。

计算方法:按国家有关规定计列(目前停止征收)。

8. 联合试运转费

联合试运转费系指新建、改(扩)建工程项目,在竣工验收前按照设计规定的工程质量标准,进行动(静)载荷载试验所需的费用,或进行整套设备带负荷联合试运转期间所需的全部费用抵扣试车期间收入的差额。该费用不包括应由设备安装工程项下开支的调试费的费用。

费用内容包括:联合试运转期间所需的材料、油燃料和动力的消耗,机械和检测设备使用费,工具用具和低值易耗品费,参加联合试运转人员工资及其他费用等。

联合试运转费以建筑安装工程费总额为基数,独立特大型桥梁按 0.075%、其他工程按 0.05%计算。

9. 生产人员培训费

生产人员培训费系指新建、改(扩)建公路工程项目,为保证生产的正常运行,在工程竣工验收交付使用前对运营部门生产人员和管理人员进行培训所必需的费用。

费用内容包括:培训人员的工资,工资性补贴,职工福利费,差旅交通费,劳动保护费,培训及教学实习费等。

生产人员培训费按设计定员和 2000 元/人的标准计算。

10. 固定资产投资方向调节税

固定资产投资方向调节税系指为了贯彻国家产业政策,控制投资规模,引导投资方向,调整投资结构,加强重点建设,促进国民经济持续稳定协调发展,依照《中华人民共和国固定资产投资方向调节税暂行条例》规定,公路建设项目应缴纳的固定资产投资方向调节税。

计算方法:按国家有关规定计算(目前暂停征收)。

11. 建设期贷款利息

建设期贷款利息系指建设项目中分年度使用国内贷款或国外贷款部分,在建设期内应归还的贷款利息。费用内容包括各种金融机构贷款、企业集资、建设债券和外汇贷款等利息。

计算方法:根据不同的资金来源按需付息的分年度投资计算。公式如下:

建设期贷款利息 = ∑(上年末付息贷款本息累计 + 本年度付息贷款额 ÷ 2) × 年利率　(5-14)

即:

$$S = \sum_{n=1}^{N} (F_{n-1} + b_n \div 2) \times i \tag{5-15}$$

式中：S——建设期贷款利息（元）；

N——项目建设期（年）；

n——施工年度；

F_{n-1}——建设期第（$n-1$）年末需付息贷款本息累计（元）；

b_n——建设期第 n 年度付息贷款额（元）；

i——建设期贷款年利率（%）。

四、预　备　费

预备费由价差预备费及基本预备费两部分组成。在公路工程建设期限内，凡需动用预备费时，属于公路交通运输部门投资的项目，需经建设单位提出，按建设项目隶属关系，报交通运输部或交通厅（局、委）基建主管部门核定批准；属于其他部门投资的建设项目，按其隶属关系报有关部门核定批准。

1. 价差预备费

价差预备费系指设计文件编制年至工程竣工年期间，第一部分费用的人工费、材料费、机械使用费、其他工程费、间接费等，以及第二、三部分费用由于政策、价格变化可能发生上浮而预留的费用及外资贷款汇率变动部分的费用。

（1）计算方法。价差预备费以概（预）算或修正概算第一部分建筑安装工程费总额为基数，按设计文件编制年始至建设项目工程竣工年终的年数和年工程造价增涨率计算。公式如下：

$$价差预备费 = P \times [(1+i)^{n-1} - 1] \tag{5-16}$$

式中：P——建筑安装工程费总额（元）；

i——年工程造价增涨率（%）；

n——设计文件编制年至建设项目开工年 + 建设项目建设期限（年）。

（2）年工程造价增涨率按有关部门公布的工程投资价格指数计算，或由设计单位会同建设单位根据该工程人工费、材料费、施工机械使用费、其他工程费、间接费以及第二、三部分费用可能发生的上浮等因素，以第一部分建安费为基数进行综合分析预测。

（3）设计文件编制至工程完工在一年以内的工程，不列此项费用。

2. 基本预备费

基本预备费系指在初步设计和概算中难以预料的工程费用。其费用内容和计算方法如下所述。

1）费用内容

（1）在进行技术设计、施工图设计和施工过程中，在批准的初步设计和概算范围内所增加的工程费用。

（2）在设备订货时，由于规格、型号改变的价差；材料货源变更、运输距离或方式的改变以及因规格不同而代换使用等原因发生的价差。

（3）由于一般自然灾害所造成的损失和预防自然灾害所采取的措施费用。

（4）在项目主管部门组织竣（交）工验收时，验收委员会（或小组）为鉴定工程质量必须开挖和修复隐蔽工程的费用。

(5)投保的工程根据工程特点和保险合同发生的工程保险费用。

2)计算方法

以第一、二、三部分费用之和(扣除固定资产投资方向调节税和建设期贷款利息两项费用)为基数按下列费率计算:设计概算按5%计列;修正概算按4%计列;施工图预算按3%计列。

采用施工图预算加系数包干承包的工程,包干系数为施工图预算中直接费与间接费之和的3%。施工图预算包干费用由施工单位包干使用。

该包干费用的内容为:

(1)在施工过程中,设计单位对分部分项工程修改设计而增加的费用,但不包括因水文地质条件变化造成的基础变更、结构变更、标准提高、工程规模改变而增加的费用。

(2)预算审定后,施工单位负责采购的材料由于货源变更、运输距离或方式的改变以及因规格不同而代换使用等原因发生的价差。

(3)由于一般自然灾害所造成的损失和预防自然灾害所采取的措施的费用(例如一般防台风、防洪的费用)等。

五、回收金额

概(预)算定额所列材料一般不计回收,只对按全部材料计价的一些临时工程项目和由于工程规模或工期限制达不到规定周转次数的拱盔、支架及施工金属设备的材料计算回收金额。回收率见表5-26。

回收率表(%) 表5-26

回收项目	使用年数或周转次数				计算基数
	一年或一次	两年或两次	三年或三次	四年或四次	
临时电力电信线路	50%	30%	10%	—	材料原价
拱盔、支架	60%	45%	30%	15%	
施工金属设备	80%	65%	50%	30%	

注:施工金属设备指钢壳沉井、钢护筒等。

●第四节 概(预)算文件的编制●

一、概(预)算各项费用的计算程序及计算公式

各项费用之间有着紧密的联系,其计算亦有一定的规律和程序,公路工程建设各项费用的计算程序及计算方式见表5-27。

公路工程建设各项费用的计算程序及计算式 表 5-27

代号	项　目	说明及计算式
一	直接工程费(即工、料、机费)	按编制年工程所在地的预算价格计算
二	其他工程费	(一)×其他工程费综合费率或各类工程人工费和机械费之和×其他工程费综合费率
三	直接费	(一)+(二)
四	间接费	各类工程人工费×规费综合费率+(三)×企业管理费综合费率
五	利润	[(三)+(四)-规费]×利润率
六	税金	[(三)+(四)+(五)]×综合费率
七	建筑安装工程费	(三)+(四)+(五)+(六)
八	设备、工具、器具购置费(包括备品备件)	∑(设备、工具、器具购置数量×单价+运杂费)×(1+采购保管费率)
	办公和生活用家具购置费	按有关规定计算
九	工程建设其他费用	
	土地征用及拆迁补偿费	按有关规定计算
	建设单位(业主)管理费	(七)×费率
	工程质量监督费	(七)×费率
	工程监理费	(七)×费率
	工程定额测定费	(七)×费率
	设计文件审查费	(七)×费率
	竣(交)工验收试验检测费	按有关规定计算
	研究试验费	按批准的计划编制
	前期工作费	按有关规定计算
	专项评价(估)费	按有关规定计算
	施工机构迁移费	按实计算
	供电贴费	按有关规定计算
	联合试运转费	(七)×费率
	生产人员培训费	按有关规定计算
	固定资产投资方向调节税	按有关规定计算
	建设期贷款利息	按实际贷款数及利率计算
十	预备费	包括工程造价增涨预留费和预备费两项
	价差预备费	按规定的公式计算
	基本预备费	[(七)+(八)+(九)-固定资产投资方向调节税-建设期贷款利率]×费率
	预备费中施工图预算包干系数	[(三)+(四)]×费率
十一	建设项目总费用	(七)+(八)+(九)+(十)

二、概(预)算的编制步骤

概(预)算文件的编制是一项十分严肃的工作,编制质量的高低及各项计算的准确与否,直接关系着国家的经济利益。为了确保概(预)算文件的编制质量,必须根据工程概(预)算内在的规律和国家的有关规定,按一定的步骤来进行。概(预)算编制的基本步骤如图 5-7 所示。

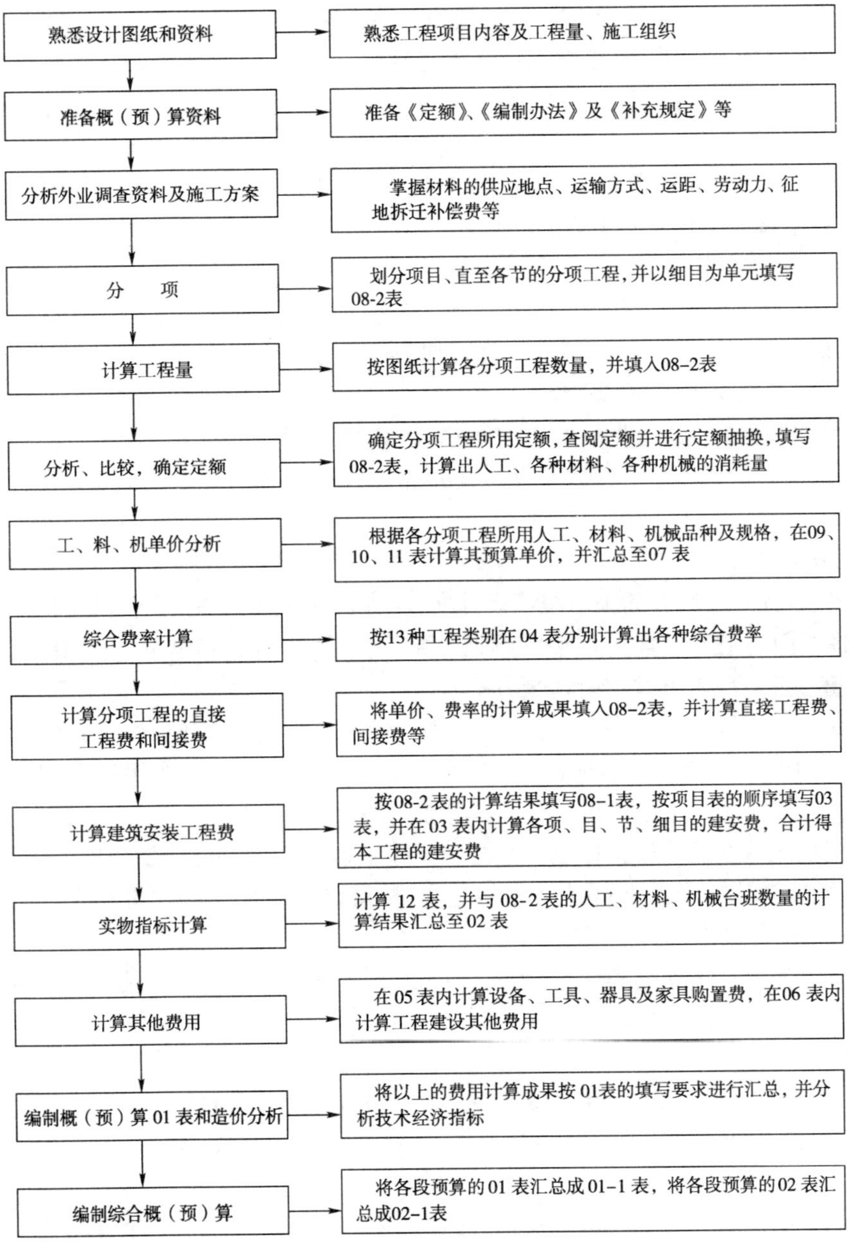

图 5-7 概(预)算编制步骤流程图

注:图中"《定额》"指现行《公路工程概算定额》或《公路工程预算定额》;"《编制办法》"指现行《公路工程基本建设项目概算预算编制办法》;"《补充规定》"指现行《公路工程基本建设项目概算预算编制办法补充规定》。

1. 熟悉设计图纸和资料

编制概算、修正概算、施工图预算等文件前，应对相应阶段的初步设计、技术设计和施工图设计内容进行检查和整理，认真阅读和核对设计图纸及有关表格，如工程一览表、工程数量表等，若图纸中所用材料规格或要求不清时，要核对查实。

2. 准备概(预)算资料

概(预)算资料包括概(预)算表格、定额和有关文件及现场调查的一系列数据等。在编制概(预)算前，应将有关文件如《公路工程基本建设项目设计文件编制办法》、《公路工程基本建设项目概算预算编制办法》、地方和中央的有关文件(如《公路工程基本建设项目概算预算编制办法补充规定》等)准备好，同时，也应将定额如《公路工程概算定额》、《公路工程预算定额》及各类补充定额等准备齐全。最后，要将概(预)算表格备齐。

3. 分析外业调查资料及施工方案

1)概(预)算调查资料分析

概(预)算资料的调查工作是一项关系到概(预)算文件质量的基础工作，一般在公路工程外业勘察时同时进行。调查的内容很广，原则上，凡对施工生产有影响的一切因素都必须调查，主要是筑路材料的来源(沿线料场及有无自采材料)，材料运输方式及运距，运费标准，占用土地的补偿费、安置费及拆迁补偿费，沿线可利用房屋及劳动力供应情况等。对这些调查资料应进行分析，若有不明确或不全的部分，应另行调查，以保证概(预)算的准确和合理。

2)施工方案分析

对与相应设计阶段配套的施工组织设计文件(尤其是施工方案)应认真分析其可行性、合理性、经济性。因为施工方案将直接影响概(预)算金额的高低和定额的查用，因此，编制概(预)算时，重点应对施工方案进行认真分析。

(1)施工方法。同一工程内容，可以采用不同的施工方法来完成，如土方施工，有人工挖土方和机械挖土方两种方法；钢筋混凝土工程既可以采用现浇施工，也可以采用预制安装等。因此，应根据工程设计的意图和要求同工程实际相结合，选择最经济的施工方法。

(2)施工机械。施工机械选择也将直接影响施工费用，因此，应根据选定的施工方法选配相应的施工机械，如挖填土方既可以采用铲运机，又可以采用挖土机配自卸汽车；又如混凝土预制构件安装，也可采用多种机械施工等。

(3)其他方面。运距远近的选择(如土方中取土坑、弃土堆的位置)，材料堆放的位置及仓库的设置，人员高峰期等。

4. 分项

公路工程概(预)算是以分项工程概(预)算表为基础计算和汇总而来的，所以工程分项是概(预)算工作中的一项重要基础工作。一般公路工程分项时必须满足如下三个方面的要求：

(1)按照概(预)算项目表的要求分项，这是基本要求。概(预)算项目表实质上是将一个复杂的建设项目分解成许多分项工程的一种科学划分方法。

(2)符合定额项目表的要求。定额项目表是定额的主体内容，分项后的分项工程必须能够在定额项目表中直接查到。

(3)符合费率的要求。其他直接费和间接费都是按不同工程类别确定的费率定额,因此,所分的项目应满足其要求。

按上面三个方面的要求分项后,便可将工程细目一一列出并填入 08 表中。

5. 计算工程量

在编制概(预)算时,应对各分项工程量按工程量计算原则进行计算。一是对设计中已有的工程量进行核对,二是对设计文件中缺少或未列的工程量进行补充计算,计算时应注意计算单位和计算规则与定额的计量单位及计算规则一致,将算得的分项工程量填入 08-2 表中。

6. 查定额

概(预)算定额就是以分项工程为对象,统一规定完成一定计量单位分项工程所需的人工、材料、机械台班消耗数量。分项工程一般是按照选用的施工方法,所使用的材料、结构构件规格等因素划分,经较为简单的施工过程就能完成,以适当的计量单位就可以计算工程量及其单价的建筑安装工程产品,是建设项目最基本的组成要素。因此,根据分项所得的工程细目(分项工程)即可从定额中查出相应的人工、材料、施工机械名称、单位及消耗量定额值。查出各分项工程的定额基价,并将查得的定额值和定额单位及定额号分别填入 08 表的有关栏目,再将各分项工程的实际工程量换算的定额单位工程数量乘以相应的定额值,即可得出各分项工程的资源消耗数量及定额基价,填入 08-2 表的数量栏中。

7. 基础单价的计算

编制概(预)算的另一项重要工作便是确定基础单价。基础单价是人工工日单价、材料预算单价和施工机械台班单价的统称。定额中除小额零星材料及小型机具用货币指标外,其他均是资源消耗的实物指标。要以货币来表现消耗,就必须计算各种资源的单价。有关单价的计算方法已在前面介绍,公路工程概(预)算的基础单价通过 09 表、10 表和 11 表来计算。

(1)根据 08-2 表中所出现的材料种类、规格及机械作业所需的燃料和水电编制 09 表。

(2)根据实际工程所发生的自采材料种类、规格,按照外业料场调查资料编制“自采材料料场价格计算表”(10 表),并将计算结果汇入 09 表的材料原价栏中。

(3)根据 08-2 表、10 表中所出现的所有机械种类和 09 表中自办运输的机械种类,计算工程所有机械的台班单价,即编制“机械台班单价计算表”(11 表)。

(4)根据地区类别和地方规定等资料计算人工工日单价。

(5)将上面(1)、(2)、(3)、(4)项所算得的各基础单价汇总,编制人工、材料、机械单价汇总表(07 表)。

8. 计算各分项工程的直接费和间接费

有了各分项工程的资源消耗数量及基础单价,便可计算其直接费与间接费。

(1)将 07 表的单价填入 08-2 表中的单价栏,由单价与数量相乘得出人工费、材料费、机械使用费,并可算得工、料、机合计费用。

(2)根据工程类别和工程所在地区,取定各项费率并计算其他工程费和间接费的综合费率,即编制 04 表。

(3)将 04 表中各费率填入 08-2 表中的相应栏目,计算其他工程费和间接费等。

9. 计算建筑安装工程费

建筑安装工程费通过 03 表计算。

(1)将08-2表中各分项工程的直接费、间接费按工程项(或目)(单位工程)汇总填入03表中的相应栏目。

(2)按要求确定利润、税金的百分率,并填入03表的有关栏目。

(3)计算利润。

(4)计算税金。

(5)纵向合计各单位工程的直接费、间接费、利润和税金,得到各单位工程的建筑安装工程费,总计各单位工程的建安费,得到工程项目的建安费,完成03表的计算。

10. 实物指标计算

概(预)算还必须编制工程项目的实物消耗量指标,这可通过02表和12表的计算完成。

(1)将09表和10表、11表中的人工、材料、机械消耗量及机械实物消耗量汇总编制辅助生产工、料、机单位数量表(12表)。

(2)汇总08-2表中人工、主要材料、机械台班数量。

(3)计算各种增工数量。

(4)合计上面(1)、(2)、(3)项中的各项数据,得出工程概(预)算的实物数量,即得到02表。

11. 计算其他有关费用

按规定计算第二部分和第三部分费用,即编制05表和06表。同时可以在06表中计算回收金额及预留费用。

12. 编制总概(预)算表并进行造价分析

(1)编制总概(预)算表。将03表、05表、06表中的各项填入01表中相应栏目,并计算各项技术经济指标。

(2)造价分析。根据概(预)算总金额、各单位工程或分项工程的费用比值和各项技术经济指标进行全面分析,对设计提出修改建议和从经济角度对设计是否合理予以评价,找出挖潜措施。

13. 编制综合概(预)算

根据建设项目要求,当分段或分部编制01表和02表时,需要汇总编制综合概(预)算。

(1)汇总各种概(预)算表,编制"总概(预)算汇总表"(01-1表)。

(2)汇总各段的02表,编制"总概(预)算人工、主要材料、机械台班数量汇总表"(02-1表)。

14. 编制说明

概(预)算表格计算并编制完成后,必须编制概(预)算说明,主要说明概(预)算编制依据,编制中存在的问题,工程总造价的货币和实物量指标及其他与概(预)算有关但不能在表格中反映的事项。

三、概(预)算编制注意事项

概(预)算编制时应注意的事项很多,下面只简要说明其中的几个主要方面。

(1)注意表格之间的内在联系,理清其交叉关系。

概(预)算表格是一个有机的整体,互相联系,相互补充,通过这些表格反映整个工程的资源消耗,因此,应熟练掌握各表格之间的内在联系。各表之间的关系见图5-2。特别是其中的07表、08-2表、09表、10表、11表等五个表格,在编制时交叉进行,这点需要特别注意。如10表中出现的外购材料单价及11表中出现的动力燃料单价通过09表计算,但要注意其运料终点是"料场"还是"工地料库"等。09表中出现的自办运输台班单价和10表中出现的机械台班单价通过11表计算。

(2)08-2表的"工程名称"(即01表中"项"的名称)要按项目填列,应注意将费率相同的各"目"填列于一张表中,以便于小计。

(3)注意各取费费率适用范围的说明,如无路面的便道工程属于土方,有路面的便道工程属于路面等。

(4)使用定额时,一定要注意其小注和章、节说明等,如所有材料的运输及装卸定额中均未包括堆、码方工日等。

(5)按地方的规定计算有关费用时,要注意各地规定中的细节要求,如各省制订的《汽运规则实施细则》中,对15km以下短途运输的计价方法就不相同。

(6)编制中应注意公路工程概(预)算的工程费用中属非公路专业的工程,应执行有关专业部门的直接工程费定额和相应的间接费定额。一般工业与民用建筑应执行所在地的地区统一直接工程费定额和相应的间接费定额,但其他费用应按公路工程其他费用项目划分及计算办法编制。

第五节　公路工程概(预)算编制实例

一、工程内容

1.项目概况

本工程是河北省某工业园区市道路新建工程,里程0.869km,主要包括路基、路面、涵洞、交叉、交通工程及沿线设施等内容。

2.技术标准

1)公路等级

公路等级为汽车专用二级公路

2)路基宽度

采用双向两车道,路基设计宽度12m,路面横坡2%,路肩横坡3%。

3)计算荷载

桥涵构造物计算荷载采用公路—II级,宽度与路基同宽。

4)设计洪水频率

路基和大中桥及涵洞设计洪水频率为1/50。

二、预算文件说明

1.编制依据

(1)《公路工程基本建设项目概算预算编制办法》(JTG B06—2007),以及河北省交通厅

《公路工程基本建设项目概预算编制补充规定》。

(2)《公路工程预算定额》(JTG/T B06-02—2007)。

(3)《公路工程机械台班费用定额》(JTG/T B06-03—2007)。

(4)1999 年 9 月 24 日河北省人民政府第九届人民代表大会通过的《河北省土地管理条例》。

(5)2003 年 10 月 22 日省政府第 13 次常务会议通过的《河北省地方教育附加征收使用管理规定》。

(6)河北省人民政府令 2007 年第 7 号《河北省车船税实施办法》。

(7)人工费,按河北省交通厅 704 号文的规定,人工费按 46.85 元/工日计算。

(8)材料单价按照市场价格进行编制,土地按实地情况测定。

(9)运价,按省[1991]冀交运字 12 号文《河北省运价规定》执行。

(10)其他工程费和间接费综合费率采用地省级标准。

(11)不考虑第三部分工程建设其他费用。

(12)本项目施工图设计文件。

2. 费用标准

(1)人工费。按省"规定"的 46.85 元/工日计取。

(2)材料费。外购材料主要采用市场价及现场调查,并以河北省定额站造价信息网公布价为参考综合取用。砂石等地方材料以调查的料场价格结合唐山市公路工程材料价格信息计取。

(3)机械使用费。按省"规定"计算机械台班费、车船使用税。

(4)其他工程费、间接费。按省"规定"计取各项费率。

(5)工程造价增涨预留费。按国家计委计投资[1999]1340 号文件精神,不计。

(6)供电贴费。根据国家纪委投资[1993]116 号《关于调整供电贴费和加强供电贴费管理的通知》不考虑供电贴费。

3. 预算结果

本项目预算总金额为 3233767 元,人工总数量 4838 工日。

三、示 例 表 格

封面、目录省略。08 表仅以路基工程、路面工程、涵洞工程等部分表格为例计算,故下列示例表 5-28 ~ 表 5-37 编号不连续。

表 5-28

总 预 算 表

建设项目名称:某工业园区道路新建工程 C 线

编制范围:K0+000~K0+869

第 1 页 共 2 页 01 表

项	目	节	细目	工程或费用名称	单位	数量	预算金额(元)	技术经济指标	各项费用比例(%)	备注
				第一部分 建筑安装工程费	公路公里		3233767		100.00	
二				路基工程	km		640058		19.79	
	1			场地清理	km		10423			
		1		伐树挖根	棵	320.000	10423	32.57		
	2			挖方	m^3		88097			
		1		挖土方	m^3	28234.300	88097	3.12		
	3			填方	m^3		428230			
		1		借土方填筑	m^3	4429.400	97956	22.11		
		2		利用土方填筑	m^3	28234.000	330274	11.70		
	4			特殊路基处理	km		89956			
		1		路基换填		1171.200	89956	76.81		
	5			整修路基	km		23352			
		1		机械整修路基	m^2	10612.100	1775	0.17		
		2		整修边坡	km	0.869	21577	24829.69		
三				路面工程	km		2226866		68.86	
	1			路面垫层	m^2		125111			
		1		砂砾垫层 20cm	m^2	9980.490	125111	12.54		
	2			路面底基层	m^2		316969			
		1		石灰粉煤灰稳定碎石底基层	m^2	10612.100	316969	29.87		
	3			路面基层	m^2		295415			
		1		石灰粉煤灰稳定碎石基层	m^2	9856.200	295415	29.97		
	4			透层、黏层、封层	m^2		56861			
		1		透层	m^2	9870.500	39682	4.02		
		2		黏层	m^2	8847.300	17179	1.94		
	5			沥青混凝土面层	m^2		615932			
		1		中粒式沥青混凝土面层 5cm	m^2	9856.200	352869	35.80		
		2		细粒式沥青混凝土面层	m^2	8716.600	263063	30.18		
	6			基层厂拌设备安拆	座	1.000	146535	146535.00		
		1		生产能力 100t/h 以内稳定土厂拌设备安拆	座	1.000	146535	146535.00		

编制: 复核:

续上表

建设项目名称:某工业园区道路新建工程 C 线

编制范围:K0 +000 ~ K0 +869

第 2 页　共 2 页　01 表

项	目	节	细目	工程或费用名称	单位	数量	预算金额(元)	技术经济指标	各项费用比例(%)	备注
	7			沥青混凝土厂拌设备安拆	座	1.000	621532	621532.00		
		1		生产能力 160t/h 以内沥青混凝土厂拌设备安拆	座	1.000	621532	621532.00		
	8			路槽、路肩及中央分隔带	km		48511			
		1		路缘石	m^3	63.500	48511	763.95		
四				桥梁涵洞工程	km		65097		2.01	
	1			涵洞工程	m/道		65097			
		1		1—φ1.0m 钢筋混凝土管涵	m/道	44.000 / 1.000	65097	1479.48 / 65097.00		
五				交叉工程	处		126694		3.92	
	1			平面交叉道	处	2.000	126694	63347.00		
		1		公路与公路平面交叉	处	2.000	126694	63347.00		
七				公路设施及预埋管线工程	公路公里		175052		5.41	
	1			安全设施	公路公里		175052			
		1		公路标线	m^2	270.040	3470	12.85		
		2		示警桩	根	12.000	1204	100.33		
		3		里程碑、百米桩、公路界碑	块		454			
			1	百米桩	根	8.000	86	10.75		
			2	界碑	根	6.000	368	61.33		
		4		单柱式标志牌	块	8.000	16466	2058.25		
		5		单悬臂式标志牌	块	3.000	153458	51152.67		
				第二部分 设备及工具、器具购置费	公路公里					
				第三部分 工程建设其他费用	公路公里					
				第一、二、三部分费用合计	公路公里		3233767		100.00	
				预备费	元					
一				1. 价差预备费	元					
二				2. 基本预备费	元					
				新增加费用项目(不作预备费基数)	公路公里					
				预算总金额	元		3233767		100.00	
				其中:回收金额	元					
				公路基本造价	公路公里		3233767		100.00	

编制:　　　　复核:

人工、主要材料、机械台班数量汇总表

表 5-29

建设项目名称:某工业园区道路新建工程 C 线

编制范围:K0 +000 ~ K0 +869

第 1 页　共 4 页　02 表

序号	规格名称	单位	总数量	分项统计										场外运输损耗	
				路基工程	路面工程	桥梁涵洞工程	交叉工程	公路设施及预埋管线工程				辅助生产	其他	%	数量
1	人工	工日	4838	766	3217	77	67	94					618		
2	机械工	工日	1053	619	407	2	19	6							
3	原木	m^3	0			0		0							
4	锯材木中板 $\delta=19\sim35$mm	m^3	0		0	0	0	0							
5	光圆钢筋直径 10 ~ 14mm	t	0					0							
6	型钢	t	0		0	0	0	0							
7	钢板	t	0		0		0								
8	钢管	t	0			0									
9	电焊条	kg	1		1		0	0							
10	钢管立柱	t	1					1							
11	组合钢模板	t	0		0	0		0							
12	铁件	kg	156		141	2	1	11							
13	镀锌铁件	kg	1792					1792							
14	铁钉	kg	2			0		2							
15	8 ~ 12 号铁丝	kg	2			2									
16	20 ~ 22 号铁丝	kg	2					2							
17	铝合金标志	t	3					3							
18	油漆	kg	5					5							
19	标线漆	kg	132					132							

编制:　　　　复核:

续上表

建设项目名称：某工业园区道路新建工程 C 线

编制范围：K0＋000～K0＋869

第 2 页　共 4 页　02 表

序号	规格名称	单位	总数量	分项统计										场外运输损耗	
				路基工程	路面工程	桥梁涵洞工程	交叉工程	公路设施及预埋管线工程				辅助生产	其他	%	数量
20	反光膜	m^2	442					442							
21	32.5 级水泥	t	239		221	2	3	11						1.00	2
22	石油沥青	t	120		110		9								
23	重油	kg	11533		10625		908								
24	汽油	kg	699		453	57	47	141							
25	柴油	kg	40351	27478	12273		601								
26	煤	t	3		2		0							1.00	0
27	电	kW·h	11335		10470		863	2							
28	水	m^3	2151		2031	12	70	39							
29	生石灰	t	526		471		39							3.00	15
30	砂	m^3	397		357		31							2.50	10
31	中(粗)砂	m^3	774		730	5	4	16						2.50	19
32	砂砾	m^3	4408	1523	2545	42	255							1.00	44
33	片石	m^3	768		761	7									
34	粉煤灰	m^3	1636		1466		123							3.00	48
35	矿粉	t	115		103		9							3.00	3
36	碎 石(2cm)	m^3	1			0		1						1.00	0
37	碎 石(4cm)	m^3	218		183		6	26						1.00	2
38	碎 石(8cm)	m^3	2					2						1.00	0

编制：　　　　复核：

续上表

建设项目名称:某工业园区道路新建工程 C 线

编制范围:K0 + 000 ~ K0 + 869

第 3 页　共 4 页　02 表

序号	规格名称	单位	总数量	分项统计										场外运输损耗	
				路基工程	路面工程	桥梁涵洞工程	交叉工程	公路设施及预埋管线工程				辅助生产	其他	%	数量
39	碎石	m^3	4477		4090		342							1.00	44
40	石屑	m^3	250		228		19							1.00	2
41	路面用碎石(1.5cm)	m^3	459		417		37							1.00	5
42	路面用碎石(2.5cm)	m^3	280		256		21							1.00	3
43	块石	m^3	981		974	8									
44	其他材料费	元	1260		1071	9	65	115							
45	设备摊销费	元	30649		30423		226								
46	75kW 以内履带式推土机	台班	15	15											
47	135kW 以内履带式推土机	台班	41	41											
48	$0.6m^3$ 履带式单斗挖掘机	台班	19		19										
49	$1.0m^3$ 履带式单斗挖掘机	台班	63	63											
50	$2.0m^3$ 轮胎式装载机	台班	23		21		2								
51	120kW 以内平地机	台班	50	47	3		0								
52	6 ~ 8t 光轮压路机	台班	49	36	11		1								
53	8 ~ 10t 光轮压路机	台班	1	1											
54	12 ~ 15t 光轮压路机	台班	38	1	34		3								
55	15t 以内振动压路机	台班	46	46											
56	100t/h 以内稳定土厂拌设备	台班	17		16		1								
57	12.5m 稳定土摊铺机	台班	4		4		0								

编制:　　　　复核:

续上表

建设项目名称：某工业园区道路新建工程 C 线

编制范围：K0 + 000 ~ K0 + 869　　　　第 4 页　　共 4 页　　02 表

序号	规格名称	单位	总数量	分项统计									场外运输损耗	
				路基工程	路面工程	桥梁涵洞工程	交叉工程	公路设施及预埋管线工程			辅助生产	其他	%	数量
58	4000L 以内沥青洒布车	台班	1		1		0							
59	160t/h 以内沥青混合料拌和设备	台班	2		2		0							
60	9.0m 以内带自动找平沥青混合料摊铺机	台班	3		2		0							
61	16 ~ 20t 轮胎式压路机	台班	1		1		0							
62	20 ~ 25t 轮胎式压路机	台班	2		1		0							
63	汽车式画线车	台班	1					1						
64	250L 以内强制式混凝土搅拌机	台班	9		9		0	0						
65	3t 以内载货汽车	台班	0					0						
66	4t 以内载货汽车	台班	12		10		1	2						
67	5t 以内自卸汽车	台班	2		2		0							
68	15t 以内自卸汽车	台班	185	154	28		2							
69	15t 以内平板拖车组	台班	5		5									
70	20t 以内平板拖车组	台班	9		9									
71	6000L 以内洒水汽车	台班	13		12		1							
72	5t 以内汽车式起重机	台班	4			2		2						
73	12t 以内汽车式起重机	台班	3		3									
74	20t 汽车式起重机	台班	27		27									
75	40t 汽车式起重机	台班	9		9									
76	75t 汽车式起重机	台班	18		18									
77	32kV · A 交流电弧焊机	台班	0		0		0	0						
78	小型机具使用费	元	1276		1248	10	4	14						

编制：　　　　　　　　　　　　复核：

表 5-30

建筑安装工程费计算表

建设项目名称:某工业园区道路新建工程 C 线

编制范围:K0 +000 ~ K0 +869

第 1 页　共 2 页　03 表

序号	工程名称	单位	工程量	直接费(元)						间接费(元)	利润(元)费率4.0%	税金(元)综合税率3.41%	建筑安装工程费	
				直接工程费				其他工程费	合计				合计(元)	单价(元)
				人工费	材料费	机械使用费	合计							
1	2	3	4	5	6	7	8	9	10	11	12	13	14	15
1	伐树挖根	棵	320.000	4648		2678	7325	287	7612	2151	316	344	10423	32.57
2	挖土方	m^3	28234.300	5952		67927	73880	2793	76672	5334	3185	2905	88097	3.12
3	借土方填筑	m^3	4429.400	1367		21514	22880	865	23745	1461	986	893	27086	6.12
4	利用土方填筑	m^3	28234.000	8712		278603	287315	7791	295106	12127	12150	10891	330274	11.70
5	路基换填	m^3	1171.200	1506	58365	17636	77508	2833	80341	3325	3323	2966	89955	76.81
6	机械整修路基	m^2	10612.100			1531	1531	58	1589	61	66	59	1775	0.17
7	整修边坡	km	0.869	13708			13708	537	14245	6029	592	712	21577	24829.98
8	砂砾垫层 20cm	m^2	9980.490	421	97571	9670	107663	4403	112066	4272	4647	4126	125111	12.54
9	石灰粉煤灰稳定碎石底基层	m^2	10612.100	5469	228306	37870	271645	10831	282476	12336	11705	10452	316970	29.87
10	石灰粉煤灰稳定碎石基层	m^2	9856.200	5079	212042	36057	253178	10095	263273	11491	10909	9741	295415	29.97
11	透层	m^2	9870.500	647	32571	746	33964	1389	35354	1554	1466	1309	39682	4.02
12	黏层	m^2	8847.300	290	14255	156	14701	601	15302	676	634	566	17179	1.94
13	中粒式沥青混凝土面层 5cm	m^2	9856.200	1614	256783	47753	306150	14056	320206	7927	13100	11636	352869	35.80
14	细粒式沥青混凝土面层	m^2	8716.600	1167	193335	33740	228243	10483	238726	5896	9766	8675	263063	30.18

编制:　　　　复核:

续上表

建设项目名称：某工业园区道路新建工程 C 线

编制范围：K0 + 000 ~ K0 + 869　　　　第 2 页　　共 2 页　　03 表

序号	工程名称	单位	工程量	直接费(元)						间接费(元)	利润(元)	税金(元)	建筑安装工程费	
				直接工程费				其他工程费	合计		费率 4.0%	综合税率 3.41%	合计(元)	单价(元)
				人工费	材料费	机械使用费	合计							
15	生产能力 100t/h 以内稳定土厂拌设备安拆	座	1.000	24399	52609	40570	117578	4809	122387	14242	5075	4832	146535	146535.10
16	生产能力 160t/h 以内沥青混凝土厂拌设备安拆	座	1.000	94628	298713	112693	506034	23429	529464	49912	21661	20495	621532	621532.11
17	路缘石	m^3	63.500	16987	14751	4246	35985	1325	37310	8058	1543	1600	48511	763.95
18	1—ϕ1.0m 钢筋混凝土管涵	m/道	44.000	3609	4359	1094	9062	498	9560	1929	402	405	12296	279.46
19	公路与公路平面交叉	处	2.000	3131	90751	14673	108555	4608	113163	4689	4664	4178	126694	63346.90
20	公路标线	m^2	270.040	278	1969	567	2814	155	2969	262	125	114	3470	12.85
21	示警桩	根	12.000	315	529	57	900	50	950	174	40	40	1204	100.30
22	百米桩	根	8.000	22	40	2	64	4	68	12	3	3	86	10.77
23	界碑	根	6.000	95	171	10	275	15	290	53	12	12	368	61.26
24	单柱式标志牌	块	8.000	796	12903	373	14073	515	14588	735	600	543	16465	2058.18
25	单悬臂式标志牌	块	3.000	2880	128831	1086	132797	4860	137657	5078	5663	5060	153458	51152.82
	各项费用合计	公路公里	0.869	197722	1698853	731254	2627829	107291	2735120	159786	112633	102557	3110096	3578936.87

编制：　　　　复核：

其他工程费及间接费费用计算表

表 5-31

建设项目名称:某工业园区道路新建工程 C 线

编制范围:K0+000 ~ K0+869　　　　第 1 页　　共 2 页　　04-1 表

序号	项目名称	其他工程费(元)													间接费(元)												
		冬季施工增加费	雨季施工增加费	夜间施工增加费	高原地区施工增加费	风沙地区施工增加费	沿海地区施工增加费	行车干扰工程施工增加费	安全及文明施工措施费	临时设施费	施工辅助费	工地转移费	综合费用		规费							企业管理费					
													I	II	养老保险费	失业保险费	医疗保险费	住房公积金	工伤保险费	生育保险费	综合费用	基本费用	主副食运费补贴	职工探亲路费	职工取暖补贴	财务费用	综合费用
1	2	3	4	5	6	7	8	9	10	11	12	13	14	15	16	17	18	19	20	21	22	23	24	25	26	27	28
1	伐树挖根	56	8						43	115	65		287		930	93	302	465	46	23	1859	256	24	8	5		292
2	挖土方	864	81						436	1049	362		2793		1190	119	387	595	60	30	2381	2500	184	169	101		2953
3	借土方填筑	268	25						135	325	112		865		273	27	89	137	14	7	547	774	57	52	31		915
4	利用土方填筑	2004	316						1158	3373	941		7791		1742	174	566	871	87	44	3485	7005	723	534	381		8642
5	路基换填	297	73						668	1308	488		2833		301	30	98	151	15	8	603	2390	137	128	67		2723
6	机械整修路基	18	2						9	22	8		58									52	4	4	2		61
7	整修边坡	104	15						81	215	122		537		2742	274	891	1371	137	69	5483	479	44	14	9		546
8	砂砾垫层 20cm	398	97						1098	2013	797		4403		84	8	27	42	4	2	168	3676	168	179	81		4104
9	石灰粉煤灰稳定碎石底基层	987	247						2679	4973	1945		10831		1094	109	355	547	55	27	2188	9054	435	450	210		10149
10	石灰粉煤灰稳定碎石基层	920	230						2498	4635	1813		10095		1016	102	330	508	51	25	2032	8440	406	419	195		9460
11	透层	126	31						346	635	251		1389		129	13	42	65	6	3	259	1160	53	57	25		1295
12	黏层	54	13						150	275	109		601		58	6	19	29	3	1	116	502	23	24	11		560
13	中粒式沥青混凝土面层 5cm	2456	307						3030	5839	2424		14056		323	32	105	161	16	8	646	6097	484	448	252		7281
14	细粒式沥青混凝土面层	1832	229						2260	4354	1808		10483		233	23	76	117	12	6	467	4546	361	334	188		5429

编制:　　　　复核:

续上表

建设项目名称：某工业园区道路新建工程 C 线

编制范围：K0 + 000 ~ K0 + 869　　　　第 2 页　　共 2 页　　04-1 表

序号	项目名称	其他工程费(元)：冬季施工增加费	其他工程费(元)：雨季施工增加费	其他工程费(元)：夜间施工增加费	其他工程费(元)：高原地区施工增加费	其他工程费(元)：风沙地区施工增加费	其他工程费(元)：沿海地区施工增加费	其他工程费(元)：行车干扰工程施工增加费	其他工程费(元)：安全及文明施工措施费	其他工程费(元)：临时设施费	其他工程费(元)：施工辅助费	其他工程费(元)：工地转移费	其他工程费(元)：综合费用 I	其他工程费(元)：综合费用 II	间接费(元)：规费：养老保险费	间接费(元)：规费：失业保险费	间接费(元)：规费：医疗保险费	间接费(元)：规费：住房公积金	间接费(元)：规费：工伤保险费	间接费(元)：规费：生育保险费	间接费(元)：规费：综合费用	间接费(元)：企业管理费：基本费用	间接费(元)：企业管理费：主副食运费补贴	间接费(元)：企业管理费：职工探亲路费	间接费(元)：企业管理费：职工取暖补贴	间接费(元)：企业管理费：财务费用	间接费(元)：企业管理费：综合费用
15	生产能力 100t/h 以内稳定土厂拌设备安拆	435	106						1199	2199	870		4809		4880	488	1586	2440	244	122	9760	4014	184	196	88		4482
16	生产能力 160t/h 以内沥青混凝土厂拌设备安拆	4099	506						5060	9716	4048		23429		18926	1893	6151	9463	946	473	37851	10113	794	741	413		12061
17	路缘石	124	34						319	617	232		1325		3397	340	1104	1699	170	85	6795	1113	62	58	30		1264
18	1—ϕ1.0m 钢筋混凝土管涵	68	7						65	240	118		498		722	72	235	361	36	18	1444	424	22	28	11		485
19	公路与公路平面交叉	596	103						1073	2024	813		4608		626	63	204	313	31	16	1252	3007	173	171	86		3437
20	公路标线	21	2						20	75	37		155		56	6	18	28	3	1	111	132	7	9	3		151
21	示警桩	7	1						6	24	12		50		63	6	20	31	3	2	126	42	2	3	1		48
22	百米桩	0	0						0	2	1		4		4	0	1	2	0	0	9	3	0	0	0		3
23	界碑	2	0						2	7	4		15		19	2	6	10	1	0	38	13	1	1	0		15
24	单柱式标志牌	13							75	349	79		515		159	16	52	80	8	4	319	353	29	23	10		416
25	单悬臂式标志牌	120							704	3293	744		4860		576	58	187	288	29	14	1152	3331	275	220	99		3926
26	合计	15868	2432						23117	47675	18200		107291		39544	3954	12852	19772	1977	989	79089	69474	4652	4271	2300		80697

编制：　　　　　　　　　　　　　　　　复核：

其他工程费及间接费综合费率计算表

表 5-32

建设项目名称:某工业园区道路新建工程 C 线

编制范围:K0 +000 ~ K0 +869　　　　第 1 页　共 1 页　04 表

序号	工程类别	其他工程费费率(%)													间接费费率(%)												
													综合费率		规费							企业管理费					
		冬季施工增加费	雨季施工增加费	夜间施工增加费	高原地区施工增加费	风沙地区施工增加费	沿海地区施工增加费	行车干扰工程施工增加费	安全及文明施工措施费	临时设施费	施工辅助费	工地转移费	I	II	养老保险费	失业保险费	医疗保险费	住房公积金	工伤保险费	生育保险费	综合费率	基本费用	主副食运费补贴	职工探亲路费	职工取暖补贴	财务费用	综合费率
1	2	3	4	5	6	7	8	9	10	11	12	13	14	15	16	17	18	19	20	21	22	23	24	25	26	27	28
01	人工土方	0.760	0.110						0.590	1.570	0.890		3.920		20.000	2.000	6.500	10.000	1.000	0.500	40.000	3.360	0.310	0.100	0.060		3.830
02	机械土方	1.170	0.110						0.590	1.420	0.490		3.780		20.000	2.000	6.500	10.000	1.000	0.500	40.000	3.260	0.240	0.220	0.132		3.852
03	汽车运输	0.210	0.110						0.210	0.920	0.160		1.610		20.000	2.000	6.500	10.000	1.000	0.500	40.000	1.440	0.250	0.140	0.126		1.956
04	人工石方	0.150	0.070						0.590	1.600	0.850		3.260		20.000	2.000	6.500	10.000	1.000	0.500	40.000	3.450	0.240	0.100	0.060		3.850
05	机械石方	0.210	0.100						0.590	1.970	0.460		3.330		20.000	2.000	6.500	10.000	1.000	0.500	40.000	3.280	0.220	0.220	0.102		3.822
06	高级路面	0.810	0.100						1.000	1.920	0.800		4.630		20.000	2.000	6.500	10.000	1.000	0.500	40.000	1.910	0.150	0.140	0.078		2.278
07	其他路面	0.370	0.090						1.020	1.870	0.740		4.090		20.000	2.000	6.500	10.000	1.000	0.500	40.000	3.280	0.150	0.160	0.072		3.662
08	构造物 I	0.750	0.080						0.720	2.650	1.300		5.500		20.000	2.000	6.500	10.000	1.000	0.500	40.000	4.440	0.230	0.290	0.114		5.074
09	构造物 II	0.920	0.080						0.780	3.140	1.560		6.480		20.000	2.000	6.500	10.000	1.000	0.500	40.000	5.530	0.250	0.340	0.120		6.240
10	构造物 III(一般)	1.810	0.170						1.570	5.810	3.030		12.390		20.000	2.000	6.500	10.000	1.000	0.500	40.000	9.790	0.450	0.550	0.222		11.012
10-1	构造物 III(室内管道)	1.810							1.570	5.810	3.030		12.220		20.000	2.000	6.500	10.000	1.000	0.500	40.000	9.790	0.450	0.550	0.222		11.012
10-2	构造物 III(安装工程)	1.810							0.785	5.810	3.030		11.435		20.000	2.000	6.500	10.000	1.000	0.500	40.000	9.790	0.450	0.550	0.222		11.012
11	技术复杂大桥	1.050	0.100						0.860	2.920	1.680		6.610		20.000	2.000	6.500	10.000	1.000	0.500	40.000	4.720	0.200	0.200	0.102		5.222
12	隧道	0.350							0.730	2.570	1.230		4.880		20.000	2.000	6.500	10.000	1.000	0.500	40.000	4.220	0.190	0.270	0.084		4.764
13	钢材及钢结构(一般)	0.090							0.530	2.480	0.560		3.660		20.000	2.000	6.500	10.000	1.000	0.500	40.000	2.420	0.200	0.160	0.072		2.852
13-1	钢材及钢结构(金属标志牌等)	0.090							0.530	2.480	0.560		3.660		20.000	2.000	6.500	10.000	1.000	0.500	40.000	2.420	0.200	0.160	0.072		2.852

编制:　　　　复核:

表 5-33

人工、材料、机械台班单价汇总表

建设项目名称：某工业园区道路新建工程 C 线

编制范围：K0 + 000 ~ K0 + 869　　　　第 1 页　共 3 页　07 表

序号	名　称	单　位	代　号	预算单价(元)	备　注
1	人工	工日	1	46.85	
2	机械工	工日	2	46.85	
3	原木	m^3	101	1421.16	
4	锯材木中板 $\delta = 19 \sim 35mm$	m^3	102	1605.66	
5	光圆钢筋直径 10 ~ 14mm	t	111	4034.91	
6	型钢	t	182	5264.91	
7	钢板	t	183	4803.66	
8	钢管	t	191	4086.16	
9	电焊条	kg	231	6.17	
10	钢管立柱	t	247	6096.87	
11	组合钢模板	t	272	4884.87	
12	铁件	kg	651	6.50	
13	镀锌铁件	kg	652	7.00	
14	铁钉	kg	653	6.00	
15	8 ~ 12 号铁丝	kg	655	6.50	
16	20 ~ 22 号铁丝	kg	656	6.50	
17	铝合金标志	t	668	24276.87	
18	油漆	kg	732	7.20	
19	标线漆	kg	733	14.88	
20	反光膜	m^2	740	90.00	
21	32.5 级水泥	t	832	369.45	
22	石油沥青	t	851	3701.58	
23	重油	kg	861	3.80	
24	汽油	kg	862	7.50	
25	柴油	kg	863	7.10	
26	煤	t	864	800.00	

编制：　　　　复核：

续上表

建设项目名称:某工业园区道路新建工程 C 线

编制范围:K0 +000 ~ K0 +869

第 2 页　共 3 页　07 表

序号	名称	单位	代号	预算单价(元)	备注
27	电	kW · h	865	1.03	
28	水	m^3	866	2.00	
29	生石灰	t	891	269.85	
30	砂	m^3	897	56.10	
31	中(粗)砂	m^3	899	56.10	
32	砂砾	m^3	902	38.34	
33	片石	m^3	931	61.34	
34	粉煤灰	m^3	945	57.87	
35	矿粉	t	949	137.14	
36	碎 石(2cm)	m^3	951	55.49	
37	碎 石(4cm)	m^3	952	55.49	
38	碎 石(8cm)	m^3	954	60.67	
39	碎 石	m^3	958	55.49	
40	石屑	m^3	961	34.78	
41	路面用碎石(1.5cm)	m^3	965	60.67	
42	路面用碎石(2.5cm)	m^3	966	60.67	
43	块石	m^3	981	156.76	
44	其他材料费	元	996	1.00	
45	设备摊销费	元	997	1.00	
46	75kW 以内履带式推土机	台班	1003	729.13	
47	135kW 以内履带式推土机	台班	1006	1394.62	
48	0.6m^3 履带式单斗挖掘机	台班	1027	576.88	
49	1.0m^3 履带式单斗挖掘机	台班	1035	963.01	
50	2.0m^3 轮胎式装载机	台班	1050	911.72	
51	120kW 以内平地机	台班	1057	1091.40	
52	6 ~ 8t 光轮压路机	台班	1075	291.66	

编制:　　复核:

续上表

建设项目名称:某工业园区道路新建工程 C 线

编制范围:K0 +000 ~ K0 +869　　　　第 3 页　共 3 页　07 表

序号	名　称	单　位	代　号	预算单价(元)	备　注
53	8 ~ 10t 光轮压路机	台班	1076	329.07	
54	12 ~ 15t 光轮压路机	台班	1078	498.44	
55	15t 以内振动压路机	台班	1088	931.31	
56	100t/h 以内稳定土厂拌设备	台班	1158	671.12	
57	12.5m 稳定土摊铺机	台班	1166	2790.57	
58	4000L 以内沥青洒布车	台班	1193	546.45	
59	160t/h 以内沥青混合料拌和设备	台班	1205	25850.59	
60	9.0m 以内带自动找平沥青混合料摊铺机	台班	1213	2419.25	
61	16 ~ 20t 轮胎式压路机	台班	1224	709.35	
62	20 ~ 25t 轮胎式压路机	台班	1225	868.56	
63	汽车式画线车	台班	1232	512.59	
64	250L 以内强制式混凝土搅拌机	台班	1272	119.75	
65	3t 以内载货汽车	台班	1371	328.53	
66	4t 以内载货汽车	台班	1372	409.81	
67	5t 以内自卸汽车	台班	1383	519.05	
68	15t 以内自卸汽车	台班	1388	1000.62	
69	15t 以内平板拖车组	台班	1392	845.14	
70	20t 以内平板拖车组	台班	1393	1104.64	
71	6000L 以内洒水汽车	台班	1405	677.23	
72	5t 以内汽车式起重机	台班	1449	488.69	
73	12t 以内汽车式起重机	台班	1451	898.84	
74	20t 汽车式起重机	台班	1453	1312.60	
75	40t 汽车式起重机	台班	1456	2409.94	
76	75t 汽车式起重机	台班	1458	3638.07	
77	32kV · A 交流电弧焊机	台班	1726	144.35	
78	小型机具使用费	元	1998	1.00	
79	定额基价	元	1999	1.00	

编制:　　　　复核:

建筑安装工程费计算数据表

表 5-34

建设项目名称:某工业园区道路新建工程 C 线　　编制范围:K0 +000 ~ K0 +869　　数据文件编号:20081019001　　公路等级:汽车专用二级

路线或桥梁长度(km):0.869　　路基或桥梁宽度(m):0.0　　第 1 页　共 6 页　08-1 表

项的代号	本项目数	目的代号	本目节数	节的代号	本节细目数	细目的代号	费率编号	定额个数	定额代号	项或目或节或细目或定额的名称	单位	数量	定额调整情况
二	5									路基工程	km		
		1	1							场地清理	km		
				1				1		伐树挖根	棵	320.000	
							01		1-1-1-3	人工伐树,推土机推挖树根(135kW)	10 棵	32.000	
		2	1							挖方	m^3		
				1				1		挖土方	m^3	28234.300	
							02		1-1-9-5	斗容量 1.0m^3 以内挖掘机挖装普通土	1000m^3 天然密实方	28.234	
		3	2							填方	m^3		
				1				3		借土方填筑	m^3	4429.400	
							02		1-1-12-13	135kW 以内推土机第一个 20m 松土	1000m^3 天然密实方	4.429	
							02		1-1-18-9	二级公路 15t 以内振动压路机碾压土方	1000m^3 压实方	3.818	
							00		1	外购土方	m^3	4429.400	4429.4 × 16
				2				3		利用土方填筑	m^3	28234.000	
							02		1-1-18-9	二级公路 15t 以内振动压路机碾压土方	1000m^3 压实方	24.340	
							03		1-1-11-21	15t 以内自卸汽车运输第一个 1km 土方	1000m^3 天然密实方	24.641	定额 × 1.03
							02		1-1-12-13	135kW 以内推土机第一个 20m 松土	1000m^3 天然密实方	28.234	
		4	1							特殊路基处理	km		
				1				4		路基换填		1171.200	
							02		1-1-9-5	斗容量 1.0m^3 以内挖掘机挖装普通土	1000m^3 天然密实方	1.171	
							02		1-1-5-4	填前 12 ~ 15t 光轮压路机压实	1000m^2	2.952	
							03		1-1-11-21	15t 以内自卸汽车运输 5km 土方	1000m^3 天然密实方	1.171	实际运距(km):+[1-1-11-22] × 8.0
							07		1-3-12-2	砂砾垫层	1000m^3	1.171	
		5	2							整修路基	km		
				1				1		机械整修路基	m^2	10612.100	
							02		1-1-20-1	机械整修路拱	1000m^2	10.612	
				2				1		整修边坡	km	0.869	
							01		1-1-20-3	整修边坡(二级及以上等级公路)	1km	0.869	

编制:　　　　复核:

续上表

建设项目名称:某工业园区道路新建工程 C 线　　编制范围:K0 +000 ~ K0 +869　　数据文件编号:20081019001　　公路等级:汽车专用二级

路线或桥梁长度(km):0.869　　路基或桥梁宽度(m):0.0　　第 2 页　共 6 页　08-1 表

项的代号	本项目数	目的代号	本目节数	节的代号	本节细目数	细目的代号	费率编号	定额个数	定额代号	项或目或节或细目或定额的名称	单位	数量	定额调整情况
三	8									路面工程	km		
		1	1							路面垫层	m²		
				2				1		砂砾垫层 20cm	m²	9980.490	
							07		2-1-1-12	机械铺料压实厚度 20cm 砂砾	1000m²	9.980	实际厚度(cm):+[2-1-1-17]×5.0
		2	1							路面底基层	m²		
				3				3		石灰粉煤灰稳定碎石底基层	m²	10612.100	
							07		2-1-7-31	压实厚度 18.0cm 石灰粉煤灰碎石(6:14:80)	1000m²	10.612	“厂拌设备:100t/h 以内实际厚度(cm):+[2-1-7-122]×3.0 配比[生石灰:粉煤灰:碎 石]=[6.0:14.0:80.0]”
							03		2-1-8-21	15t 以内自卸汽车装载第一个 1km	1000m³	1.910	
							07		2-1-9-12	摊铺机铺筑宽度 12.5m 以内底基层	1000m²	10.612	
		3	1							路面基层	m²		
				3				3		石灰粉煤灰稳定碎石基层	m²	9856.200	
							07		2-1-7-31	压实厚度 18.0cm 石灰粉煤灰碎石(6:14:80)	1000m²	9.856	“厂拌设备:100t/h 以内实际厚度(cm):+[2-1-7-122]×3.0 配比[生石灰:粉煤灰:碎 石]=[6.0:14.0:80.0]”
							03		2-1-8-21	15t 以内自卸汽车装载第一个 1km	1000m³	1.774	
							07		2-1-9-11	摊铺机铺筑宽度 12.5m 以内基层	1000m²	9.856	
		4	2							透层、黏层、封层	m²		
				1				1		透层	m²	9870.500	
							07		2-2-16-3	透层半刚性基层石油沥青	1000m²	9.870	
				2				1		黏层	m²	8847.300	
							07		2-2-16-5	黏层沥青层石油沥青	1000m²	8.847	

编制:　　复核:

续上表

建设项目名称:某工业园区道路新建工程 C 线　　编制范围:K0 +000 ~ K0 +869　　数据文件编号:20081019001　　公路等级:汽车专用二级

路线或桥梁长度(km):0.869　　路基或桥梁宽度(m):0.0　　第 3 页　共 6 页　08-1 表

项的代号	本项目数	目的代号	本目节数	节的代号	本节细目数	细目的代号	费率编号	定额个数	定额代号	项或目或节或细目或定额的名称	单位	数量	定额调整情况
		5	2							沥青混凝土面层	m^2		
				2				3		中粒式沥青混凝土面层 5cm	m^2	9856.200	
							06		2-2-11-10	中粒式沥青混凝土沥青混合料拌和设备生产能力 160t/h 以内	$1000m^3$ 路面实体	0.493	
							03		2-2-13-21	15t 以内自卸汽车装载 1.0km	$1000m^3$ 路面实体	0.493	实际运距(km)
							06		2-2-14-43	机械摊铺沥青混凝土混合料沥青混合料拌和设备生产能力 160t/h 以内中粒式	$1000m^3$ 路面实体	0.493	
				3				3		细粒式沥青混凝土面层	m^2	8716.600	
							06		2-2-11-16	细粒式沥青混凝土沥青混合料拌和设备生产能力 160t/h 以内	$1000m^3$ 路面实体	0.349	
							03		2-2-13-21	15t 以内自卸汽车装载第一个 1km	$1000m^3$ 路面实体	0.349	
							06		2-2-14-44	机械摊铺沥青混凝土混合料沥青混合料拌和设备生产能力 160t/h 以内细粒式	$1000m^3$ 路面实体	0.349	
		6	1							基层厂拌设备安拆	座	1.000	
				1				1		生产能力 100t/h 以内稳定土厂拌设备安拆	座	1.000	
							07		2-1-10-2	稳定土厂拌设备生产能力 100t/h 以内	1 座	1.000	
		7	1							沥青混凝土厂拌设备安拆	座	1.000	
				1				1		生产能力 160t/h 以内沥青混凝土厂拌设备安拆	座	1.000	
							06		2-2-15-4	拌和设备生产能力 160t/h 以内	1 座	1.000	
		8	1							路槽、路肩及中央分隔带	km		
				5				2		路缘石	m^3	63.500	
							07		2-3-4-4	路缘石混凝土预制块预制、安砌	$10m^3$	6.350	
							03		4-8-3-1	人工装卸 10km(4t 以内)	$100m^3$ 实体	0.635	实际运距(km):+[4-8-3-15]×18.0

编制:　　复核:

续上表

建设项目名称:某工业园区道路新建工程 C 线　　编制范围:K0+000~K0+869　　数据文件编号:20081019001　　公路等级:汽车专用二级

路线或桥梁长度(km):0.869　　路基或桥梁宽度(m):0.0　　第 4 页　共 6 页　08-1 表

项的代号	本项目数	目的代号	本目节数	节的代号	本节细目数	细目的代号	费率编号	定额个数	定额代号	项或目或节或细目或定额的名称	单位	数量		定额调整情况
四	1									桥梁涵洞工程	km			
		2	1							涵洞工程	m/道			
				1				7		1—ϕ1.0m 钢筋混凝土管涵	m/道	44.000	1.000	
							08		4-1-1-1	土方干处基坑深 3m 以内	$1000m^3$	0.050		
							08		4-5-2-1	基础、护底、截水墙	$10m^3$	0.577		
							08		4-5-3-7	轻型墩台、拱上横墙、墩上横墙	$10m^3$	0.728		[41118003]M10 水泥砂浆量 2.8 [41118002]M7.5 水泥砂浆量 0
							08		4-11-5-1	填砂砾(砂)	$10m^3$	3.256		
							08		4-7-28-2	混凝土桥涵缘(帽石)钢模	$10m^3$ 实体	0.058		[41119002]C15 普通混凝土 32.5 级水泥 2cm 碎石换 [41119004]C25 普通混凝土 32.5 级水泥 2cm 碎石
							08		4-7-5-3	起重机安装管径 1.0m 以内	$10m^3$ 实体	1.520		
							00		1	外购直径 1.0m 钢筋混凝土圆管	m	44.000		44×1200
五	1									交叉工程	处			
		1	1							平面交叉道	处	2.000		
				2				14		公路与公路平面交叉	处	2.000		
							07		2-1-7-31	压实厚度 18.0cm 石灰粉煤灰碎石(6:14:80)	$1000m^2$	1.713		“厂拌设备:100t/h 以内实际厚度(cm):+[2-1-7-122]×3.0 配比[生石灰:粉煤灰:碎石]=[6.0:14.0:80.0]”
							03		2-1-8-21	15t 以内自卸汽车装载第一个 1km	$1000m^3$	0.308		

编制:　　　　复核:

续上表

建设项目名称:某工业园区道路新建工程C线　　编制范围:K0+000~K0+869　　数据文件编号:20081019001　　公路等级:汽车专用二级

路线或桥梁长度(km):0.869　　路基或桥梁宽度(m):0.0　　第5页　共6页　08-1表

项的代号	本项目数	目的代号	本目节数	节的代号	本节细目数	细目的代号	费率编号	定额个数	定额代号	项或目或节或细目或定额的名称	单位	数量	定额调整情况
							07		2-1-9-12	摊铺机铺筑宽度12.5m以内底基层	$1000m^2$	0.894	
							07		2-1-9-11	摊铺机铺筑宽度12.5m以内基层	$1000m^2$	0.820	
							07		2-2-16-3	透层半刚性基层石油沥青	$1000m^2$	0.796	
							07		2-2-16-5	黏层沥青层石油沥青	$1000m^2$	0.796	
							06		2-2-11-10	中粒式沥青混凝土沥青混合料拌和设备生产能力160t/h以内	$1000m^3$ 路面实体	0.040	
							06		2-2-11-16	细粒式沥青混凝土沥青混合料拌和设备生产能力160t/h以内	$1000m^3$ 路面实体	0.032	
							03		2-2-13-21	15t以内自卸汽车装载第一个1km	$1000m^3$ 路面实体	0.072	
							06		2-2-14-43	机械摊铺沥青混凝土混合料沥青混合料拌和设备生产能力160t/h以内中粒式	$1000m^3$ 路面实体	0.040	
							06		2-2-14-44	机械摊铺沥青混凝土混合料沥青混合料拌和设备生产能力160t/h以内细粒式	$1000m^3$ 路面实体	0.032	
							07		2-3-4-4	路缘石混凝土预制块预制、安砌	$10m^3$	0.706	
							03		4-8-3-1	人工装卸10km(4t以内)	$100m^3$ 实体	0.071	实际运距(km):+[4-8-3-15]×18.0
							07		2-1-1-12	机械铺料压实厚度20cm砂砾	$1000m^2$	1.001	实际厚度(cm):+[2-1-1-17]×5.0
七	1									公路设施及预埋管线工程	公路公里		
		1	5							安全设施	公路公里		

编制:　　复核:

续上表

建设项目名称：某工业园区道路新建工程 C 线　　编制范围：K0 + 000 ~ K0 + 869　　数据文件编号：20081019001　　公路等级：汽车专用二级

路线或桥梁长度(km)：0.869　　路基或桥梁宽度(m)：0.0　　第 6 页　共 6 页　08-1 表

项的代号	本项目数	目的代号	本目节数	节的代号	本节细目数	细目的代号	费率编号	定额个数	定额代号	项或目或节或细目或定额的名称	单位	数量	定额调整情况
				6				1		公路标线	m^2	270.040	
							08		6-1-9-3	普通标线汽车标线	$100m^2$	2.700	
				9				1		示警桩	根	12.000	
							08		6-1-1-1	柱式护栏设置部位路肩上	10 根	1.200	
				10	2					里程碑、百米桩、公路界碑	块		
						1		1		百米桩	根	8.000	
							08		6-1-11-2	百米桩	100 块	0.080	
						2		1		界碑	根	6.000	
							08		6-1-11-3	界碑	100 块	0.060	
				11				4		单柱式标志牌	块	8.000	
							13-1		6-1-7-4	金属标志牌基础混凝土	$10m^3$ 实体	0.637	
							13-1		6-1-7-5	金属标志牌基础钢筋	1t 钢筋	0.103	
							13-1		6-1-7-16	单柱式立柱	10t	0.021	
							13-1		6-1-7-17	单柱式面板	10t	0.035	
				12				4		单悬臂式标志牌	块	3.000	
							13-1		6-1-7-4	金属标志牌基础混凝土	$10m^3$ 实体	2.454	
							13-1		6-1-7-5	金属标志牌基础钢筋	1t 钢筋	0.230	
							13-1		6-1-7-20	单悬臂立柱	10t	0.136	
							13-1		6-1-7-21	单悬臂面板	10t	0.401	

编制：　　复核：

分项工程预算表

表 5-35

编制范围:K0 + 000 ~ K0 + 869

工程名称:伐树挖根

第 1 页　共 50 页　08-2 表

序号	工程项目			伐树、挖根、除草、清除表土									合计		
	工程细目			人工伐树,推土机推挖树根(135kW)											
	定额单位			10 棵											
	工程数量			32.000											
	定额表号			1-1-1-3											
	工、料、机名称	单位	单价(元)	定额	数量	金额(元)	定额	数量	金额(元)	定额	数量	金额(元)	定额	数量	金额(元)
1	人工	工日	46.85	3.100	99.200	4648								99.200	4648
2	135kW 以内履带式推土机	台班	1394.62	0.060	1.920	2678								1.920	2678
3	定额基价	元	1.00	224.000	7168.000	7168								7168.000	7168
	直接工程费	元				7325									7325
	其他工程费 I	元		3.920		287									287
	其他工程费 II	元													
	间接费 规费	元		40.000		1859									1859
	间接费 企业管理费	元		3.830		292									292
	利润及税金	元		7.410		660									660
	建筑安装工程费	元				10423									10423

编制:　　　　复核:

续上表

编制范围:K0 +000 ~ K0 +869

工程名称:挖土方　　　　第 2 页　　共 50 页　　08-2 表

序号	工程项目			挖掘机挖装土、石方									合　计		
	工程细目			斗容量 $1.0m^3$ 以内挖掘机挖装普通土											
	定额单位			$1000m^3$ 天然密实方											
	工程数量			28.234											
	定额表号			1-1-9-5											
	工、料、机名称	单位	单价(元)	定额	数量	金额(元)	定额	数量	金额(元)	定额	数量	金额(元)	定额	数量	金额(元)
1	人工	工日	46.85	4.500	127.054	5952							127.054	5952	
2	75kW 以内履带式推土机	台班	729.13	0.460	12.988	9470								12.988	9470
3	$1.0m^3$ 履带式单斗挖掘机	台班	963.01	2.150	60.704	58458								60.704	58458
4	定额基价	元	1.00	2279.000	64345.000	64345								64345.000	64345
	直接工程费	元				73880									73880
	其他工程费 I	元		3.780		2793									2793
	其他工程费 II	元													
	间接费 规费	元		40.000		2381									2381
	间接费 企业管理费	元		3.852		2953									2953
	利润及税金	元		7.410		6090									6090
	建筑安装工程费	元				88097									88097

编制:　　　　　　　　复核:

续上表

编制范围:K0 +000 ~ K0 +869

工程名称:借土方填筑

第 3 页　　共 50 页　　08-2 表

序号	工程项目			推土机推土			填方路基			外购土方			合计		
	工程细目			135kW 以内推土机第一个 20m 松土			二级公路 15t 以内振动压路机碾压土方			外购土方					
	定额单位			$1000m^3$ 天然密实方			$1000m^3$ 压实方			m^3					
	工程数量			4.429			3.818			4429.400					
	定额表号			1-1-12-13			1-1-18-9			1					
	工、料、机名称	单位	单价(元)	定额	数量	金额(元)	定额	数量	金额(元)	定额	数量	金额(元)	定额	数量	金额(元)
1	人工	工日	46.85	4.000	17.718	830	3.000	11.454	537					29.172	1367
2	135kW 以内履带式推土机	台班	1394.62	1.210	5.360	7475								5.360	7475
3	120kW 以内平地机	台班	1091.40				1.630	6.223	6792					6.223	6792
4	6 ~ 8t 光轮压路机	台班	291.66				1.240	4.734	1381					4.734	1381
5	15t 以内振动压路机	台班	931.31				1.650	6.300	5867					6.300	5867
6	定额基价	元	1.00	1629.000	7215.000	7215	3218.000	12286.000	12286					19501.000	19501
	直接工程费	元				8304			14577						22880
	其他工程费 I	元		3.780		314	3.780		551						865
	其他工程费 II	元													
	间接费 规费	元		40.000		332	40.000		215						547
	间接费 企业管理费	元		3.852		332	3.852		583						915
	利润及税金	元		7.410		687	7.410		1193	7.410					1880
	建筑安装工程费	元				9968			17118						27086

编制:　　　　复核:

续上表

编制范围:K0 + 000 ~ K0 + 869

工程名称:路基换填　　　　第 5 页　　共 50 页　　08-2 表

序号	工程项目			挖掘机挖装土、石方			填前夯(压)实及填前挖松			自卸汽车运土、石方			软土地基垫层		
	工程细目			斗容量 $1.0m^3$ 以内挖掘机挖装普通土			填前 12 ~ 15t 光轮压路机压实			15t 以内自卸汽车运输 5km 土方			砂砾垫层		
	定额单位			$1000m^3$ 天然密实方			$1000m^2$			$1000m^3$ 天然密实方			$1000m^3$		
	工程数量			1.171			2.952			1.171			1.171		
	定额表号			1-1-9-5			1-1-5-4			1-1-11-21，+22 × 8.0			1-3-12-2		
	工、料、机名称	单位	单价(元)	定额	数量	金额(元)	定额	数量	金额(元)	定额	数量	金额(元)	定额	数量	金额(元)
1	人工	工日	46.85	4.500	5.270	247	2.800	8.266	387				15.900	18.622	872
2	砂砾	m^3	38.34										1300.000	1522.560	58375
3	75kW 以内履带式推土机	台班	729.13	0.460	0.539	393							0.990	1.159	845
4	$1.0m^3$ 履带式单斗挖掘机	台班	963.01	2.150	2.518	2425									
5	6 ~ 8t 光轮压路机	台班	291.66										1.300	1.523	444
6	12 ~ 15t 光轮压路机	台班	498.44				0.300	0.886	441						
7	15t 以内自卸汽车	台班	1000.62							11.170	13.082	13090			
8	定额基价	元	1.00	2279.000	2669.000	2669	261.000	770.000	770	7651.000	8960.000	8960	42009.000	49201.000	49201
	直接工程费	元				3064			829			13088			60527
	其他工程费 I	元		3.780		116	3.780		31	1.610		211	4.090		2476
	其他工程费 II	元													
	间接费 规费	元		40.000		99	40.000		155	40.000			40.000		349
	间接费 企业管理费	元		3.852		122	3.852		33	1.956		260	3.662		2307
	利润及税金	元		7.410		253	7.410		73	7.410		1023	7.410		4940
	建筑安装工程费	元				3654			1121			14582			70599

编制：　　　　复核：

续上表

编制范围:K0 + 000 ~ K0 + 869

工程名称:路基换填

第 6 页　　共 50 页　　08-2 表

序号	工程项目												合计		
	工程细目														
	定额单位														
	工程数量														
	定额表号														
	工、料、机名称	单位	单价(元)	定额	数量	金额(元)	定额	数量	金额(元)	定额	数量	金额(元)	定额	数量	金额(元)
1	人工	工日	46.85											32.158	1507
2	砂砾	m^3	38.34											1522.560	58375
3	75kW 以内履带式推土机	台班	729.13											1.698	1238
4	1.0m^3 履带式单斗挖掘机	台班	963.01											2.518	2425
5	6 ~ 8t 光轮压路机	台班	291.66											1.523	444
6	12 ~ 15t 光轮压路机	台班	498.44											0.886	441
7	15t 以内自卸汽车	台班	1000.62											13.082	13090
8	定额基价	元	1.00											61600.000	61600
	直接工程费	元													77508
	其他工程费 I	元													2833
	其他工程费 II	元													
	间接费 规费	元													603
	间接费 企业管理费	元													2723
	利润及税金	元													6289
	建筑安装工程费	元													89955

编制：　　　　复核：

续上表

编制范围:K0 +000 ~ K0 +869

工程名称:机械整修路基

第 7 页　共 50 页　08-2 表

序号	工程项目			整修路基									合计		
	工程细目			机械整修路拱											
	定额单位			$1000m^2$											
	工程数量			10.612											
	定额表号			1-1-20-1											
	工、料、机名称	单位	单价(元)	定额	数量	金额(元)	定额	数量	金额(元)	定额	数量	金额(元)	定额	数量	金额(元)
1	120kW 以内平地机	台班	1091.40	0.090	0.955	1042								0.955	1042
2	8 ~ 10t 光轮压路机	台班	329.07	0.140	1.486	489								1.486	489
3	定额基价	元	1.00	121.000	1284.000	1284								1284.000	1284
	直接工程费	元				1531									1531
	其他工程费 I	元		3.780		58									58
	其他工程费 II	元													
	间接费 规费	元		40.000											
	间接费 企业管理费	元		3.852		61									61
	利润及税金	元		7.410		125									125
	建筑安装工程费	元				1775									1775

编制:　　　　复核:

续上表

编制范围:K0 + 000 ~ K0 + 869

工程名称:整修边坡

第 8 页 共 50 页 08-2 表

序号	工程项目			整修路基									合计		
	工程细目			整修边坡（二级及以上等级公路）											
	定额单位			1km											
	工程数量			0.869											
	定额表号			1-1-20-3											
	工、料、机名称	单位	单价(元)	定额	数量	金额(元)	定额	数量	金额(元)	定额	数量	金额(元)	定额	数量	金额(元)
1	人工	工日	46.85	336.700	292.592	13708								292.592	13708
2	定额基价	元	1.00	16566.000	14396.000	14396								14396.000	14396
	直接工程费	元				13708									13708
	其他工程费 I	元		3.920		537									537
	其他工程费 II	元													
	间接费 规费	元		40.000		5483									5483
	间接费 企业管理费	元		3.830		546									546
	利润及税金	元		7.410		1303									1303
	建筑安装工程费	元				21577									21577

编制： 复核：

续上表

编制范围:K0 + 000 ~ K0 + 869

工程名称:砂砾垫层 20cm

第 9 页　共 50 页　08-2 表

序号	工程项目			路面垫层									合　计		
	工程细目			机械铺料压实厚度 20cm 砂砾											
	定额单位			$1000m^2$											
	工程数量			9.980											
	定额表号			2-1-1-12，+17 ×5.0											
	工、料、机名称	单位	单价(元)	定额	数量	金额(元)	定额	数量	金额(元)	定额	数量	金额(元)	定额	数量	金额(元)
1	人工	工日	46.85	0.900	8.982	421								8.982	421
2	砂砾	m^3	38.34	255.000	2545.025	97576								2545.025	97576
3	120kW 以内平地机	台班	1091.40	0.270	2.695	2941								2.695	2941
4	6 ~ 8t 光轮压路机	台班	291.66	0.250	2.495	728								2.495	728
5	12 ~ 15t 光轮压路机	台班	498.44	0.500	4.990	2487								4.990	2487
6	6000L 以内洒水汽车	台班	677.23	0.520	5.190	3515								5.190	3515
7	定额基价	元	1.00	8731.000	87135.000	87135								87135.000	87135
	直接工程费	元				107663									107663
	其他工程费 I	元		4.090		4403									4403
	其他工程费 II	元													
	间接费 规费	元		40.000		168									168
	间接费 企业管理费	元		3.662		4104									4104
	利润及税金	元		7.410		8772									8772
	建筑安装工程费	元				125111									125111

编制:　　　　　　　　　　复核:

续上表

编制范围:K0+000~K0+869

工程名称:石灰粉煤灰稳定碎石底基层　　第10页　共50页　08-2表

序号	工程项目			石灰粉煤灰稳定类			厂拌基层稳定土混合料运输			机械铺筑厂拌基层稳定土混合料			合计		
	工程细目			压实厚度18.0cm石灰粉煤灰碎石(6:14:80)			15t以内自卸汽车装载第一个1km			摊铺机铺筑宽度12.5m以内底基层					
	定额单位			$1000m^2$			$1000m^3$			$1000m^2$					
	工程数量			10.612			1.910			10.612					
	定额表号			2-1-7-31,+122×3.0,改			2-1-8-21			2-1-9-12					
	工、料、机名称	单位	单价(元)	定额	数量	金额(元)	定额	数量	金额(元)	定额	数量	金额(元)	定额	数量	金额(元)
1	人工	工日	46.85	6.900	73.223	3431				4.100	43.510	2038		116.733	5469
2	水	m^3	2.00	34.000	360.811	722								360.811	722
3	生石灰	t	269.85	23.022	244.312	65928								244.312	65928
4	粉煤灰	m^3	57.87	71.615	759.986	43980								759.986	43980
5	碎石	m^3	55.49	199.840	2120.722	117679								2120.722	117679
6	$2.0m^3$ 轮胎式装载机	台班	911.72	0.760	8.065	7353								8.065	7353
7	6~8t光轮压路机	台班	291.66							0.140	1.486	433		1.486	433
8	12~15t光轮压路机	台班	498.44							1.090	11.567	5766		11.567	5766
9	100t/h以内稳定土厂拌设备	台班	671.12	0.770	8.171	5484								8.171	5484
10	12.5m稳定土摊铺机	台班	2790.57							0.180	1.910	5330		1.910	5330
11	15t以内自卸汽车	台班	1000.62				5.900	11.269	11276					11.269	11276
12	6000L以内洒水汽车	台班	677.23							0.310	3.290	2228		3.290	2228
13	定额基价	元	1.00	10755.000	114132.000	114132	4042.000	7720.000	7720	1295.000	13743.000	13743		135595.000	135595
	直接工程费	元				244574			11276			15796			271645
	其他工程费 I	元		4.090		10003	1.610		182	4.090		646			10831
	其他工程费 II	元													
	间接费 规费	元		40.000		1372	40.000			40.000		815			2188
	间接费 企业管理费	元		3.662		9323	1.956		224	3.662		602			10149
	利润及税金	元		7.410		19962	7.410		882	7.410		1314			22157
	建筑安装工程费	元				285233			12563			19173			316970

编制:　　复核:

续上表

编制范围:K0 + 000 ~ K0 + 869

工程名称:石灰粉煤灰稳定碎石基层　　　　第 11 页　共 50 页　08-2 表

序号	工程项目			石灰粉煤灰稳定类			厂拌基层稳定土混合料运输			机械铺筑厂拌基层稳定土混合料			合计		
	工程细目			压实厚度 18.0cm 石灰粉煤灰碎石(6:14:80)			15t 以内自卸汽车装载第一个 1km			摊铺机铺筑宽度 12.5m 以内基层					
	定额单位			1000m²			1000m³			1000m²					
	工程数量			9.856			1.774			9.856					
	定额表号			2-1-7-31, +122×3.0,改			2-1-8-21			2-1-9-11					
	工、料、机名称	单位	单价(元)	定额	数量	金额(元)	定额	数量	金额(元)	定额	数量	金额(元)	定额	数量	金额(元)
1	人工	工日	46.85	6.900	68.008	3186				4.100	40.410	1893		108.418	5079
2	水	m³	2.00	34.000	335.111	670								335.111	670
3	生石灰	t	269.85	23.022	226.909	61232								226.909	61232
4	粉煤灰	m³	57.87	71.615	705.852	40848								705.852	40848
5	碎石	m³	55.49	199.840	1969.663	109297								1969.663	109297
6	2.0m³ 轮胎式装载机	台班	911.72	0.760	7.491	6829								7.491	6829
7	6~8t 光轮压路机	台班	291.66							0.140	1.380	402		1.380	402
8	12~15t 光轮压路机	台班	498.44							1.270	12.517	6239		12.517	6239
9	100t/h 以内稳定土厂拌设备	台班	671.12	0.770	7.589	5093								7.589	5093
10	12.5m 稳定土摊铺机	台班	2790.57							0.180	1.774	4951		1.774	4951
11	15t 以内自卸汽车	台班	1000.62				5.900	10.467	10473					10.467	10473
12	6000L 以内洒水汽车	台班	677.23							0.310	3.055	2069		3.055	2069
13	定额基价	元	1.00	10755.000	106001.000	106001	4042.000	7171.000	7171	1369.000	13493.000	13493		126665.000	126665
	直接工程费	元				227150			10473			15555			253178
	其他工程费 I	元		4.090		9290	1.610		169	4.090		636			10095
	其他工程费 II	元													
	间接费 规费	元		40.000		1274	40.000			40.000		757			2032
	间接费 企业管理费	元		3.662		8658	1.956		208	3.662		593			9460
	利润及税金	元		7.410		18540	7.410		819	7.410		1292			20651
	建筑安装工程费	元				264913			11669			18833			295415

编制:　　　　复核:

续上表

编制范围:K0+000~K0+869

工程名称:细粒式沥青混凝土面层　　　　第16页　　共50页　　08-2表

序号	工程项目			细粒式			沥青混合料运输			沥青混合料路面铺筑			合计		
	工程细目			细粒式沥青混凝土沥青混合料拌和设备生产能力160t/h以内			15t以内自卸汽车装载第一个1km			机械摊铺沥青混凝土混合料沥青混合料拌和设备生产能力160t/h以内					
	定额单位			1000m³路面实体			1000m³路面实体			1000m³路面实体					
	工程数量			0.349			0.349			0.349					
	定额表号			2-2-11-16			2-2-13-21			2-2-14-44					
	工、料、机名称	单位	单价(元)	定额	数量	金额(元)	定额	数量	金额(元)	定额	数量	金额(元)	定额	数量	金额(元)
1	人工	工日	46.85	36.600	12.773	598				34.800	12.145	569		24.919	1167
2	石油沥青	t	3701.58	122.536	42.765	158298								42.765	158298
3	砂	m³	56.10	471.220	164.456	9226								164.456	9226
4	矿粉	t	137.14	128.404	44.813	6146								44.813	6146
5	石屑	m³	34.78	261.180	91.152	3170								91.152	3170
6	路面用碎石(1.5cm)	m³	60.67	723.220	252.404	15313								252.404	15313
7	其他材料费	元	1.00	287.500	100.337	100								100.337	100
8	设备摊销费	元	1.00	3098.900	1081.516	1082								1081.516	1082
9	2.0m³轮胎式装载机	台班	911.72	6.170	2.153	1963								2.153	1963
10	6~8t光轮压路机	台班	291.66							5.690	1.986	579		1.986	579
11	12~15t光轮压路机	台班	498.44							5.690	1.986	990		1.986	990
12	160t/h以内沥青混合料拌和设备	台班	25850.59	2.630	0.918	23727								0.918	23727
13	9.0m以内带自动找平沥青混合料摊铺机	台班	2419.25							2.890	1.009	2440		1.009	2440

编制:　　　　　　　　　　复核:

续上表

编制范围:K0 +000 ~ K0 +869

工程名称:细粒式沥青混凝土面层　　第 17 页　共 50 页　08-2 表

序号	工程项目			细粒式			沥青混合料运输			沥青混合料路面铺筑			合计		
	工程细目			细粒式沥青混凝土沥青混合料拌和设备生产能力 160t/h 以内			15t 以内自卸汽车装载第一个 1km			机械摊铺沥青混凝土混合料沥青混合料拌和设备生产能力 160t/h 以内					
	定额单位			1000m³ 路面实体			1000m³ 路面实体			1000m³ 路面实体					
	工程数量			0.349			0.349			0.349					
	定额表号			2-2-11-16			2-2-13-21			2-2-14-44					
	工、料、机名称	单位	单价(元)	定额	数量	金额(元)	定额	数量	金额(元)	定额	数量	金额(元)	定额	数量	金额(元)
14	16 ~ 20t 轮胎式压路机	台班	709.35							1.110	0.387	275		0.387	275
15	20 ~ 25t 轮胎式压路机	台班	868.56							1.670	0.583	506		0.583	506
16	5t 以内自卸汽车	台班	519.05	2.590	0.904	469								0.904	469
17	15t 以内自卸汽车	台班	1000.62				7.990	2.789	2790					2.789	2790
18	定额基价	元	1.00	631306.000	220326.000	220326	5473.000	1910.000	1910	13840.000	4830.000	4830		227066.000	227066
	直接工程费	元				220094			2790			5359			228243
	其他工程费 I	元		4.630		10190	1.610		45	4.630		248			10483
	其他工程费 II	元													
	间接费 规费	元		40.000		239	40.000			40.000		228			467
	间接费 企业管理费	元		2.278		5246	1.956		55	2.278		128			5429
	利润及税金	元		7.410		17782	7.410		218	7.410		441			18441
	建筑安装工程费	元				253551			3109			6403			263063

编制:　　复核:

续上表

编制范围:K0 +000 ~ K0 +869

工程名称:1—ϕ1.0m 钢筋混凝土管涵

第 24 页　　共 50 页　　08-2 表

序号	工程项目				人工挖基坑土、石方			浆砌片石			浆砌块石			基础垫层		
	工程细目				土方干处基坑深 3m 以内			基础、护底、截水墙			轻型墩台、拱上横墙、墩上横墙			填砂砾(砂)		
	定额单位				1000m^3			10m^3			10m^3			10m^3		
	工程数量				0.050			0.577			0.728			3.256		
	定额表号				4-1-1-1			4-5-2-1			4-5-3-7 改			4-11-5-1		
	工、料、机名称		单位	单价(元)	定额	数量	金额(元)	定额	数量	金额(元)	定额	数量	金额(元)	定额	数量	金额(元)
1	人工		工日	46.85	448.300	22.415	1050	9.500	5.482	257	18.800	13.686	641	5.900	19.210	900
2	原木		m^3	1421.16							0.015	0.011	16			
3	锯材木中板 δ = 19 ~ 35mm		m^3	1605.66							0.040	0.029	47			
4	钢管		t	4086.16							0.006	0.004	18			
5	铁钉		kg	6.00							0.200	0.146	1			
6	8 ~ 12 号铁丝		kg	6.50							2.200	1.602	10			
7	32.5 级水泥		t	369.45				0.931	0.537	198	0.871	0.634	234			
8	水		m^3	2.00				4.000	2.308	5	10.000	7.280	15			
9	中(粗)砂		m^3	56.10				3.820	2.204	124	2.996	2.181	122			
10	砂砾		m^3	38.34										13.000	42.328	1623
11	片石		m^3	61.34				11.500	6.635	407						
12	块石		m^3	156.76							10.500	7.644	1198			
13	其他材料费		元	1.00				1.200	0.692	1	4.200	3.058	3			
14	小型机具使用费		元	1.00				7.000	4.039	4	5.600	4.077	4			
15	定额基价		元	1.00	22056.000	1103.000	1103	1396.000	805.000	805	2410.000	1754.000	1754	693.000	2256.000	2256
	直接工程费		元				1050			995			2309			2523
	其他工程费	I	元		5.500		58	5.500		55	5.500		127	5.500		139
		II	元													
	间接费	规费	元		40.000		420	40.000		103	40.000		256	40.000		360
		企业管理费	元		5.074		56	5.074		53	5.074		124	5.074		135
	利润及税金		元		7.410		102	7.410		87	7.410		202	7.410		223
	建筑安装工程费		元				1686			1293			3019			3380

编制：　　　　复核：

续上表

编制范围:K0+000~K0+869

工程名称:1—ϕ1.0m 钢筋混凝土管涵　　　　第25页　　共50页　　08-2表

序号	工程项目			预制小型构件			安装圆管涵			外购直径1.0m钢筋混凝土圆管			合　计		
	工程细目			混凝土桥涵缘(帽石)钢模			起重机安装管径1.0m以内			外购直径1.0m钢筋混凝土圆管					
	定额单位			10m³ 实体			10m³ 实体			m					
	工程数量			0.058			1.520			44.000					
	定额表号			4-7-28-2改			4-7-5-3			1					
	工、料、机名称	单位	单价(元)	定额	数量	金额(元)	定额	数量	金额(元)	定额	数量	金额(元)	定额	数量	金额(元)
1	人工	工日	46.85	46.700	2.709	127	8.900	13.528	634					77.030	3609
2	原木	m³	1421.16	0.055	0.003	5								0.014	20
3	锯材木中板 δ=19~35mm	m³	1605.66											0.029	47
4	型钢	t	5264.91	0.009	0.001	3								0.001	3
5	钢管	t	4086.16											0.004	18
6	组合钢模板	t	4884.87	0.084	0.005	24								0.005	24
7	铁件	kg	6.50	31.200	1.810	12								1.810	12
8	铁钉	kg	6.00											0.146	1
9	8~12号铁丝	kg	6.50											1.602	10
10	32.5级水泥	t	369.45	3.969	0.230	85	0.211	0.321	118					1.723	636
11	水	m³	2.00	16.000	0.928	2	1.000	1.520	3					12.036	24
12	中(粗)砂	m³	56.10	4.847	0.281	16	0.460	0.699	39					5.366	301
13	砂砾	m³	38.34											42.328	1623

编制:　　　　　　　　　　　　复核:

续上表

编制范围:K0 + 000 ~ K0 + 869

工程名称:1—ϕ1.0m 钢筋混凝土管涵

第 26 页　共 50 页　08-2 表

序号	工程项目			预制小型构件			安装圆管涵			外购直径 1.0m 钢筋混凝土圆管			合计		
	工程细目			混凝土桥涵缘(帽石)钢模			起重机安装管径 1.0m 以内			外购直径 1.0m 钢筋混凝土圆管					
	定额单位			$10m^3$ 实体			$10m^3$ 实体			m					
	工程数量			0.058			1.520			44.000					
	定额表号			4-7-28-2 改			4-7-5-3			1					
	工、料、机名称	单位	单价(元)	定额	数量	金额(元)	定额	数量	金额(元)	定额	数量	金额(元)	定额	数量	金额(元)
14	片石	m^3	61.34											6.635	407
15	碎石(2cm)	m^3	55.49	8.078	0.469	26								0.469	26
16	块石	m^3	156.76											7.644	1198
17	其他材料费	元	1.00	18.600	1.079	1	2.700	4.104	4					8.933	9
18	5t 以内汽车式起重机	台班	488.69				1.460	2.219	1085					2.219	1085
19	小型机具使用费	元	1.00	5.900	0.342	0	0.800	1.216	1					9.674	10
20	定额基价	元	1.00	5047.000	293.000	293	1095.000	1664.000	1664					7875.000	7876
	直接工程费	元				300			1884						9062
	其他工程费 I	元		5.500		16	5.500		104						498
	其他工程费 II	元													
	间接费 规费	元		40.000		51	40.000		254						1444
	间接费 企业管理费	元		5.074		16	5.074		101						485
	利润及税金	元		7.410		27	7.410		166	7.410					807
	建筑安装工程费	元				410			2509						12296

编制:　　　　复核:

续上表

编制范围:K0 +000 ~ K0 +869

工程名称:公路标线　　　　第36页　共50页　08-2表

序号	工、料、机名称	单位	单价(元)	定额	数量	金额(元)	定额	数量	金额(元)	定额	数量	金额(元)	定额	数量	金额(元)
	工程项目			路面标线									合计		
	工程细目			普通标线汽车标线											
	定额单位			$100m^2$											
	工程数量			2.700											
	定额表号			6-1-9-3											
1	人工	工日	46.85	2.200	5.941	278								5.941	278
2	标线漆	kg	14.88	49.000	132.320	1969								132.320	1969
3	汽车式画线车	台班	512.59	0.410	1.107	568								1.107	568
4	定额基价	元	1.00	2123.000	5732.000	5732								5732.000	5732
	直接工程费	元				2814									2814
	其他工程费 I	元		5.500		155									155
	其他工程费 II	元													
	间接费 规费	元		40.000		111									111
	间接费 企业管理费	元		5.074		151									151
	利润及税金	元		7.410		239									239
	建筑安装工程费	元				3470									3470

编制:　　　　复核:

续上表

编制范围:K0 + 000 ~ K0 + 869

工程名称:百米桩　　　　第 39 页　　共 50 页　　08-2 表

序号	工程项目			里程碑、百米桩、界碑									合计		
	工程细目			百米桩											
	定额单位			100 块											
	工程数量			0.080											
	定额表号			6-1-11-2											
	工、料、机名称	单位	单价(元)	定额	数量	金额(元)	定额	数量	金额(元)	定额	数量	金额(元)	定额	数量	金额(元)
1	人工	工日	46.85	6.000	0.480	22								0.480	22
2	原木	m^3	1421.16	0.004	0.000	0								0.000	0
3	光圆钢筋直径 10 ~ 14mm	t	4034.91	0.070	0.006	23								0.006	23
4	型钢	t	5264.91	0.001	0.000	0								0.000	0
5	组合钢模板	t	4884.87	0.007	0.001	3								0.001	3
6	铁件	kg	6.50	3.700	0.296	2								0.296	2
7	油漆	kg	7.20	4.600	0.368	3								0.368	3
8	32.5 级水泥	t	369.45	0.188	0.015	6								0.015	6
9	水	m^3	2.00	1.000	0.080	0								0.080	0
10	中(粗)砂	m^3	56.10	0.240	0.019	1								0.019	1
11	碎 石(2cm)	m^3	55.49	0.410	0.033	2								0.033	2
12	其他材料费	元	1.00	4.900	0.392	0								0.392	0
13	250L 以内强制式混凝土搅拌机	台班	119.75	0.020	0.002	0								0.002	0
14	4t 以内载货汽车	台班	409.81	0.060	0.005	2								0.005	2
15	小型机具使用费	元	1.00	0.400	0.032	0								0.032	0
16	定额基价	元	1.00	773.000	62.000	62								62.000	62
	直接工程费	元				64									64
	其他工程费 I	元		5.500		4									4
	其他工程费 II	元													
	间接费 规费	元		40.000		9									9
	间接费 企业管理费	元		5.074		3									3
	利润及税金	元		7.410		6									6
	建筑安装工程费	元				86									86

编制:　　　　　　　　复核:

续上表

编制范围：K0 + 000 ~ K0 + 869

工程名称：单柱式标志牌　　　　第 43 页　　共 50 页　　08-2 表

序号	工程项目			金属标志牌基础			金属标志牌基础			铝合金标志			铝合金标志		
	工程细目			金属标志牌基础混凝土			金属标志牌基础钢筋			单柱式立柱			单柱式面板		
	定额单位			$10m^3$ 实体			1t 钢筋			10t			10t		
	工程数量			0.637			0.103			0.021			0.035		
	定额表号			6-1-7-4			6-1-7-5			6-1-7-16			6-1-7-17		
	工、料、机名称	单位	单价(元)	定额	数量	金额(元)	定额	数量	金额(元)	定额	数量	金额(元)	定额	数量	金额(元)
1	人工	工日	46.85	21.700	13.823	648	14.400	1.483	69	15.800	0.332	16	38.900	1.362	64
2	锯材木中板 $\delta = 19 \sim 35mm$	m^3	1605.66	0.001	0.001	1									
3	光圆钢筋直径 10 ~ 14mm	t	4034.91				1.025	0.106	426						
4	型钢	t	5264.91	0.004	0.003	13									
5	电焊条	kg	6.17							0.900	0.019	0			
6	钢管立柱	t	6096.87							6.314	0.133	808			
7	组合钢模板	t	4884.87	0.007	0.004	22									
8	铁件	kg	6.50	3.300	2.102	14									
9	镀锌铁件	kg	7.00							3759.900	78.958	553	3033.700	106.180	743
10	20 ~ 22 号铁丝	kg	6.50				5.100	0.525	3						
11	铝合金标志	t	24276.87										7.026	0.246	5970
12	反光膜	m^2	90.00										963.100	33.708	3034
13	32.5 级水泥	t	369.45	3.417	2.177	804									
14	水	m^3	2.00	12.000	7.644	15									
15	中(粗)砂	m^3	56.10	4.900	3.121	175									
16	碎石(4cm)	m^3	55.49	8.470	5.395	299									

编制：　　　　复核：

续上表

编制范围:K0 +000 ~ K0 +869

工程名称:单柱式标志牌　　　　第 44 页　　共 50 页　　08-2 表

序号	工程项目			金属标志牌基础			金属标志牌基础			铝合金标志			铝合金标志		
	工程细目			金属标志牌基础混凝土			金属标志牌基础钢筋			单柱式立柱			单柱式面板		
	定额单位			$10m^3$ 实体			1t 钢筋			10t			10t		
	工程数量			0.637			0.103			0.021			0.035		
	定额表号			6-1-7-4			6-1-7-5			6-1-7-16			6-1-7-17		
	工、料、机名称	单位	单价(元)	定额	数量	金额(元)	定额	数量	金额(元)	定额	数量	金额(元)	定额	数量	金额(元)
17	其他材料费	元	1.00	34.600	22.040	22									
18	4t 以内载货汽车	台班	409.81							3.830	0.080	33	9.460	0.331	136
19	5t 以内汽车式起重机	台班	488.69							3.830	0.080	39	9.460	0.331	162
20	32kV · A 交流电弧焊机	台班	144.35							0.180	0.004	1			
21	小型机具使用费	元	1.00	4.000	2.548	3									
22	定额基价	元	1.00	3036.000	1934.000	1934	4124.000	425.000	425	66271.000	1392.000	1392	430829.000	15079.000	15079
	直接工程费	元				2016			499			1450			10108
	其他工程费 I	元		3.660		74	3.660		18	3.660		53	3.660		370
	其他工程费 II	元													
	间接费 规费	元		40.000		259	40.000		28	40.000		6	40.000		26
	间接费 企业管理费	元		2.852		60	2.852		15	2.852		43	2.852		299
	利润及税金	元		7.410		171	7.410		41	7.410		117	7.410		814
	建筑安装工程费	元				2579			601			1669			11617

编制:　　　　复核:

续上表

编制范围:K0 +000 ~ K0 +869

工程名称:单柱式标志牌　　　　第45页　　共50页　　08-2表

序号	工程项目												合　计		
	工程细目														
	定额单位														
	工程数量														
	定额表号														
	工、料、机名称	单位	单价(元)	定额	数量	金额(元)	定额	数量	金额(元)	定额	数量	金额(元)	定额	数量	金额(元)
1	人工	工日	46.85											16.999	796
2	锯材木中板 $\delta = 19 \sim 35$mm	m^3	1605.66											0.001	1
3	光圆钢筋直径 10 ~ 14mm	t	4034.91											0.106	426
4	型钢	t	5264.91											0.003	13
5	电焊条	kg	6.17											0.019	0
6	钢管立柱	t	6096.87											0.133	808
7	组合钢模板	t	4884.87											0.004	22
8	铁件	kg	6.50											2.102	14
9	镀锌铁件	kg	7.00											185.137	1296
10	20 ~ 22 号铁丝	kg	6.50											0.525	3
11	铝合金标志	t	24276.87											0.246	5970
12	反光膜	m^2	90.00											33.708	3034
13	32.5 级水泥	t	369.45											2.177	804
14	水	m^3	2.00											7.644	15
15	中(粗)砂	m^3	56.10											3.121	175
16	碎 石(4cm)	m^3	55.49											5.395	299

编制:　　　　复核:

续上表

编制范围:K0+000~K0+869

工程名称:单柱式标志牌　　　　　　　　　　第 46 页　　共 50 页　　08-2 表

序号	工程项目														
	工程细目														
	定额单位														
	工程数量														
	定额表号														
	工、料、机名称	单位	单价(元)	定额	数量	金额(元)	定额	数量	金额(元)	定额	数量	金额(元)	定额	数量	金额(元)
17	其他材料费	元	1.00											22.040	22
18	4t 以内载货汽车	台班	409.81											0.412	169
19	5t 以内汽车式起重机	台班	488.69											0.412	201
20	32kV · A 交流电弧焊机	台班	144.35											0.004	1
21	小型机具使用费	元	1.00											2.548	3
22	定额基价	元	1.00											18830.000	18829
	直接工程费	元													14073
	其他工程费 I	元													515
	其他工程费 II	元													
	间接费 规费	元													319
	间接费 企业管理费	元													416
	利润及税金	元													1143
	建筑安装工程费	元													16465

编制:　　　　　　　　　　　　　　　　　　复核:

注:“分项工程预算表”(08-2 表)的第 47 页~第 50 页略。

材料预算单价计算表

表 5-36

建设项目名称：某工业园区道路新建工程 C 线

编制范围：K0 + 000 ~ K0 + 869

第 1 页　共 2 页　09 表

序号	规格名称	单位	原价（元）	运杂费					原价运费合计（元）	场外运输损耗		采购及保管费		预算单价（元）
				供应地点	运输方式、比重及运距(km)	毛重系数或单位毛重	运杂费构成说明或计算式	单位运费(元)		费率（%）	金额（元）	费率（%）	金额（元）	
1	原木	m^3	1350.000	唐山—工地	汽车、1.0、90.0	1.000000	(0.38 ×90.0 +2.3 ×1.0) ×1 ×1	36.500	1386.50			2.500	34.662	1421.160
2	锯材木中板 $\delta=19\sim35$mm	m^3	1530.000	唐山—工地	汽车、1.0、90.0	1.000000	(0.38 ×90.0 +2.3 ×1.0) ×1 ×1	36.500	1566.50			2.500	39.162	1605.660
3	光圆钢筋直径 10 ~ 14mm	t	3900.000	唐山—工地	汽车、1.0、90.0	1.000000	(0.38 ×90.0 +2.3 ×1.0) ×1 ×1	36.500	3936.50			2.500	98.412	4034.910
4	型钢	t	5100.000	唐山—工地	汽车、1.0、90.0	1.000000	(0.38 ×90.0 +2.3 ×1.0) ×1 ×1	36.500	5136.50			2.500	128.412	5264.910
5	钢板	t	4650.000	唐山—工地	汽车、1.0、90.0	1.000000	(0.38 ×90.0 +2.3 ×1.0) ×1 ×1	36.500	4686.50			2.500	117.162	4803.660
6	钢管	t	3950.000	唐山—工地	汽车、1.0、90.0	1.000000	(0.38 ×90.0 +2.3 ×1.0) ×1 ×1	36.500	3986.50			2.500	99.662	4086.160
7	电焊条	kg	6.000	遵化—工地	汽车、1.0、50.0	0.001100	(0.38 ×50.0 +2.3 ×1.0) ×1 ×0.0011	0.020	6.02			2.500	0.150	6.170
8	钢管立柱	t	6000.000	唐山—工地	汽车、1.0、90.0	1.000000	(0.38 ×90.0 +2.3 ×1.0) ×1 ×1	36.500	6036.50			1.000	60.365	6096.870
9	组合钢模板	t	4800.000	唐山—工地	汽车、1.0、90.0	1.000000	(0.38 ×90.0 +2.3 ×1.0) ×1 ×1	36.500	4836.50			1.000	48.365	4884.870
10	铝合金标志	t	24000.000	唐山—工地	汽车、1.0、90.0	1.000000	(0.38 ×90.0 +2.3 ×1.0) ×1 ×1	36.500	24036.50			1.000	240.365	24276.870
11	油漆	kg	7.000	遵化—工地	汽车、1.0、40.0	0.001000	(0.38 ×40.0 +2.3 ×1.0) ×1 ×0.001	0.020	7.02			2.500	0.175	7.200
12	标线漆	kg	14.500	遵化—工地	汽车、1.0、40.0	0.001000	(0.38 ×40.0 +2.3 ×1.0) ×1 ×0.001	0.020	14.52			2.500	0.363	14.880
13	32.5 级水泥	t	320.000	唐山—工地	汽车、1.0、90.0	1.010000	(0.38 ×90.0 +2.3 ×1.0) ×1 ×1.01	36.870	356.87	1.000	3.569	2.500	9.011	369.450
14	石油沥青	t	3400.000	盘锦—工地	汽车、1.0、550.0	1.000000	(0.38 ×550.0 +2.3 ×1.0) ×1 ×1	211.300	3611.30			2.500	90.282	3701.580
15	生石灰	t	240.000	遵化—工地	汽车、1.0、35.0	1.000000	(0.38 ×35.0 +2.3 ×1.0) ×1 ×1	15.600	255.60	3.000	7.668	2.500	6.582	269.850

编制：　　　　复核：

续上表

建设项目名称:某工业园区道路新建工程 C 线

编制范围:K0 +000 ~ K0 +869

第 2 页　共 2 页　09 表

序号	规格名称	单位	原价(元)	运杂费					原价运费合计(元)	场外运输损耗		采购及保管费		预算单价(元)
				供应地点	运输方式、比重及运距(km)	毛重系数或单位毛重	运杂费构成说明或计算式	单位运费(元)		费率(%)	金额(元)	费率(%)	金额(元)	
16	砂	m^3	30.000	遵化—工地	汽车、1.0、35.0	1.500000	(0.38 ×35.0 +2.3 ×1.0) ×1 ×1.5	23.400	53.40	2.500	1.335	2.500	1.368	56.100
17	中(粗)砂	m^3	30.000	遵化—工地	汽车、1.0、35.0	1.500000	(0.38 ×35.0 +2.3 ×1.0) ×1 ×1.5	23.400	53.40	2.500	1.335	2.500	1.368	56.100
18	砂砾	m^3	10.000	遵化—工地	汽车、1.0、40.0	1.700000	(0.35 ×40.0 +1.9 ×1.0) ×1 ×1.7	27.030	37.03	1.000	0.370	2.500	0.935	38.340
19	片石	m^3	40.000	党峪—工地	汽车、1.0、30.0	1.600000	(0.35 ×30.0 +1.9 ×1.0) ×1 ×1.6	19.840	59.84			2.500	1.496	61.340
20	粉煤灰	m^3	35.000	丰润—工地	汽车、1.0、50.0	0.930000	(0.38 ×50.0 +2.3 ×1.0) ×1 ×0.93	19.810	54.81	3.000	1.644	2.500	1.411	57.870
21	矿粉	t	120.000	遵化—工地	汽车、1.0、20.0	1.000000	(0.38 ×20.0 +2.3 ×1.0) ×1 ×1	9.900	129.90	3.000	3.897	2.500	3.345	137.140
22	碎 石(2cm)	m^3	35.000	党峪—工地	汽车、1.0、30.0	1.500000	(0.35 ×30.0 +1.9 ×1.0) ×1 ×1.5	18.600	53.60	1.000	0.536	2.500	1.353	55.490
23	碎 石(4cm)	m^3	35.000	党峪—工地	汽车、1.0、30.0	1.500000	(0.35 ×30.0 +1.9 ×1.0) ×1 ×1.5	18.600	53.60	1.000	0.536	2.500	1.353	55.490
24	碎 石(8cm)	m^3	40.000	党峪—工地	汽车、1.0、30.0	1.500000	(0.35 ×30.0 +1.9 ×1.0) ×1 ×1.5	18.600	58.60	1.000	0.586	2.500	1.480	60.670
25	碎 石	m^3	35.000	党峪—工地	汽车、1.0、30.0	1.500000	(0.35 ×30.0 +1.9 ×1.0) ×1 ×1.5	18.600	53.60	1.000	0.536	2.500	1.353	55.490
26	石屑	m^3	15.000	党峪—工地	汽车、1.0、30.0	1.500000	(0.35 ×30.0 +1.9 ×1.0) ×1 ×1.5	18.600	33.60	1.000	0.336	2.500	0.848	34.780
27	路面用碎石(1.5cm)	m^3	40.000	党峪—工地	汽车、1.0、30.0	1.500000	(0.35 ×30.0 +1.9 ×1.0) ×1 ×1.5	18.600	58.60	1.000	0.586	2.500	1.480	60.670
28	路面用碎石(2.5cm)	m^3	40.000	党峪—工地	汽车、1.0、30.0	1.500000	(0.35 ×30.0 +1.9 ×1.0) ×1 ×1.5	18.600	58.60	1.000	0.586	2.500	1.480	60.670
29	块石	m^3	130.000	党峪—工地	汽车、1.0、30.0	1.850000	(0.35 ×30.0 +1.9 ×1.0) ×1 ×1.85	22.940	152.94			2.500	3.824	156.760

编制:　　　　复核:

机械台班单价计算表

表5-37

建设项目名称:某工业园区道路新建工程C线

编制范围:K0+000~K0+869 第1页 共3页 11表

序号	定额号	机械规格名称	台班单价(元)	不变费用(元)		可变费用(元)																养路费及车船税	合计
				调整系数		机械工		重油		汽油		柴油		煤		电		水		木柴			
				1.0		46.85元/工日		3.8元/kg		7.5元/kg		7.1元/kg		800.0元/t		1.03元/kW·h		2.0元/m³		2.0元/kg			
				定额	调整	定额	费用	定额	费用	定额	费用	定额	费用	定额	费用	定额	费用	定额	费用	定额	费用		
1	1003	75kW以内履带式推土机	729.13	245.140	245.14	2.000	93.70					54.970	390.29										483.99
2	1006	135kW以内履带式推土机	1394.62	604.690	604.69	2.000	93.70					98.060	696.23										789.93
3	1027	0.6m³履带式单斗挖掘机	576.88	219.840	219.84	2.000	93.70					37.090	263.34										357.04
4	1035	1.0m³履带式单斗挖掘机	963.01	411.150	411.15	2.000	93.70					64.530	458.16										551.86
5	1050	2.0m³轮胎式装载机	911.72	200.440	200.44	1.000	46.85					92.860	659.31									5.12	711.28
6	1057	120kW以内平地机	1091.40	408.050	408.05	2.000	93.70					82.130	583.12									6.53	683.35
7	1075	6~8t光轮压路机	291.66	107.570	107.57	1.000	46.85					19.330	137.24										184.09
8	1076	8~10t光轮压路机	329.07	117.500	117.50	1.000	46.85					23.200	164.72										211.57
9	1078	12~15t光轮压路机	498.44	164.320	164.32	1.000	46.85					40.460	287.27										334.12
10	1088	15t以内振动压路机	931.31	315.050	315.05	2.000	93.70					73.600	522.56										616.26
11	1158	100t/h以内稳定土厂拌设备	671.12	273.700	273.70	4.000	187.40									203.900	210.02						397.42

编制: 复核:

续上表

建设项目名称:某工业园区道路新建工程 C 线

编制范围:K0 +000 ~ K0 +869　　　　第 2 页　　共 3 页　　11 表

序号	定额号	机械规格名称	台班单价(元)	不变费用(元)		可变费用(元)																		养路费及车船税	合计
				调整系数		机械工		重油		汽油		柴油		煤		电		水		木柴					
				1.0		46.85 元/工日		3.8 元/kg		7.5 元/kg		7.1 元/kg		800.0 元/t		1.03 元/kW・h		2.0 元/m^3		2.0 元/kg					
				定额	调整	定额	费用	定额	费用	定额	费用	定额	费用	定额	费用	定额	费用	定额	费用	定额	费用				
12	1166	12.5m 稳定土摊铺机	2790.57	1728.360	1728.36	2.000	93.70					136.410	968.51												1062.21
13	1193	4000L 以内沥青洒布车	546.45	179.140	179.14	1.000	46.85			34.280	257.10													63.36	367.31
14	1205	160t/h 以内沥青混合料拌和设备	25850.59	4234.100	4234.10	6.000	281.10	4787.200	18191.36							3052.460	3144.03								21616.49
15	1213	9.0m 以内带自动找平沥青混合料摊铺机	2419.25	1592.200	1592.20	3.000	140.55					96.690	686.50												827.05
16	1224	16 ~ 20t 轮胎式压路机	709.35	362.240	362.24	1.000	46.85					42.290	300.26												347.11
17	1225	20 ~ 25t 轮胎式压路机	868.56	464.650	464.65	1.000	46.85					50.290	357.06												403.91
18	1232	汽车式画线车	512.59	110.710	110.71	2.000	93.70			35.810	268.58													39.60	401.88
19	1272	250L 以内强制式混凝土搅拌机	119.75	18.580	18.58	1.000	46.85									52.740	54.32								101.17
20	1371	3t 以内载货汽车	328.53	57.480	57.48	1.000	46.85			25.960	194.70													29.50	271.05
21	1372	4t 以内载货汽车	409.81	66.380	66.38	1.000	46.85			34.280	257.10													39.48	343.43

编制:　　　　复核:

续上表

建设项目名称:某工业园区道路新建工程C线

编制范围:K0+000~K0+869　　　　第3页　　共3页　　11表

序号	定额号	机械规格名称	台班单价(元)	不变费用(元)		可变费用(元)																	
				调整系数		机械工		重油		汽油		柴油		煤		电		水		木柴		养路费及车船税	合计
				1.0		46.85元/工日		3.8元/kg		7.5元/kg		7.1元/kg		800.0元/t		1.03元/kW·h		2.0元/m³		2.0元/kg			
				定额	调整	定额	费用	定额	费用	定额	费用	定额	费用	定额	费用	定额	费用	定额	费用	定额	费用		
22	1383	5t以内自卸汽车	519.05	103.490	103.49	1.000	46.85			41.630	312.22											56.48	415.56
23	1388	15t以内自卸汽车	1000.62	303.180	303.18	1.000	46.85					67.890	482.02									168.57	697.44
24	1392	15t以内平板拖车组	845.14	242.260	242.26	2.000	93.70					40.460	287.27									221.91	602.88
25	1393	20t以内平板拖车组	1104.64	392.890	392.89	2.000	93.70					45.260	321.35									296.70	711.75
26	1405	6000L以内洒水汽车	677.23	257.900	257.90	1.000	46.85					42.430	301.25									71.23	419.33
27	1449	5t以内汽车式起重机	488.69	199.620	199.62	1.000	46.85			25.710	192.83											49.39	289.07
28	1451	12t以内汽车式起重机	898.84	387.110	387.11	2.000	93.70					44.950	319.14									98.88	511.73
29	1453	20t汽车式起重机	1312.60	672.980	672.98	2.000	93.70					56.000	397.60									148.32	639.62
30	1456	40t汽车式起重机	2409.94	1566.300	1566.30	2.000	93.70					74.290	527.46									222.48	843.64
31	1458	75t汽车式起重机	3638.07	2501.310	2501.31	2.000	93.70					89.530	635.66									407.40	1136.76
32	1726	32kV·A交流电弧焊机	144.35	7.240	7.24	1.000	46.85									87.630	90.26						137.11

编制:　　　　复核:

复习思考题

1. 问答及计算题

(1)概(预)算文件有哪几种形式?各在什么时候编制?

(2)概(预)算的作用是什么?依据是什么?

(3)概(预)算文件和费用的组成是什么?

(4)概(预)算项目表的主要内容是什么?

(5)定额直接工程费和直接工程费的区别和联系是什么?

(6)建设单位管理费的计算方法是什么?

(7)建筑安装工程费的组成是什么?

(8)08-2 表编制的关键是什么?

(9)某桥梁工程的主桥部分的直接工程费为 260 万元,假设其他工程费的综合费率为 10%,间接费的综合费率为 6%,计算直接工程费。利润率为 4%,税率为 3%,计算建筑安装工程费。建设单位管理费率为 3%,计算建设单位管理费。

(10)某路基工程所需片石由工地余方供应,但需要检清,定额规定每检清 $100m^3$ 片石需消耗人工 36 工日。设人工单价为 46.85 元/工日,试计算片石的料场单价。

(11)某水泥、石灰稳定土基层工程,定额标明的配比为 6∶4∶90,设计配比为 5∶3∶92,厚度为 18cm,试确定水泥、石灰、土的实际定额值。

(12)某桥需运输钢材 750t,汽车运输,运距 25km,基本运价 0.34 元/t·km。装卸费 3 元/t,杂费 1 元/t,试计算钢材的单位运杂费。

(13)某高速公路工程,由国外银行贷款修建,贷款总金额折算人民币 20 亿元。第一年贷款 8 亿元,当年计息,以后每年递减 2 亿元,并且每次当年都计息,年利率为 14%,试计算该建设期贷款利息金额。

(14)某架设输电线路工程,其干线工程细目工程量为 3.6km,工期为 3 年,采用角铁横担三线裸铝线,材料原价 3 元/m,试计算该工程细目的工程概算回收金额。

2. 课程设计

苗临县元氏段改建工程,路线起点位于赵赞公路,桩号为 K0 + 000,路线终点位于元氏赞皇界,桩号为 K5 + 550;全长 5.55km。本路段位于石家庄南部,年平均气温 12.3℃,月平均最高气温 26.5℃;年平均降雨量 502.5mm,多集中在 7、8 月份,全年无霜期约 191d。冬季寒冷干燥。

1)工程概况

公路等级:三级公路,设计速度:40km/h。

汽车荷载等级:公路—II 级。

小桥涵宽度:桥涵与路基同宽。

全线按平原微丘区三级公路标准,路基宽 8.5m,路面宽 7m,两侧各 0.05m 的路缘石和 0.70m的土路肩。

路拱横坡采用双面坡,路面坡度为1.5%,土路肩为2.5%。

路面:K3+475~K3+525为过水路面,采用水泥混凝土路面,路面结构为20cm水泥混凝土,30cm M7.5水泥砂浆砌片石,10cm砂砾层;其余路段均采用沥青路面,路面结构为4cm细粒式沥青混凝土,30cm 12%石灰土。

筑路材料:除利用当地土、砂等材料外,所用石灰、碎石、片石和块石等材料,可以从鹿泉、井陉等处购进,筑路材料运输比较方便。运输方式采用汽车由材料产地运到工地。

施工队伍为当地交通局,调遣里程为15km。主副食运费里程为10km。

2)编制说明

(1)预算编制范围为路基、路面、桥梁涵洞、其他工程及沿线设施和临时工程。

(2)编制依据。

①《公路工程基本建设项目概算预算编制办法》(JTG B06—2007),以及河北省交通厅《公路工程基本建设项目概预算编制补充规定》。

②《公路工程预算定额》(JTG/T B06-02—2007)(或交工发[[1992]65号])。

③《公路工程机械台班费用定额》(JTG/T B06-03—2007)。

④1999年9月24日河北省人民政府第九届人民代表大会通过的《河北省土地管理条例》。

⑤2003年10月22日省政府第13次常务会议通过的《河北省地方教育附加征收使用管理规定》。

⑥河北省人民政府令2007年第7号《河北省车船税实施办法》。

⑦人工费:按河北省交通厅704号文的规定,人工费按46.75元/工日计算。

⑧材料单价按照市场价格进行编制,土地按实地情况测定。

⑨运价:按省[1991]冀交运字12号文《河北省运价规定》执行。

⑩其他工程费和间接费综合费率采用地省级标准。

(3)编制本预算考虑有关施工因素的简要说明。

①编制路基土方、路面工程预算时,各主要工程均按机械施工考虑。

②编制分项预算时,构造物中的水泥混凝土和水泥砂浆强度等级和钢筋配置,根据施工设计图要求进行调整。

3)工程量

(1)公路用地及青苗补偿数量共计90.9亩。

(2)赔偿树林表:10cm以下220棵,20~30cm 227棵

(3)拆迁建筑物:砖瓦房407m^2,围墙105m^2,简棚34m^2,大门1个,门台3处,沼气1座,水井4口,浇地管275m,上猪台15m,石灰池1个,坟8座。

拆迁电力、电信及其他管线设施:通信线杆26/3(m/根),动力杆28/4(m/根),高压杆11/2(m/根),电力拉线杆5根,单线杆11根,电话线1根。

(4)砍树挖根数量表:砍灌木林树直径在10cm以下220千m^2,砍树挖根树直径在10cm以上227棵。

(5)路基土、石方工程数量见表5-38。

路基土、石方工程数量表

表 5-38

序号	工程细目名称	单位	数量	备　注
1	挖掘机挖装土方(硬土)	m^3	15368.7	斗容 0.6 m^3
2	机械整修边坡	km	5.55	平原微丘区
3	机械碾压路基	m^2	44025	填前夯实
4	机械碾压路基	m^3	31884.4	路基填方
5	机械整修路拱	m^2	44025	
6	8t 以内自卸汽车运土	m^3	15368.7	运距 2km

(6)路面工程数量见表 5-39 ~ 表 5-41。

过水路面工程数量表(水泥混凝土路面)

表 5-39

序号	工程细目名称	单位	数量	备　注
1	M7.5 浆砌片石基础、护底、截水墙	m^3	205	厚 30cm
2	厚 20cm 水泥混凝土路面	m^3	74.73	分散拌手推车运输
3	人工挖基(干处土方)	m^3	200	基坑深 3m
4	水泥混凝土路面 I 级钢筋	kg	1970.42	
5	水泥混凝土路面 II 级钢筋	kg	538.129	
6	路面砂砾垫层(厚 10 cm)	m^3	82.6	
7	培路肩	千 m^2	11.06	厚度 34cm

破 旧 路 面

表 5-40

序号	工程细目名称	单位	数量	备　注
1	推土机挖除旧路面	千 m^2	18	厚 3cm

沥青混凝土路面

表 5-41

序号	工程细目名称	单位	数量	备　注
1	机拌石灰土(12%)稳定土基层	千 m^2	43.73	厚 30cm
2	透层	千 m^2	40.42	
3	路缘石(混凝土预制块)	m^3	55	
4	安装路缘石	m^3	55	
5	拌和细粒式沥青混凝土 LH—15(100t/h)	千 m^2	38.5	厚 4cm
6	沥青混合料运输(运距 8km)	千 m^2	38.5	厚 4cm
7	机械摊铺细粒式沥青混凝土(100t/h)	千 m^2	38.5	厚 4cm

(7)桥涵工程量见表 5-42 ~ 表 5-43。

石料强度等级不小于 MU30,台身采用 M12.5 浆砌块石,其余砌体均采用 M7.5 浆砌片石。砌体砌筑和砌体抹面、勾缝采用 M10 水泥砂浆。基础垫层为 C10 混凝土。

钢筋混凝土板涵工程数量表(26.6m/4 道)　　表 5-42

序号	工程细目名称	单位	数量	备　注
1	M7.5 浆砌片石台基、护底、截水墙	m^3	118.6	
2	M7.5 浆砌块石翼墙身	m^3	37.5	
3	现浇 C30 混凝土矩形板	m^3	11.1	
4	现浇 C30 混凝土矩形板上部钢筋	kg	235.3	
5	现浇 C25 混凝土台帽	m^3	15.46	
6	台帽钢筋	kg	43.96	
7	M7.5 浆砌块石台身	m^3	69.6	
8	砂砾垫层	m^3	14.6	
9	C20 支撑梁混凝土	m^3	2.35	
10	支撑梁钢筋	kg	204.9	
11	M7.5 砂浆抹面	m^2	17.6	
12	人工挖基坑土方	m^3	164.0	基坑深 3m 以内
13	台背 8% 灰土(压实厚度 15cm)	m^3	286	
14	预制 C20 矩形板混凝土	m^3	6.1	跨径 4m 以内
15	预制板钢筋	kg	565.98	
16	起重机装卸矩形板	m^3	6.1	跨径 4m 以内
17	起重机安装矩形板	m^3	6.1	跨径 4m 以内
18	橡胶板	m^2	18.62	

钢筋混凝土圆管涵工程数量表(55.90m/4 道)　　表 5-43

序号	工程细目名称	单位	数量	备　注
1	人工挖基(干处土方)	m^3	310	基坑深 3m 以内
2	M7.5 浆砌块石墙身	m^3	30.8	(竖井、八字墙、侧墙)
3	M7.5 浆砌片石基础、护底、截水墙	m^3	37.8	
4	M10 水泥砂浆抹面	m^2	30	
5	C10 混凝土基础垫层	m^3	52	
6	缘石	m^3	1.0	
7	预制圆管涵管径 0.75m 以内	m^3	1.7	
8	预制圆管涵管径 1.5m 以内	m^3	12.91	
9	人工安装圆管涵管径 0.75m 以内	m^3	1.7	
10	人工安装圆管涵管径 1.5m 以内	m^3	12.91	

(8)其他工程及沿线设施见表 5-44 ~ 表 5-46。

其他工程 表 5-44

序号	工程细目名称	单位	数量	备注
1	人工伐树、挖根	棵	227	>10cm
2	砍挖灌木林	千 m^2	220	<10cm
3	平整场地	m^2	3335	场地不碾压

安全设施数量表 表 5-45

设施名称	结构形式	数量			
		柱、碑(块)	C25 混凝土(m^3)	钢筋(kg)	C25 基础混凝土(m^3)
里程碑	钢筋混凝土	6	0.36	22.4	0.45
百米桩	钢筋混凝土	59	0.47	43.7	1.8
公路界碑	钢筋混凝土	32	0.87	54.1	
路面标线	黄色	0.44 千 m^2			

管理设施数量表 表 5-46

名称	标志牌	钢材	基础钢筋(Ⅰ级)	C25 基础混凝土	C15 基础混凝土	3:7灰土	挖基
单位	kg	kg	kg	m^3	m^3	m^3	m^3
数量	136.31	2254.3	127.96	10.31	0.56	0.64	40.5

(9)材料预算单价资料表见表 5-47。

材料预算单价资料表 表 5-47

序号	规格名称	单位	代号	原价(元)	供应地点	运输方式及运距	基本运价(元/t·km)	装卸费(元)
1	原木	m^3	10	900	石家庄	汽车 45km	0.38	2.5
2	锯材	m^3	11	1300	石家庄	汽车 45km	0.38	2.5
3	Ⅰ级钢筋	t	16	3300	石家庄	汽车 45km	0.38	2.5
4	Ⅱ级钢筋	t	17	3350	石家庄	汽车 45km	0.38	2.5
5	型钢	t	31	3500	石家庄	汽车 45km	0.38	2.5
6	钢板	t	32	4000	石家庄	汽车 45km	0.38	2.5
7	钢管	t	35	3600	石家庄	汽车 45km	0.38	2.5
8	钢丝绳	t	41	5900	石家庄	汽车 45km	0.38	2.5
9	电焊条	kg	42	4.8	工地价格			
10	组合钢模板	t	57	4300	石家庄	汽车 45km	0.38	2.5
11	铁件	kg	150	4.5	本地	汽车 10km	0.35	2.5
12	铁钉	kg	151	4.5	工地价格			
13	8 ~ 12 号铁丝	kg	153	4.0	工地价格			
14	20 ~ 22 号铁丝	kg	154	4.5	工地价格			
15	铝合金标志	t	159	12000	石家庄	汽车 45km	0.38	2.5

续上表

序号	规格名称	单位	代号	原价（元）	供应地点	运输方式及运距	基本运价（元/t·km）	装卸费（元）
16	橡皮线	m	176	7.0	工地价格			
17	皮线	m	177	5.00	工地价格			
18	油漆	kg	190	10.00	本地	汽车 10km	0.38	
19	标线漆	kg	191	11.0	石家庄	汽车 45km	0.38	2.5
20	油毛毡	m^2	230	2.00	工地价格			
21	32.5 级水泥	t	242	210.0	鹿泉	汽车 60km	0.38	2.5
22	42.5 级水泥	t	243	260	鹿泉	汽车 60km	0.38	2.5
23	石油沥青	t	260	2030	大港	汽车 500km	0.38	2.5
24	重油	kg	263	2.50	石家庄	汽车 45km	0.49	2.5
25	汽油	kg	264	4.65	石家庄	汽车 45km	0.49	2.5
26	柴油	kg	265	4.30	石家庄	汽车 45km	0.49	2.5
27	煤	t	266	340.0	本地	汽车 10km	0.38	2.5
28	电	kW·h	267	1.50	工地价格			
29	水	m^3	268	2.0	工地价格			
30	木柴	kg	269	1.00	工地价格			
31	青(红)砖	千块	275	150.0	本地	汽车 10km	0.38	2.5
32	生石灰	t	278	90.0	井陉	汽车 70km	0.38	2.5
33	土	m^3	280	12.0	工地价格			
34	砂	m^3	285	15.0	本地	汽车 15km	0.35	2.5
35	中(粗)砂	m^3	286	15.0	本地	汽车 15km	0.35	2.5
36	砂砾	m^3	287	12.0	本地	汽车 15km	0.35	2.5
37	黏土	m^3	290	12.0	工地价格			
38	片石	m^3	305	20.0	赞皇	汽车 15km	0.35	2.5
39	粉煤灰	m^3	313	10.0	石家庄	汽车 45km	0.38	2.5
40	矿粉	m^3	315	100.0	鹿泉	汽车 60km	0.38	2.5
41	碎石(2cm)	m^3	320	24.0	赞皇	汽车 15km	0.35	2.5
42	碎石(4cm)	m^3	321	24.0	赞皇	汽车 15km	0.35	2.5
43	碎石(8cm)	m^3	323	24.0	赞皇	汽车 15km	0.35	2.5
44	碎石	m^3	324	24.0	赞皇	汽车 15km	0.35	2.5
45	石屑	m^3	326	20.0	赞皇	汽车 15km	0.35	2.5
46	路面用碎石 1.5cm	m^3	327	24.0	赞皇	汽车 15km	0.35	2.5
47	路面用碎石 2.5cm	m^3	328	24.0	赞皇	汽车 15km	0.35	2.5
48	路面用碎石 3.5cm	m^3	329	24.0	赞皇	汽车 15km	0.35	2.5
49	块石	m^3	343	85.0	赞皇	汽车 15km	0.38	2.5

4)设计内容和要求

(1)设计内容。

①正确完成01表~12表各表的填算。

②正确选取各项费率标准及各项费用的计算公式。

③编写总说明,设计文件装订成册。

(2)设计要求。

①各表填制应按填表说明及编制办法规定进行。

②数据有效位数应按定额相应位数为准。

③用铅笔填表,文字、数据要清晰工整。

④二人对照编制,起到复核作用。

5)作业成果

(1)封面。

(2)编制说明。

(3)01表~12表,每表应填列第×页,共×页。装订顺序为:01表、02表、03表、04表、05表、06表、07表、08-1表、08-2表、09表、11表。

6)作业步骤及计算方法

(1)01表列项。按编制办法中项目表顺序根据工程实际出现的项目列项。"项"号保留,"目"、"节"、"细目"号可随需要增减,并按项目表的顺序以实际出现的"目""节""细目"依次排列。08-2表计算可按列项的顺序,03表暂不能计算,等08表全部完成后结果汇总于03表,汇总后的总金额为第一部分建安费。

(2)04表计算各项费率。

(3)按08-2表出现的所有材料计算材料单价09表(注意运杂费计算式和要乘的系数)。

(4)按08-2表中出现的机械名称编制11表,台班单价为不变费用加可变费用。

(5)填单价汇总表07表(人工单价、材料预算单价、机械单价)。

(6)编制08-2表,与09表、11表、04表交叉进行。汇总08-1表。

工程数量为实际工程量除以定额单位,注意单位的一致性;每页08-2表要进行横向合计,得到人工、材料、机械台班的数量、金额。用横向合计的所有人工、材料、机械、金额与本页人工费、材料费、机械费计算结果进行校核,可及时发现错误。

(7)完成03表。

(8)编制05表、06表。

(9)编制02表,将08-2表中的人工数、材料数、机械台班数全部统计在02表中,有损耗的材料还要计损耗。

(10)编制01表,将03表、06表的计算结果汇总于01表。

(11)编制说明书。所写内容见课本。

第六章

公路工程施工招标、投标报价的编制

教学要求

1. 描述公路工程招标标底的性质和作用；
2. 描述公路工程招标标底编制的原则和依据；
3. 描述标底编制的程序；
4. 编制公路工程招标标底；
5. 描述公路工程施工投标报价编制的原则和依据；
6. 描述投标报价编制的程序；
7. 描述报价的策略和技巧；
8. 编制公路工程施工投标报价。

• 第一节　公路工程招标标底的编制 •

一、标底的性质和作用

标底是建筑产品在建设市场交易中的一种预期价格。标底的编制过程是业主对招标项目所需工程费用的自我测算过程，是评标和定标的重要依据。使业主对各项费用心中有数，为搞好评标工作进而搞好施工过程的投资控制工作打好基础。标底的作用主要有以下三个方面。

1. 标底是评标中衡量投标报价是否合理的尺度，是确定投标单位能否中标的重要依据

根据原交通部颁发的《公路工程施工招标投标管理办法》的规定，投标单位的报价最高不应超出标底的10%，最低不应低于标底的20%。按照这一规定，在评标过程中，一般要求投标单位的报价在无特殊理由的情况下，均不能超出上述范围，否则业主有权视之为不合理报价处理。《公路工程标准施工招标文件》(2009 年版)中还提出，应选择其评标价在上述范围内最低的单位为中标单位。所以投标单位是否能取得中标资格，其报价与标底的差距是重要的影响因素。

2. 标底是招标中防止盲目报价、抑制低价抢标现象的重要手段

低价抢标现象是建设市场不成熟、法律法规不健全、招标管理不规范的产物。低价抢标者不顾客观实际，盲目压低标价，在施工过程中，采取种种不正常手段来避免自己的损失，或偷工减料，或拖延施工进度或无理索赔，所以如不采取切实有效的措施来抑制这种现象，工程的质量和施工进度就无法得到保障，业主的合法权益将受到损害。防止这种现象的一种有效措施就是在评标过程中,以标底为武器,坚决剔除那些低价抢标的标书,使招标投标制真正达到既能降低工程造价,又能保证施工质量和施工进度,从而提高投资效益。所以,标底在招标中具有防止不正当竞争的作用。

3. 标底是控制投资额,核实建设规模的文件

如果按规定的程序和方法编制的标底造价超过批准的概算或修正概算时(指扣除该项工程的建设单位管理费、征地拆迁费、勘察设计费和所有不属于招标范围内的各项费用的余额),应首先进行详细复核并认真分析,对其中不合理部分应剔除或调整。如果经过复核和分析,仍超过批准的概算或修正概算时,应会同设计单位一起寻找原因,必要时由设计单位调整原来的概算或修正概算,并报原批准机关审核批准后,才能进行招标工作。从这方面看,标底又是核实建设规模的文件。

二、标底编制的原则

在编制标底的过程中,应注意以下原则和要求:

(1)标底的价格应反映建筑产品的价值,即在标底编制过程中,应遵循价值规律。

(2)标底的价格应反映建筑市场的供求状况对建筑产品价格的影响,即服从供求规律。

(3)标底的价格应反映出一种平均先进的社会生产力水平,以达到通过招标,促使社会劳动生产力水平提高的目的。

三、标底编制的依据

标底编制的依据主要有以下六个方面。

1. 招标文件

标底作为衡量和评审投标价的尺度,要将招标文件作为编制标底必须遵守的主要依据。另外,对于招标期间业主发出的补遗书和标前会的问题解答,也是招标文件的一部分,同样是标底编制的依据。

2. 概(预)算定额

概(预)算定额是国家各专业部委或各地区根据专业和地区的特点,对本专业或本地区的建筑安装工程按照合理的施工组织和一般正常的施工条件编制的专业或地区的统一定额,是一种具有法定性的指标。标底要起到控制投资额和作为招标工程中业主的控制价格,就应该按颁布的现行概(预)算定额来编制。标底和投标报价编制的不同点之一,就是投标人可根据自己企业的技术措施、管理水平、企业定额或以往的工作经验来编制报价书,而不受国家规定计价依据的约束,而标底则必须根据国家规定的计价依据编制。

3. 费用定额

费用定额也是编制标底的依据。费用定额与编制标底有关的取费标准有包括施工技术装备费、税金、施工图预算包干费在内的其他直接费、现场经费、间接费、利润等。编制标底时,费用定额的项目和费率的取定可根据招标工程的工程规模、招标方式、招标文件的有关规定以及参加投标的各施工企业的情况而定,但其基本费率的取费依据是费用定额。

4. 工、料、机价格

工、料、机价格是计算直接费的主要依据。人工工资应按《公路工程基本建设项目概算预算编制办法》公式及其计算方法确定或实行工程所在地的指导价格;工、料、机价格施行"指导价或市场价原则",即人工工日预算单价执行地区或行业规定的人工工日单价指导价格;机械台班预算单价执行地区或行业统一的《机械台班费用定额》的分析价;材料预算单价采用地区规定的指导价或以市场供应价为基础分析的材料抵运工地的交验价格。

5. 初步设计文件或施工图设计文件

经上级主管部门或有关方面审查批准的初步设计和概算文件或施工图设计和预算文件,也是标底编制的主要依据。标底不能超过批准的投资额。

6. 施工方案

制订完善的施工组织方案或施工组织设计,才能编好标底。标底的许多方面都与施工组织方 案有关,如临时工程的数量,路基、路面采用的施工机械,钻孔桩的钻机型号,架梁方案等。

四、标底编制的程序

标底的编制方法与程序基本上和概(预)算相同,但它比概(预)算的要求更为具体和确切,因此,更应结合招标工程的实际情况进行编制。

1. 标底和概(预)算的主要区别

标底的编制原则决定了标底不同于工程的概(预)算,同时,标底的编制又离不开工程的概(预)算。这有两方面原因:一方面,国家规定标底必须控制在批准的概算或投资包干的限额之内。如标底突破批准的概算,必须先经原概算批准机关批准。另一方面,由于技术、经验和所掌握的资料的限制,标底编制单位不得不以概(预)算定额及概(预)算编制办法为基础来进行预测,并以此作为标底编制的依据。

标底和概(预)算的主要区别在于:

(1)标底要按工程量清单的项目和数量进行编制,概(预)算则按定额项目和以图纸计算的工程数量套用相应定额进行编制。

(2)标底可根据现场具体情况,考虑必要的工程特殊措施费,如边通车边施工路段具体的维持通车的措施费,概(预)算除在其他直接费中计算行车干扰工程施工增加费外,一般不能再计其他费用。

(3)标底可根据具体工程和不同的承包方式考虑不同的包干系数,概(预)算则按规定的不可预见费率计算。

(4)标底中的其他工程费、间接费、利润、税金的费率应根据招标工程的规模、地区条件、招标方式和投标单位的实际情况取定,概(预)算则按费用定额规定编制。

(5)标底只计算工程量清单的费用(主要是建筑安装工程费用),概(预)算则是计算建设项目全部投资的预计数额,除工程施工费外,还包括设备购置、征地拆迁、勘察设计、贷款利息和建设单位管理费等其他费用。

(6)标底应根据具体工期要求和施工组织计划编制,概(预)算则难以考虑工期等具体情况。

2. 标底编制的程序和方法

1)准备工作

(1)熟悉招标图纸和说明。标底编制前,应仔细阅读招标图纸和说明,如发现图纸、说明和技术规范有矛盾或不符、不够明确的地方，应要求招标文件编制单位给予交底或澄清。

(2)熟悉招标文件内容。对投标须知、合同条款、工程量清单和辅助资料表中与报价有关的内容要搞清楚，对业主"三通一平"的提供程度、价格调整的有关规定、预付款额度、工程质量和工期要求等都要明确。

(3)考察工程现场。对工程施工现场条件和周围环境进行实地考察，以作为考虑施工方案、工程特殊技术措施费和临时工程设置等的依据。

(4)进行材料价格调查。掌握当地材料、设备的实际市场价格，砂、石等地方材料的料场价、运距、运费和料源等也要调查收集。

2)工程量计算

(1)复核工程量清单。首先要弄清楚工程量清单中工程数量的范围，应根据图纸和技术规范中计量支付的规定计算复核工程数量，如和工程量清单有出入，必须搞清楚出入的原因。

(2)按定额计算工程量。以工程量清单的每一个细目作为一个项目，根据图纸和施工组织方案，考虑其由几个定额子目组成，并计算这几个定额项目的工程量。如工程量清单的一个细目是"直径1.2m水中钻孔灌注桩"，技术规范计量与支付中规定，除钢筋在钢筋一节中另行计量外，它包括了灌注桩成桩的所有工作，一般可由以下定额项目组成：不同土质的钻孔长度；护筒埋设；水中钻孔平台；灌注混凝土；船上拌和台和泥浆船摊销；船上拌和混凝土等。有定额可套的临时工程如便道、便桥等的工程数量也应按施工方案予以计算确定。

3)确定工、料、机单价

根据准备工作中收集到的资料，计算和确定人工、材料、机械台班单价。

4)计算综合费率

综合费率由其他工程费、间接费、利润、税金的费率等组成，要根据招标文件中有关条款和概(预)算编制办法的有关规定确定各项费率。

5)计算工程项目总金额

按概(预)算编制办法计算各项工程项目的总金额，也就是编制一个概(预)算。

6)编制标底单价

根据工程量清单各工程细目所包含的工作内容及相应的计量与支付办法，在概(预)算工作的基础上，对概(预)算08表中的分项工程进行适当合并、分解或用其他技术处理，然后按综合费率再增加税金、包干费等项目后确定出各工程细目的标底单价。也可直接利用标底03表，在增加包干费等项目后算出每项的合计金额除以该项工程量则得出单价。以上表格请参照《公路工程标准施工招标文件》(2009年版)。

7)计算标底总金额

按工程量清单计算各章金额，其中100章总则中的保险费、临时工程费、监理工程师设施等按实际费用计算列入，其余各章按工程量清单中的数量乘以计算得出的单价计算，然后计算工程量清单汇总表，得出标底总金额。

8)编写标底说明

计算出标底总金额后，应写出标底编制说明。编制说明的内容与概(预)算编制说明差不多，主要涉及编制依据、费率取定、问题说明等有关内容。最后将编制说明、标价的工程量清单、人工和主要材料数量汇总表等合订在一起，就完成一份完整的标底文件。

五、标底编制算例

原始数据见表6-1。

原始数据表

表6-1

建设项目：××公路L1合同

编制范围：K0+000~K7+550

第1页　共4页　原表

编号	名　称	单位	工程量	费率号	备　注
1	第100章至第700章合计		0.0		
	第100章　总则		0.0		
101-1	保险费		0.0		
-a	按合同条款规定，提供建筑工程一切险	总额	1.0		({A}-{b1})×3%
-b	按合同条款规定，提供第三方责任险	总额	1.0		1.0×15000元
102-1	竣工文件	总额	1.0		
102-2	环境保护		0.0		
-a	施工环保费	总额	1.0		1.0×200000元
102-4	安全生产费	总额	1.0		
103-1	临时道路		0.0		
-a	临时道路修建养护及拆除	总额	1.0		1.0×100000元
103-2	临时工程用地	总额	1.0		
104-1	承包人驻地建设	总额	1.0		
	第200章　路基		0.0		
202-1	清理与掘除		0.0		
-a	清理现场	m^2	440861.7		
1-1-1-12	135kW以内推土机清除表土	100 m^3	881.72	02	
1-1-11-17	12t以内自卸汽车运输第一个1km土方	1000m^3 天然密实方	88.172	03	
1-1-10-3	装载机斗容量3m^3以内土方	1000m^3 天然密实方	88.172	02	
-b	砍伐树木	棵	20639.0		
1-1-1-3	人工伐树，推土机推挖树根(135kW)	10棵	2063.9	01	定额×0.4
-c	挖除树根	棵	20639.0		
1-1-1-3	人工伐树，推土机推挖树根(135kW)	10棵	2063.9	01	定额×0.6
202-2	挖除旧路面		0.0		
-b	沥青混凝土路面	m^2	37.0		
2-3-2-9	机械挖清风镐沥青面层	10m^3	0.555	07	
1-1-11-17	12t以内自卸汽车运输第一个1km土方	1000m^3 天然密实方	0.0060	03	

建设项目：××公路 L1 合同　　　　续上表

编制范围：K0+000~K7+550　　　　第 2 页　共 4 页　原表

编号	名　称	单位	工程量	费率号	备　注
1-1-10-3	装载机斗容量 $3m^3$ 以内土方	$1000m^3$ 天然密实方	0.0060	02	
203-1	路基挖方		0.0		
-a	挖土方	m^3	56775.7		
1-1-9-8	斗容量 $2.0m^3$ 以内挖掘机挖装普通土	$1000m^3$ 天然密实方	56.776	02	
204-1	路基填筑		0.0		
-b	利用土方	m^3	57081.6		
1-1-18-4	高速、一级公路 15t 以内振动压路机碾压土方	$1000m^3$ 压实方	57.082	02	
1-1-22-5	6000L 以内洒水车洒水第一个 1km	$1000m^3$ 水	1.712	03	
买水	水费	m^3	1712.0		1712.0×3 元
-e	借土填方	m^3	1675637.3		
1-1-18-4	高速、一级公路 15t 以内振动压路机碾压土方	$1000m^3$ 压实方	1471.009	02	
1-1-11-17	12t 以内自卸汽车运输第一个 1km 土方	$1000m^3$ 天然密实方	1706.371	03	
买土	土费	m^3	1706371.0		1706371.0×10 元
1-1-9-8	斗容量 $2.0m^3$ 以内挖掘机挖装普通土	$1000m^3$ 天然密实方	1706.361	02	
1-1-22-5	6000L 以内洒水车洒水第一个 1km	$1000m^3$ 水	44.13	02	
买水	水费	m^3	44130.0		44130.0×3 元
1-1-20-1	机械整修路拱	$1000m^2$	211.4	02	
1-1-20-3	整修边坡(二级及以上等级公路)	1km	7.55	01	
1-1-21-2	刷坡检底普通土	$1000m^3$	30.734	01	
-i	借土方超运	$m^3 \cdot km$	3341799.8		3341799.8×1.2 元
207-1	边沟		0.0		
207-2	排水沟		0.0		
-a	600mm×800mm M7.5 浆砌片石排水沟	m	16345.6		
1-2-3-1	边沟、排水沟、截水沟浆砌片石	$10m^3$ 实体	1288.46	08	[41118001]M5 水泥砂浆换[41118002]M7.5 水泥砂浆
4-11-5-1	填砂砾(砂)	$10m^3$	184.06	08	

建设项目：× ×公路 L1 合同　　　　续上表

编制范围：K0 + 000 ~ K7 + 550　　　　第 3 页　共 4 页　原表

编号	名　称	单位	工程量	费率号	备　注
1-2-1-2	普通土	$1000m^3$ 天然密实方	14.726	01	
207-4	急流槽		0.0		
-a	M7.5 浆砌片石	m^3	62.5		
4-11-5-1	填砂砾(砂)	$10m^3$	0.87	08	
1-1-9-8	斗容量 2.0m^3 以内挖掘机挖装普通土	$1000m^3$ 天然密实方	0.087	02	
1-2-3-3	急流槽浆砌片石	$10m^3$ 实体	6.25	08	[41118001] M5 水泥砂浆换 [41118002] M7.5 水泥砂浆
208-2	浆砌片石护坡		0.0		
-c	M7.5 浆砌片石	m^3	1453.5		
5-1-10-2	浆砌片石	$10m^3$ 实体	145.35	08	[41118001] M5 水泥砂浆换 [41118002] M7.5 水泥砂浆
-d	砂砾垫层	m^3	462.3		
4-11-5--1	填砂砾(砂)	$10m^3$	46.23	08	
	第 300 章　路面		0.0		
304-2	水泥稳定碎石基层		0.0		
-a	厚 200mm	m^2	1920.0		
2-1-2-23	压实厚度 20cm 稳定土拌和机拌和水泥碎石水泥剂量 5%	$1000m^2$	1.92	07	实际厚度(cm)：+ [2-1-2-24] ×5.0
311-1	水泥混凝土面板		0.0		
-a	厚 230mm	m^2	1920.0		
2-2-17-3	普通混凝土摊铺机铺筑轨道式路面厚度 23cm	$1000m^2$ 路面	1.92	06	实际厚度(cm)：+ [2-2-17-4] ×3.0
	第 400 章　桥梁、涵洞		0.0		
420-2	钢筋混凝土箱涵		0.0		
-a	1-4 ×2.3m	m	163.7		
4-6-7-1	混凝土箱涵净空 2.0m ×1.5m ~4.0m ×3.0m	$10m^3$ 实体	88.904	08	
4-6-7-4	钢筋箱涵净空 2.0m ×1.5m ~4.0m ×3.0m	1t 钢筋	120.97	13	

建设项目：××公路 L1 合同　　　　续上表

编制范围：K0 + 000 ~ K7 + 550　　　　第 4 页　共 4 页　原表

编号	名　　称	单位	工程量	费率号	备　　注
4-6-2-1	轻型墩台混凝土钢筋混凝土墩台	10m³ 实体	8.81	13	[41119021]C25 普通混凝土 32.5 级水泥 4cm 碎石换[41119022]C30 普通混凝土 32.5 级水泥 4cm 碎石
4-6-2-8	钢筋	1t 钢筋	7.659	13	
4-6-1-1	轻型墩台混凝土基础跨径 4m 以内	10m³ 实体	5.26	08	[41119035]C15 普通混凝土 32.5 级水泥 8cm 碎石换[41119022]C30 普通混凝土 32.5 级水泥 4cm 碎石
4-6-1-1	轻型墩台混凝土基础跨径 4m 以内	10m³ 实体	8.57	08	[41119035]C15 普通混凝土 32.5 级水泥 8cm 碎石换[41119036]C20 普通混凝土 32.5 级水泥 8cm 碎石
4-11-5-1	填砂砾(砂)	10m³	342.7	08	
4-5-2-9	锥坡、沟、槽、池	10m³	6.63	08	
5-1-6-1	混凝土预制块、席块护坡预制混凝土	10m³	1.39	08	[41119020]C20 普通混凝土 32.5 级水泥 4cm 碎石换[41119021]C25 普通混凝土 32.5 级水泥 4cm 碎石
5-1-6-3	混凝土预制块、席块护坡铺砌混凝土块	100m²	1.39	08	
4-11-2-1	锥坡填土	10m³ 实体	17.04	08	
4-6-1-1	轻型墩台混凝土基础跨径 4m 以内	10m³ 实体	7.35	08	[41119035]C15 普通混凝土 32.5 级水泥 8cm 碎石换[41119036]C20 普通混凝土 32.5 级水泥 8cm 碎石
4-1-3-1	单个基坑体积≤1500m³ 土方卷扬机配抓斗	1000m³	4.546	08	
4-11-11-1	容量 250L 以内	10m³	120.3	10	
11	已包含在清单合计中的专项暂定金额小计		0.0		
12	清单合计减去专项暂定金额		0.0		
15	计日工合计		0.0		
1	劳务		0.0		
2	材料		0.0		
3	施工机械		0.0		
18	不可预见费(暂定金额)		0.0		
20	投标价		0.0		

编制：　　　　复核：

工程量清单汇总见表6-2。

工程量清单汇总表

表6-2

建设项目：××公路L1合同　　标表1

序号	科目名称	金额(元)
1	第100章至第700章合计	57363891
2	第100章　总则	4320030
3	第200章　路基	50715803
4	第300章　路面	226829
5	第400章　桥梁、涵洞	2101229
6	已包含在清单合计中的专项暂定金额小计	
7	清单合计减去专项暂定金额	57363891
8	计日工合计	
9	不可预见费(暂定金额)	2868195
10	投标价	60232085

工程量清单见表6-3。

工程量清单

表6-3

建设项目：××公路L1合同　　标表2

第100章　总则					
细目号	细目名称	单位	数量	单价	合价
101-1	保险费				184844
-a	按合同条款规定，提供建筑工程一切险	总额	1.000	169843.80	169844
-b	按合同条款规定，提供第三方责任险	总额	1.000	15000.00	15000
102-1	竣工文件	总额	1.000	100000.00	100000
102-2	环境保护				200000
-a	施工环保费	总额	1.000	200000.00	200000
102-4	安全生产费	总额	1.000	564447.55	564448
103-1	临时道路				100000
-a	临时道路修建养护及拆除	总额	1.000	100000.00	100000
103-2	临时工程用地	总额	1.000	200000.00	200000
104-1	承包人驻地建设	总额	1.000	2970739.00	2970739
第100章　总则　合计　人民币　4320030元					
第200章　路基					
细目号	细目名称	单位	数量	单价	合价
202-1	清理与掘除				1534254
-a	清理现场	m^2	440861.700	1.99	877315
-b	砍伐树木	棵	20639.000	12.73	262734
-c	挖除树根	棵	20639.000	19.10	394205

续上表

建设项目：××公路 L1 合同　　标表 2

细目号	细 目 名 称	单位	数量	单价	合价
202-2	挖除旧路面				443
-b	沥青混凝土路面	m^2	37.000	11.98	443
203-1	路基挖方				143075
-a	挖土方	m^3	56775.700	2.52	143075
204-1	路基填筑				44748104
-b	利用土方	m^3	57081.600	5.34	304816
-e	借土填方	m^3	1675637.300	24.13	40433128
-i	借土方超运	$m^3 \cdot km$	3341799.800	1.20	4010160
207-1	边沟				
207-2	排水沟				3881590
-a	600mm×800mm M7.5 浆砌片石排水沟	m	16345.600	237.47	3881590
207-4	急流槽				15918
-a	M7.5 浆砌片石	m^3	62.500	254.68	15918
208-2	浆砌片石护坡				392420
-c	M7.5 浆砌片石	m^3	1453.500	229.64	333782
-d	砂砾垫层	m^3	462.300	126.84	58638
第 200 章　路基　合计　人民币　50715803 元					
第 300 章　路面					
细目号	细 目 名 称	单位	数量	单价	合价
304-2	水泥稳定碎石基层				71693
-a	厚 200mm	m^2	1920.000	37.34	71693
311-1	水泥混凝土面板				155136
-a	厚 230mm	m^2	1920.000	80.80	155136
第 300 章　路面　合计　人民币　226829 元					
第 400 章　桥梁、涵洞					
细目号	细 目 名 称	单位	数量	单价	合价
420-2	钢筋混凝土箱涵				2101229
-a	1-4×2.3m	m	163.700	12835.85	2101229
第 400 章　桥梁、涵洞　合计　人民币　2101229 元					

单价分析(03 表分项格式)见表 6-4。

单价分析表(03 表分项格式)　　表 6-4

合同段：××公路 L1 合同　　货币单位：人民币(元)　　标表 4-1

编号	项目名称	单位	工程量	人工费	材料费	机械费	工、料、机合计	综合费费率(%)	综合费	摊销费	合计	单价
420-2-a	1-4×2.3m	m	163.700	397119	1088267	135102	1620488	29.666	480741		2101229	12835.85

单价分析表(03 表格式)见表 6-5。

单价分析表(03 表格式) 表 6-5

项目编号:420-2-a

项目名称:1-4×2.3m 单位:m 单价:12835.85 元 摊销费: 元 标表 4-2

编号	项目名称	单位	工程量	人工费(元)	材料费(元)	机械费(元)	工、料、机合计(元)	综合费费率(%)	综合费(元)	合计(元)	单价(元)
4-6-7-1	混凝土箱涵净空 2.0m×1.5m~4.0m×3.0m	$10m^3$ 实体	88.904	112043	239090	69368	420501	31.748	133499	554000	6231.44
4-6-7-4	钢筋箱涵净空 2.0m×1.5m~4.0m×3.0m	1t 钢筋	120.97	79912	498240	40864	619016	22.840	141382	760398	6285.84
4-6-2-1 换	轻型墩台混凝土钢筋混凝土墩台	$10m^3$ 实体	8.810	8338	27534	2121	37992	26.577	10097	48089	5458.48
4-6-2-8	钢筋	1t 钢筋	7.659	2727	31345	946	35018	20.721	7256	42275	5519.60
4-6-1-1 换	轻型墩台混凝土基础跨径 4m 以内	$10m^3$ 实体	5.260	2095	13119	742	15956	26.156	4174	20130	3827.00
4-6-1-1 换	轻型墩台混凝土基础跨径 4m 以内	$10m^3$ 实体	8.570	3413	18617	1209	23239	26.801	6228	29467	3438.40
4-11-5-1	填砂砾(砂)	$10m^3$	342.70	94729	232868		327597	32.687	107082	434680	1268.40
4-5-2-9	锥坡、沟、槽、池	$10m^3$	6.630	4721	7441		12163	36.783	4474	16636	2509.26
5-1-6-1 换	混凝土预制块、席块护坡预制混凝土	$10m^3$	1.390	1882	3023	61	4966	36.403	1808	6774	4873.14
5-1-6-3	混凝土预制块、席块护坡铺砌混凝土块	$100m^2$	1.390	755	1023		1778	38.296	681	2459	1769.41
4-11-2-1	锥坡填土	$10m^3$ 实体	17.040	3593			3593	62.090	2231	5823	341.73
4-6-1-1 换	轻型墩台混凝土基础跨径 4m 以内	$10m^3$ 实体	7.350	2927	15966	1037	19931	26.801	5342	25272	3438.40
4-1-3-1	单个基坑体积≤$1500m^3$土方卷扬机配抓斗	$1000m^3$	4.546	64767		12927	77695	55.208	42894	120588	26526.2
4-11-11-1	容量 250L 以内	$10m^3$	120.30	15218		5826	21044	64.590	13592	34636	287.92

单价分析(08 表格式)见表 6-6。

单价分析表(08 表格式)

表 6-6

项目编号:420-2-a

项目名称:1-4×2.3m　　单位:m　　数量:163.700　　单价:12835.85 元　　摊销费：元　　标表 4-3

代号	工程项目			现浇箱涵			现浇箱涵			实体式墩台			实体式墩台		
	工程细目			混凝土箱涵净空 2.0m×1.5m～4.0m×3.0m			钢筋箱涵净空 2.0m×1.5m～4.0m×3.0m			轻型墩台混凝土 钢筋混凝土墩台			钢筋		
	定额单位			10m³ 实体			1t 钢筋			10m³ 实体			1t 钢筋		
	工程数量			88.904			120.970			8.810			7.659		
	定额表号			4-6-7-1			4-6-7-4			4-6-2-1 改			4-6-2-8		
	工、料、机名称	单位	单价(元)	定额	数量	金额(元)	定额	数量	金额(元)	定额	数量	金额(元)	定额	数量	金额(元)
1	人工	工日	46.85	26.900	2391.518	112043	14.100	1705.677	79911	20.200	177.962	8338	7.600	58.208	2727
101	原木	m³	1087.57	0.026	2.312	2514				0.122	1.075	1169			
102	锯材木中板 δ=19～35mm	m³	1395.07	0.030	2.667	3721				0.131	1.154	1610			
111	光圆钢筋直径 10～14mm	t	3986.53							0.001	0.009	35	0.159	1.218	4855
112	带肋钢筋直径 15～24mm,25mm 以上	t	3955.78				1.025	123.994	490494				0.866	6.633	26237
182	型钢	t	3986.53	0.014	1.245	4962				0.020	0.176	702			
191	钢管	t	3935.28	0.003	0.267	1050				0.017	0.150	589			
221	钢丝绳	t	5238.82							0.001	0.009	46			
231	电焊条	kg	4.62				10.500	1270.185	5868				3.500	26.806	124
272	组合钢模板	t	4705.89	0.035	3.112	14643				0.045	0.396	1866			
273	门式钢支架	t	4705.89	0.005	0.445	2092									
651	铁件	kg	6.16	14.300	1271.327	7831				26.000	229.060	1411			

项目编号:420-2-a

续上表

项目名称:1-4×2.3m　　单位:m　　数量:163.700　　单价:12835.85 元　　摊销费:　元　　标表 4-3

代号	工程项目			现浇箱涵			现浇箱涵			实体式墩台			实体式墩台		
	工程细目			混凝土箱涵净空 2.0m×1.5m~4.0m×3.0m			钢筋箱涵净空 2.0m×1.5m~4.0m×3.0m			轻型墩台混凝土 钢筋混凝土墩台			钢筋		
	定额单位			$10m^3$ 实体			1t 钢筋			$10m^3$ 实体			1t 钢筋		
	工程数量			88.904			120.970			8.810			7.659		
	定额表号			4-6-7-1			4-6-7-4			4-6-2-1 改			4-6-2-8		
	工、料、机名称	单位	单价(元)	定额	数量	金额(元)	定额	数量	金额(元)	定额	数量	金额(元)	定额	数量	金额(元)
653	铁钉	kg	5.65							0.500	4.405	25			
655	8~12 号铁丝	kg	6.16							0.600	5.286	33			
656	20~22 号铁丝	kg	6.47				2.400	290.328	1878				2.600	19.913	129
832	32.5 级水泥	t	367.40	3.845	341.836	125591				3.845	33.874	12445			
866	水	m^3	3.00	12.000	1066.848	3201				12.000	105.720	317			
899	中(粗)砂	m^3	50.51	4.690	416.960	21061				4.696	41.372	2090			
952	碎 石(4cm)	m^3	69.62	8.470	753.017	52425				8.470	74.621	5195			
996	其他材料费	元		18.400	1635.834					86.200	759.422				
1449	5t 以内汽车式起重机	台班	455.26				0.060	7.258	3304						
1451	12t 以内汽车式起重机	台班	830.06	0.940	83.570	69368				0.290	2.555	2121			
1500	50kN 以内单筒慢动电动卷扬机	台班	111.02										0.330	2.527	281

项目编号:420-2-a　　续上表

项目名称:1-4×2.3m　　单位:m　　数量:163.700　　单价:12835.85 元　　摊销费：　元　　标表 4-3

代号	工程项目			现浇箱涵			现浇箱涵			实体式墩台			实体式墩台		
	工程细目			混凝土箱涵净空 2.0m×1.5m～4.0m×3.0m			钢筋箱涵净空 2.0m×1.5m～4.0m×3.0m			轻型墩台混凝土 钢筋混凝土墩台			钢筋		
	定额单位			$10m^3$ 实体			1t 钢筋			$10m^3$ 实体			1t 钢筋		
	工程数量			88.904			120.970			8.810			7.659		
	定额表号			4-6-7-1			4-6-7-4			4-6-2-1 改			4-6-2-8		
	工、料、机名称	单位	单价(元)	定额	数量	金额(元)	定额	数量	金额(元)	定额	数量	金额(元)	定额	数量	金额(元)
1726	32kV·A 交流电弧焊机	台班	124.19				2.500	302.425	37558				0.700	5.361	666
1998	小型机具使用费	元		9.500	844.588		28.700	3471.839		9.300	81.933		18.100	138.628	
	其他材料费	元													
	其他机械使用费	元													
	其他工程费	元		3.400		14297	2.720		16837	2.720		1033	2.720		952
	间接费 规费	元		40.000		44817	40.000		31965	40.000		3335	40.000		1091
	间接费 企业管理费	元		5.520		24001	3.380		21492	3.380		1319	3.380		1216
	利润	元		7.000		32116	7.000		46014	7.000		2824	7.000		2603
	税金	元		3.410		18268	3.410		25075	3.410		1586	3.410		1394
	合计	元				554000			760398			48089			42275
	单位单价	元				6231			6286			5458			5520
	每米(m)单价	元				3384.24			4645.07			293.76			258.24

续上表

项目编号:420-2-a

项目名称:1-4×2.3m　　单位:m　　数量:163.700　　单价:12835.85 元　　摊销费:　元　　标表 4-3

代号	工程项目			基础、承台及支撑架			基础、承台及支撑架			基础垫层			浆砌片石		
	工程细目			轻型墩台混凝土基础 跨径 4m 以内			轻型墩台混凝土基础 跨径 4m 以内			填砂砾(砂)			锥坡、沟、槽、池		
	额定单位			$10m^3$ 实体			$10m^3$ 实体			$10m^3$			$10m^3$		
	工程数量			5.260			8.570			342.700			6.630		
	定额表号			4-6-1-1 改			4-6-1-1 改			4-11-5-1			4-5-2-9		
	工、料、机名称	单位	单价(元)	定额	数量	金额(元)	定额	数量	金额(元)	定额	数量	金额(元)	定额	数量	金额(元)
1	人工	工日	46.85	8.500	44.710	2095	8.500	72.845	3413	5.900	2021.930	94727	15.200	100.776	4721
102	锯材木中板 δ =19~35mm	m^3	1395.07	0.003	0.016	22	0.003	0.026	36						
182	型钢	t	3986.53	0.011	0.058	231	0.011	0.094	376						
272	组合钢模板	t	4705.89	0.024	0.126	594	0.024	0.206	968						
651	铁件	kg	6.16	9.400	49.444	305	9.400	80.558	496						
832	32.5 级水泥	t	367.40	3.845	20.225	7431	2.876	24.647	9055				0.853	5.655	2078
866	水	m^3	3.00	12.000	63.120	189	12.000	102.840	309				18.000	119.340	358
899	中(粗)砂	m^3	50.51	4.692	24.680	1247	5.508	47.204	2384				4.230	28.045	1417
902	砂砾	m^3	52.27							13.000	4455.100	232868			
931	片石	m^3	47.07										11.500	76.245	3589
952	碎 石(4cm)	m^3	69.62	8.466	44.531	3100									
954	碎 石(8cm)	m^3	69.62	0.004	0.021	1	8.368	71.714	4993						
996	其他材料费	元		25.600	134.656		25.600	219.392					1.200	7.956	
1451	12t 以内汽车式起重机	台班	830.06	0.170	0.894	742	0.170	1.457	1209						

项目编号:420-2-a　　　　　　　　　　　　　　　　　　　　　　　　　　续上表

项目名称:1-4×2.3m　　单位:m　　数量:163.700　　单价:12835.85 元　　摊销费:　元　　标表 4-3

代号	工程项目			基础、承台及支撑架			基础、承台及支撑架			基础垫层			浆砌片石		
	工程细目			轻型墩台混凝土基础 跨径 4m 以内			轻型墩台混凝土基础 跨径 4m 以内			填砂砾(砂)			锥坡、沟、槽、池		
	额定单位			$10m^3$ 实体			$10m^3$ 实体			$10m^3$			$10m^3$		
	工程数量			5.260			8.570			342.700			6.630		
	定额表号			4-6-1-1 改			4-6-1-1 改			4-11-5-1			4-5-2-9		
	工、料、机名称	单位	单价(元)	定额	数量	金额(元)	定额	数量	金额(元)	定额	数量	金额(元)	定额	数量	金额(元)
1998	小型机具使用费	元		7.600	39.976		7.600	65.132					7.500	49.725	
	其他材料费	元													
	其他机械使用费	元													
	其他工程费	元		3.400		543	3.400		790	3.400		11138	3.400		414
	间接费 规费	元		40.000		838	40.000		1365	40.000		37892	40.000		1889
	间接费 企业管理费	元		5.520		911	5.520		1326	5.520		18698	5.520		694
	利润	元		7.000		1219	7.000		1775	7.000		25020	7.000		929
	税金	元		3.410		664	3.410		972	3.410		14334	3.410		549
	合计	元				20130			29467			434680			16636
	单位单价	元				3827			3438			1268			2509
	每米(m)单价	元				122.97			180.01			2655.34			101.63

项目编号:420-2-a　　　　　　　　　　　　　　　　　　　　　　　　　　续上表

项目名称:1-4×2.3m　　单位:m　　数量:163.700　　单价:12835.85 元　　摊销费:　元　　标表 4-3

代号	工、料、机名称	单位	单价(元)	定额	数量	金额(元)	定额	数量	金额(元)	定额	数量	金额(元)	定额	数量	金额(元)
	工程项目			预制混凝土护坡			预制混凝土护坡			锥坡填土、拱上填料、台背排水			基础、承台及支撑架		
	工程细目			混凝土预制块、席块护坡预制混凝土			混凝土预制块、席块护坡铺砌混凝土块			锥坡填土			轻型墩台混凝土基础跨径 4m 以内		
	定额单位			$10m^3$			$100m^2$			$10m^3$ 实体			$10m^3$ 实体		
	工程数量			1.390			1.390			17.040			7.350		
	定额表号			5-1-6-1 改			5-1-6-3			4-11-2-1			4-6-1-1 改		
1	人工	工日	46.85	28.900	40.171	1882	11.600	16.124	755	4.500	76.680	3592	8.500	62.475	2927
102	锯材木中板 δ=19~35mm	m^3	1395.07										0.003	0.022	31
182	型钢	t	3986.53	0.012	0.017	66							0.011	0.081	322
231	电焊条	kg	4.62	0.200	0.278	1									
272	组合钢模板	t	4705.89										0.024	0.176	830
651	铁件	kg	6.16	1.100	1.529	9							9.400	69.090	426
832	32.5 级水泥	t	367.40	3.384	4.704	1728	0.115	0.160	59				2.876	21.139	7766
851	石油沥青	t	3116.31				0.022	0.031	95						
866	水	m^3	3.00	16.000	22.240	67	10.000	13.900	42				12.000	88.200	265
899	中(粗)砂	m^3	50.51	4.849	6.740	340	0.400	0.556	28				5.508	40.484	2045
902	砂砾	m^3	52.27				11.000	15.290	799						
952	碎 石(4cm)	m^3	69.62	8.379	11.647	811									
954	碎 石(8cm)	m^3	69.62										8.368	61.505	4282
996	其他材料费	元		13.900	19.321		47.400	65.886					25.600	188.160	
1272	250L 以内强制式混凝土	台班	107.62	0.370	0.514	55									

项目编号:420-2-a　　　　　　　　　　　　　　　　　　　　　　　　　　　　　　　　　　　续上表

项目名称:1-4×2.3m　　单位:m　　数量:163.700　　单价:12835.85 元　　摊销费:　元　　标表 4-3

代号	工程项目			预制混凝土护坡			预制混凝土护坡			锥坡填土、拱上填料、台背排水			基础、承台及支撑架		
	工程细目			混凝土预制块、席块护坡预制混凝土			混凝土预制块、席块护坡铺砌混凝土块			锥坡填土			轻型墩台混凝土基础跨径 4m 以内		
	定额单位			$10m^3$			$100m^2$			$10m^3$ 实体			$10m^3$ 实体		
	工程数量			1.390			1.390			17.040			7.350		
	定额表号			5-1-6-1 改			5-1-6-3			4-11-2-1			4-6-1-1 改		
	工、料、机名称	单位	单价(元)	定额	数量	金额(元)	定额	数量	金额(元)	定额	数量	金额(元)	定额	数量	金额(元)
1451	12t 以内汽车式起重机	台班	830.06										0.170	1.250	1037
1726	32kV·A 交流电弧焊机	台班	124.19	0.030	0.042	5									
1998	小型机具使用费	元		0.100	0.139								7.600	55.860	
	其他材料费	元													
	其他机械使用费	元													
	其他工程费	元		3.400		169	3.400		60	3.400		122	3.400		678
	间接费　规费	元		40.000		753	40.000		302	40.000		1437	40.000		1171
	间接费　企业管理费	元		5.520		283	5.520		102	5.520		205	5.520		1138
	利润	元		7.000		379	7.000		136	7.000		274	7.000		1522
	税金	元		3.410		223	3.410		81	3.410		192	3.410		833
	合计	元				6774			2459			5823			25272
	单位单价	元				4873			1769			342			3438
	每米(m)单价	元				41.38			15.02			35.57			154.38

项目编号:420-2-a　　　　　　　　　　　　　　　　　　　　　　　　　　　　　　　　　续上表

项目名称:1-4×2.3m　　单位:m　　数量:163.700　　单价:12835.85 元　　摊销费:　元　　标表 4-3

代号	工程项目			机械挖基坑土、石方			混凝土搅拌机拌和						合计		
	工程细目			单个基坑体积≤1500m³ 土方卷扬机配抓斗			容量 250L 以内								
	定额单位			1000m³			10m³								
	工程数量			4.546			120.300								
	定额表号			4-1-3-1			4-11-11-1								
	工、料、机名称	单位	单价(元)	定额	数量	金额(元)	定额	数量	金额(元)	定额	数量	金额(元)	定额	数量	金额(元)
1	人工	工日	46.85	304.100	1382.439	64767	2.700	324.810	15217					8476.325	397116
101	原木	m³	1087.57											3.386	3683
102	锯材木中板 δ=19～35mm	m³	1395.07											3.885	5420
111	光圆钢筋直径 10～14mm	t	3986.53											1.227	4890
112	带肋钢筋直径 15～24mm,25mm 以上	t	3955.78											130.627	516731
182	型钢	t	3986.53											1.671	6660
191	钢管	t	3935.28											0.416	1639
221	钢丝绳	t	5238.82											0.009	46
231	电焊条	kg	4.62											1297.269	5993
272	组合钢模板	t	4705.89											4.016	18901
273	门式钢支架	t	4705.89											0.445	2092

项目编号:420-2-a　　续上表

项目名称:1-4×2.3m　　单位:m　　数量:163.700　　单价:12835.85 元　　摊销费:　元　　标表 4-3

代号	工程项目			机械挖基坑土、石方			混凝土搅拌机拌和						合计		
	工程细目			单个基坑体积≤$1500m^3$ 土方卷扬机配抓斗			容量 250L 以内								
	定额单位			$1000m^3$			$10m^3$								
	工程数量			4.546			120.300								
	定额表号			4-1-3-1			4-11-11-1								
	工、料、机名称	单位	单价(元)	定额	数量	金额(元)	定额	数量	金额(元)	定额	数量	金额(元)	定额	数量	金额(元)
651	铁件	kg	6.16											1701.008	10478
653	铁钉	kg	5.65											4.405	25
655	8~12 号铁丝	kg	6.16											5.286	33
656	20~22 号铁丝	kg	6.47											310.241	2007
832	32.5 级水泥	t	367.40											452.240	166153
851	石油沥青	t	3116.31											0.031	95
866	水	m^3	3.00											1582.208	4747
899	中(粗)砂	m^3	50.51											606.040	30611
902	砂砾	m^3	52.27											4470.390	233667
931	片石	m^3	47.07											76.245	3589
952	碎石(4cm)	m^3	69.62											883.816	61531
954	碎石(8cm)	m^3	69.62											133.240	9276
996	其他材料费	元												3030.627	

项目编号:420-2-a　　　　　　　　　　　　　　　　　　　　　　　　　　　　　　　续上表

项目名称:1-4×2.3m　　单位:m　　数量:163.700　　单价:12835.85 元　　摊销费:　元　　标表 4-3

代号	工程项目			机械挖基坑土、石方			混凝土搅拌机拌和						合　计		
	工程细目			单个基坑体积≤$1500m^3$土方卷扬机配抓斗			容量 250L 以内								
	定额单位			$1000m^3$			$10m^3$								
	工程数量			4.546			120.300								
	定额表号			4-1-3-1			4-11-11-1								
	工、料、机名称	单位	单价(元)	定额	数量	金额(元)	定额	数量	金额(元)	定额	数量	金额(元)	定额	数量	金额(元)
1272	250L 以内强制式混凝土	台班	107.62				0.450	54.135	5826					54.649	5881
1449	5t 以内汽车式起重机	台班	455.26											7.258	3304
1451	12t 以内汽车式起重机	台班	830.06											89.725	74477
1499	30kN 以内单筒慢动电动卷扬机	台班	94.13	30.210	137.335	12927								137.335	12927
1500	50kN 以内单筒慢动电动卷扬机	台班	111.02											2.527	281
1726	32kV·A 交流电弧焊机	台班	124.19											307.828	38229

项目编号:420-2-a　　　　　　　　　　　　　　　　　　　　　　　　　　　　　　　续上表

项目名称:1-4×2.3m　　单位:m　　数量:163.700　　单价:12835.85 元　　摊销费:　元　　标表 4-3

代号	工程项目			机械挖基坑土、石方			混凝土搅拌机拌和						合计		
	工程细目			单个基坑体积≤$1500m^3$ 土方卷扬机配抓斗			容量 250L 以内								
	定额单位			$1000m^3$			$10m^3$								
	工程数量			4.546			120.300								
	定额表号			4-1-3-1			4-11-11-1								
	工、料、机名称	单位	单价(元)	定额	数量	金额(元)	定额	数量	金额(元)	定额	数量	金额(元)	定额	数量	金额(元)
1998	小型机具使用费	元		391.900	1781.577									6529.397	
	其他材料费	元													
	其他机械使用费	元													
	其他工程费	元		3.400		2642	8.695		1830						51505
	间接费 规费	元		40.000		25907	40.000		6087						158848
	间接费 企业管理费	元		5.520		4435	11.980		2740						78560
	利润	元		7.000		5934	7.000		1793						122539
	税金	元		3.410		3976	3.410		1142						69289
	合计	元				120588			34636						2101228
	单位单价	元				26526			288						71775
	每米(m)单价	元				736.64			211.59						12835.85

单价分析(08 表合计格式)见表 6-7。

单价分析表(08 表合计格式)　　表 6-7

清单编号:420-2-a　　计量单位:m　　数量:163.700　　标表 4-4

工程或费用名称:1-4 ×2.3m　　综合单价(元):12835.85

代号	工、料、机名称	数量	单位	单价(元)	合价(元)	备注
1	人工	8476.325	工日	46.85	397116	
101	原木	3.386	m^3	1087.57	3683	
102	锯材木中板 $\delta = 19 \sim 35$mm	3.885	m^3	1395.07	5420	
111	光圆钢筋直径 10 ~ 14mm	1.227	t	3986.53	4890	
112	带肋钢筋直径 15 ~ 24mm,25mm 以上	130.627	t	3955.78	516731	
182	型钢	1.671	t	3986.53	6660	
191	钢管	0.416	t	3935.28	1639	
221	钢丝绳	0.009	t	5238.82	46	
231	电焊条	1297.269	kg	4.62	5993	
272	组合钢模板	4.016	t	4705.89	18901	
273	门式钢支架	0.445	t	4705.89	2092	
651	铁件	1701.008	kg	6.16	10478	
653	铁钉	4.405	kg	5.65	25	
655	8 ~ 12 号铁丝	5.286	kg	6.16	33	
656	20 ~ 22 号铁丝	310.241	kg	6.47	2007	
832	32.5 级水泥	452.240	t	367.40	166153	
851	石油沥青	0.031	t	3116.31	95	
866	水	1582.208	m^3	3.00	4747	
899	中(粗)砂	606.040	m^3	50.51	30611	
902	砂砾	4470.390	m^3	52.27	233667	
931	片石	76.245	m^3	47.07	3589	
952	碎 石(4cm)	883.816	m^3	69.62	61531	
954	碎 石(8cm)	133.240	m^3	69.62	9276	
996	其他材料费	3030.627	元			
1272	250L 以内强制式混凝土搅拌机	54.649	台班	107.62	5881	
1449	5t 以内汽车式起重机	7.258	台班	455.26	3304	
1451	12t 以内汽车式起重机	89.725	台班	830.06	74477	
1499	30kN 以内单筒慢动电动卷扬机	137.335	台班	94.13	12927	
1500	50kN 以内单筒慢动电动卷扬机	2.527	台班	111.02	281	
1726	32kV · A 交流电弧焊机	307.828	台班	124.19	38229	
1998	小型机具使用费	6529.397	元			
	其他材料费		元			
	其他机械使用费		元			

续上表

清单编号:420-2-a 计量单位:m 数量:163.700 标表4-4

工程或费用名称:1-4×2.3m 综合单价(元):12835.85

代号	工、料、机名称		数量	单位	单价(元)	合价(元)	备注
	其他工程费			元		51505	
	间接费	规费		元		158848	
		企业管理费		元		78560	
	利润			元		122539	
	税金			元		69289	
	建安工程费用			元		2101228	
	调整费用			元		1	
	调整后建安工程费用			元		2101229	

投标人(公章):

投标人授权代表(签名):

工程项目单价构成见表6-8。

工程项目单价构成表 表6-8

合同段:××公路L1合同 货币单位:人民币(元) 标表4-5

项目编号	项目说明	综合单价	单位	工序1	分项单价	工序2	分项单价	工序3	分项单价	工序4	分项单价
		(1)+(2)+…+(N)			(1)		(2)		(3)		(4)
420-2-a	1-4×2.3m	12835.85	m	混凝土箱涵净空2.0m×1.5m~4.0m×3.0m	3384.24	钢筋箱涵净空2.0m×1.5m~4.0m×3.0m	4645.07	轻型墩台混凝土钢筋混凝土墩台	293.76	钢筋	258.24
420-2-a				轻型墩台混凝土基础跨径4m以内	122.97	轻型墩台混凝土基础跨径4m以内	180.01	填砂砾(砂)	2655.34	锥坡、沟、槽、池	101.63
420-2-a				混凝土预制块、席块护坡预制混凝土	41.38	混凝土预制块、席块护坡铺砌混凝土块	15.02	锥坡填土	35.57	轻型墩台混凝土基础跨径4m以内	154.38
420-2-a				单个基坑体积≤$1500m^3$土方卷扬机配抓斗	736.64	容量250L以内	211.59				

工程项目单价分析见表6-9。

工程项目单价分析表

表 6-9

项目编号:420-2-a　　计量单位:m　　标表 4-6

工程或费用名称:1-4 ×2.3m　　综合单价(元):12835.85

代号	项 目 名 称	数量	单位	单价(元)	合价(元)	备　注
一	定额基价		元		8719.44	
二	工、料、机费		元		9899.13	
	1. 人工费		元		2425.90	
1	人工	51.780	工日	46.85	2425.88	
	2. 材料费		元		6647.93	
101	原木	0.021	m^3	1087.57	22.50	
102	锯材木中板 δ = 19 ~ 35mm	0.024	m^3	1395.07	33.11	
111	光圆钢筋直径 10 ~ 14mm	0.007	t	3986.53	29.87	
112	带肋钢筋直径 15 ~ 24mm,25mm 以上	0.798	t	3955.78	3156.58	
182	型钢	0.010	t	3986.53	40.68	
191	钢管	0.003	t	3935.28	10.01	
221	钢丝绳	0.000	t	5238.82	0.28	
231	电焊条	7.925	kg	4.62	36.61	
272	组合钢模板	0.025	t	4705.89	115.46	
273	门式钢支架	0.003	t	4705.89	12.78	
651	铁件	10.391	kg	6.16	64.01	
653	铁钉	0.027	kg	5.65	0.15	
655	8 ~ 12 号铁丝	0.032	kg	6.16	0.20	
656	20 ~ 22 号铁丝	1.895	kg	6.47	12.26	
832	32.5 级水泥	2.763	t	367.40	1014.98	
851	石油沥青	0.000	t	3116.31	0.58	
866	水	9.665	m^3	3.00	29.00	
899	中(粗)砂	3.702	m^3	50.51	186.99	
902	砂砾	27.308	m^3	52.27	1427.41	
931	片石	0.466	m^3	47.07	21.92	
952	碎 石(4cm)	5.399	m^3	69.62	375.88	
954	碎 石(8cm)	0.814	m^3	69.62	56.67	
	3. 机械费		元		825.30	
1272	250L 以内强制式混凝土搅拌机	0.334	台班	107.62	35.93	
1449	5t 以内汽车式起重机	0.044	台班	455.26	20.19	
1451	12t 以内汽车式起重机	0.548	台班	830.06	454.96	
1499	30kN 以内单筒慢动电动卷扬机	0.839	台班	94.13	78.97	
1500	50kN 以内单筒慢动电动卷扬机	0.015	台班	111.02	1.71	
1726	32kV · A 交流电弧焊机	1.880	台班	124.19	233.53	

续上表

项目编号:420-2-a　　　　计量单位:m　　　　标表 4-6

工程或费用名称:1-4×2.3m　　　　综合单价(元):12835.85

代号	项目名称		数量	单位	单价(元)	合价(元)	备　注
三	费用						
1	直接工程费			元		9899.13	
2	其他工程费			元		314.63	
3	直接费			元		10213.76	
4	间接费	规费		元		970.36	
5		企业管理费		元		479.90	
6	利润			元	7.00	748.56	
7	税金			元	3.41	423.27	
8	建安工程费用			元		12835.85	
9	调整费用			元			
10	调整后建安工程费用			元		12835.85	

投标人(公章):

投标人授权代表(签名):

主要工、料、机用量分析见表 6-10。

主要工、料、机用量分析表　　　　表 6-10

合同段:××公路 L1 合同

工、料、机名称:人工　　　　单位:工日　　　　标表 5

细目编号	项目名称	单位	数量	定额	用量
202-1-a	清理现场	m^2	440861.700	0.001	352.69
202-1-b	砍伐树木	棵	20639.000	0.124	2559.24
202-1-c	挖除树根	棵	20639.000	0.186	3838.85
202-2-b	沥青混凝土路面	m^2	37.000	0.096	3.55
203-1-a	挖土方	m^3	56775.700	0.005	255.49
204-1-b	利用土方	m^3	57081.600	0.003	171.25
204-1-e	借土填方	m^3	1675637.300	0.014	23463.61
207-2-a	600mm×800mm M7.5 浆砌片石排水沟	m	16345.600	1.523	24889.51
207-4-a	M7.5 浆砌片石	m^3	62.500	1.308	81.77
208-2-c	M7.5 浆砌片石	m^3	1453.500	1.140	1656.99
208-2-d	砂砾垫层	m^3	462.300	0.590	272.76
304-2-a	厚 200mm	m^2	1920.000	0.016	31.30
311-1-a	厚 230mm	m^2	1920.000	0.089	171.26
420-2-a	1-4×2.3m	m	163.700	51.780	8476.32
				合计用量:	66224.59
420-2-a	1-4×2.3m	m	163.700	0.021	3.39
				合计用量:	3.39

依此类推,不再列其他 49 张表格。

●第二节　公路工程施工投标报价的编制●

一、投标报价编制的原则

报价的编制，一是要合理，就是要做下来，并留有余地。对于投标人而言，主要是符合企业的实际水平，符合本企业施工队伍的装备、人员和管理水平，对施工成本能起控制作用；二是要有竞争力，就是要符合市场的行情，并具有优势，能与强手相匹敌。前者取决于企业本身的实力和水平；后者则取决于市场的情势，包括竞争对手的实力、水平和市场的供求情况。二者可能有一定差距，但不能不兼顾，而且，前者必须服从后者。当施工企业的实力和水平达到市场高层次时，两者的差距就缩小了。

对于公路工程，其材料费用大约只占造价的35%～50%（公路等级高，材料费比重大），其他为机械、人员和管理费用。而后者因施工队伍的装备和管理水平以及其他因素（地利、人和）而有比较大的差异。因而，对于同样一个项目，不同的施工队伍的工程成本变化较大，可能达到15%～20%。因此，所谓合理报价，对于不同的施工队伍有不同的标准。当然，经过努力这种标准也是可以改变的，但没有一定条件和一定过程是不行的。各单位的报价只能适应当时的水平和条件，超越这种水平和条件就是不合理的。如果对于本企业是合理的报价，但却比市场价格水平偏高，那么就只有认真分析，找出差距，采取相应措施，不断提高经营管理水平。

降低工程成本，以期从根本上提高自身的竞争力；而不能只在投标技巧或降低回报率上下工夫，否则，就会造成恶性循环，酿成恶果。在竞争过分激烈的情况下，仍应按照自身的水平和条件进行报价，不能低于成本报价。在没有把握保本的情况下，宁可不中标，也不要贸然从事。

二、投标报价编制的依据

投标报价编制的依据主要有下列几个方面：

（1）招标单位提供的招标文件。为保证投标的有效性，必须对招标文件给予全面的响应，因此招标文件是必不可少的编制依据。另外，业主在开标前规定的日期内颁发的有关合同、规范、图纸的书面修改书和书面变更通知具有与招标文件同等的效力，也是报价的依据。

（2）招标文件所规定的各种国家标准、部颁标准、技术规范等。

（3）国家、地方颁发的有关收费标准和定额及施工企业的工、料、机消耗定额。

（4）工程所在地的政治形势和技术经济条件，如交通运输条件等。

（5）本工程的现场情况，包括地形、地质、气象、雨量，劳动力、生活品供应、当地地方病等。

（6）当地工程机械出租的可能性、品种、数量、单价，发电厂供电正常率及提供本项目用电的功率和单价。

（7）当地劳动力的技术水平和供应数量。

（8）业主供应材料情况及交货地点、单价；当地材料供应盈缺情况，建材部门公布的材料单价，并预测当地材料市场涨落情况。

(9)本企业为本项目提供新添施工设备经费的可能性,设备投资在标价中分摊费与成本的比率。

(10)施工组织设计和施工方案。

(11)该项目中标后,当地的工程市场信息、有否后续工程的可能性。

(12)参加投标的竞争对手情况,各有多大实力,竞争对手信誉等。

(13)有关报价的参考资料,如当地近几年来同类性质已完工程的造价分析,以及本企业历年来(至少5年)已完工程的成本分析。

三、投标报价编制的程序

报价编制程序如图6-1所示。在完成图6-1所示的工作时,应注意以下问题。

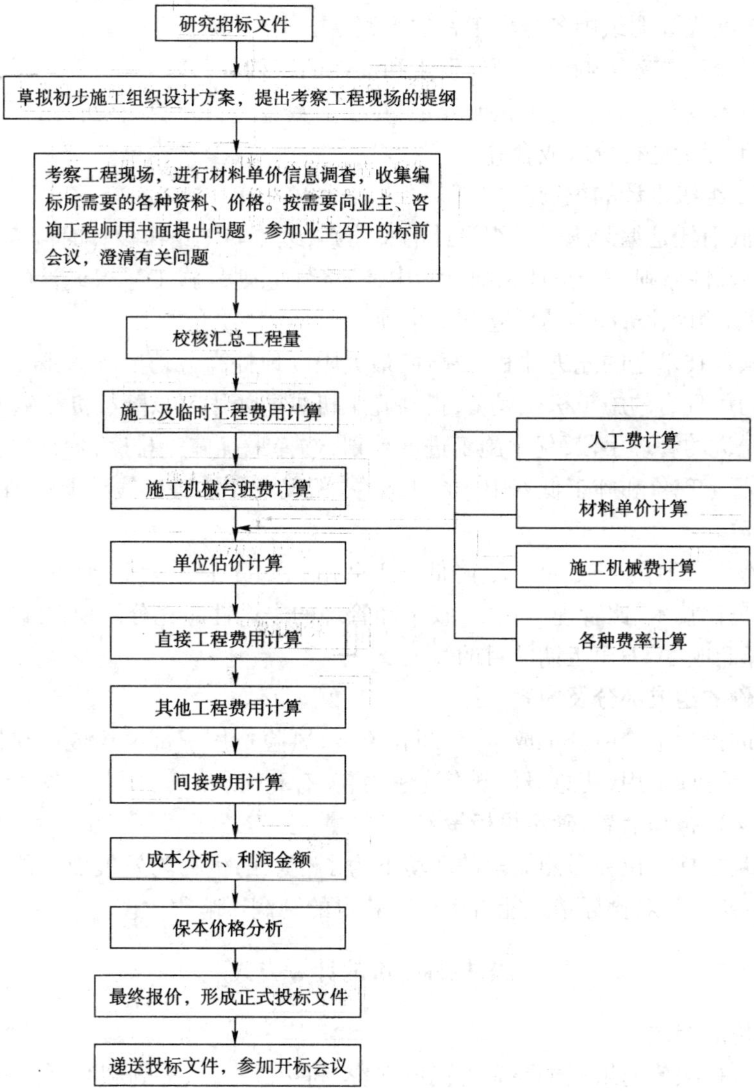

图6-1 报价编制程序

1. 应仔细核实工程量

工程量是整个计算标价工作的基础。招标项目的工程量在招标文件的工程量清单中有详细说明,但由于种种原因,工程量清单中的工程数量有时会和图纸中的数量存在不一致的现象,因此,有必要进行复核。核实工程量的主要作用如下:

(1)全面掌握本项目需发生的各分项工程的数量,便于投标中进行准确的报价。

(2)及时发现工程量清单中关于工程量的错误和漏洞,为制定投标策略提供依据。

(3)有利于促使投标单位对技术规范中的计量支付规定作进一步的研究,便于精确地编写各工程细目的单价。

核实工程量可从两方面入手:一是认真研究招标文件,吃透技术规范,二是通过切实的考察取得第一手资料。具体来讲应做好如下几项工作:

(1)全面核实设计图纸中各分项工程的工程量。

(2)计算受施工方案影响而需额外发生和消耗的工程量。

(3)根据技术规范中计量与支付的规定,对以上数量进行折算,在折算过程中有时需要对设计图纸中的工程量进行分解或合并。

2. 重视施工组织设计的编制

高效率和低消耗是编制施工组织设计的总原则,编制施工组织设计时应遵循连续性原则、均衡性原则、协调性原则和经济性原则。其中,经济性原则是施工组织设计的核心和落脚点,因此,在编制施工组织设计时,应注意如下事项:

(1)充分满足技术上的先进性和可靠性,最大限度地提高劳动生产率,降低施工成本。

(2)充分利用现有的施工机械设备,提高施工机械的使用率以降低机械施工成本。

(3)采用先进的管理手段,优化施工进度计划,选择最优施工排序,均衡安排施工,尽量避免施工高峰的赶工现象和施工低谷中的窝工现象,机动安排非关键线路上的剩余资源,从非关键线路上要效益。

(4)适当聘用当地员工或临时工,降低施工队伍调遣费,减少窝工现象。

投标竞争是比技术、比管理的竞争,技术和管理的先进性应充分体现在编制的施工组织设计中,以达到降低成本、缩短工期的目的。

3. 明确报价的组成部分及内容

一个项目的投标报价由施工成本、利润和税金、风险费用三部分组成。在投标报价中,应科学地编制以上三项费用,使总报价既有竞争力,又有利可图。

4. 掌握市场情报和信息,确定投标策略

报价策略是投标单位在激烈竞争的环境下为了企业的生存与发展而可能使用的对策,报价策略运用是否得当,对投标单位能否中标和获得的利润影响很大。

四、投标报价的计算方式

1. 投标报价的组成

国内工程投标报价的组成主要有直接成本费、间接成本费、计划利润、税金和风险费等。

(1)直接成本费是指工程施工中直接用于工程上的人工、材料和施工机械使用费的总和。

(2)间接成本费是指组织和管理工程施工所需的各项费用,如现场管理费、企业管理费、临时设施费、施工队伍调遣费等。

(3)利润和税金。利润是指投标时根据企业的利润目标和本项目的具体情况确定的利润,税金是按规定应向国家缴纳的营业税、城市建设维护税及教育经费附加等税金。

(4)风险费是对风险分析后确定的用于防范风险的费用。

2. 投标报价的计算

投标报价计算有工、料单价计算和综合单价计算方法。

1)工、料单价计算方法

根据已审定的工程量,按照定额或市场的单价,逐项计算每个项目的价格,分别填入招标人提供的工程量清单内,计算出全部工程量直接成本费,然后按企业自定的各项费率及法定税率,依次计算出间接费、计划利润及税金,另外,再考虑一项不可预见费,其费用总和即为基础报价。

2)综合单价计算方法

按综合单价计算的报价,是所填入工程量清单的单价,应包括人工费、材料费、机械使用费、其他直接费、现场经费、间接费、计划利润和税金以及风险金等全部费用,构成基础单价,即综合单价。此种方法用于单价合同的报价,报价金额等于工程量清单的汇总金额加上暂定金额。

3. 投标报价的计算与编制标底的区别

编制标底是按照国家规定的定额、取费标准、技术标准和规范等编制并报请有关部门审核批准后的工程价格,在评标时可能作为报价评分得分衡量的标准或一个参考价值。

投标报价是根据企业实际水平进行计算(采用的是企业定额而非国家定额),也可以根据本企业的需要上下浮动,无需报送建设主管部门审核批准。

五、报价策略与技巧

承包人在正常经营条件下要想在一项竞争性投标中获胜,最关键的问题就是要有一个恰当的报价。工程投标报价是一种竞争性的价格,实践证明,报价太高,无疑会失去竞争力而落标;报价太低,也未必能中标或者会变成废标。因此,恰当的报价应是一种适度的报价,同时还应当有一定的策略,才能在竞争中获胜,中标后才能取得更多的经济效益。对报价应采取的策略和技巧问题归纳如下。

1. 报价策略

报价策略就是如何确定自己的报价,既能在投标竞争中取胜即中标,又能保证中标后的实践过程中取得一定的经济效益,报价策略一般有以下几种。

1)盈利策略

盈利策略就是在报价中考虑了较大的利润值。这种投标策略通常在以下情况采用:建筑市场任务多;本企业任务饱满,利润丰厚;本企业对该项目拥有技术上的垄断优势。

2)微利保本策略

微利保本策略就是在施工成本、利税及风险费三项费用中,降低利润目标,甚至不考虑利润。这种投标策略通常在下列情况下采用:企业工程任务不饱满,无后继工程,或已出现部分窝工的情况;建筑市场供不应求(任务少,施工企业多),竞争对手多,本企业对该项目又无优势可言;业主按最低标定标时可采用。

3)低价亏损策略

低价亏损策略就是在报价中不仅不考虑企业利润,相反考虑一定的亏损后提出报价的策略。这种报价策略通常只在下列情况采用:为打入新市场,取得拓宽市场的立足点;在本企业一统天下的地盘里,为挤垮企图插足的竞争对手;在竞争十分激烈的情况下,为中标而不惜血本压低标价;本企业已大量窝工,严重亏损,如果能承担该工程至少可以使部分人工、机械运转,减少亏损。使用该种投标策略时应注意以下事项:第一,业主肯定是按最低价确定中标单位;第二,这种报价方法属于正当的商业竞争行为(不正当竞争行为是一种违法行为)。

4)冒险投标策略

冒险投标策略就是在报价中不考虑风险费用,这是一种冒险行为,如果风险不发生,即意味着承包人的报价成功;如果风险发生,则意味着承包人要承担极大的风险损失。这种报价策略同样只在市场竞争激烈,承包人急于寻找施工任务或着眼于打入该建筑市场甚至独占该建筑市场(以后靠长期经营挽回损失)时才予以采用。

以上是投标报价的四种常见策略,投标报价过程中,可以在以上四种策略的基础上采用以下几种附带策略:

(1)优化设计策略。即发现并修改原有施工图设计中存在的不合理情况,或采用新技术优化设计方案。如果这种设计能大幅度降低工程造价或缩短工期且设计方案可靠,则这种设计方案一经采纳,承包人即可获得中标资格。

(2)补充投标的优惠条件。

①缩短规定的工期,通过先进的施工方案、施工方法、科学的施工组织或者优化设计来缩短合同工期。当投标工期是关键时,则业主在评标过程中会将缩短工期后所带来的预期收益考虑进去,此时对承包人获取中标资格是有利的。

②施工完后免费赠送进场的施工机械或设备。

③不要求招标人提供预付款等,以增加投标竞争力,争取中标。

(3)低价中标,着眼索赔。即在发现招标文件中存在许多漏洞甚至许多错误,或业主的施工条件根本不具备,开工后 必然违约的情形下,有意报低价格,先争取中标,中标后通过索赔来挽回低报价的损失。这种策略只有在合同条款中关于索赔的规定明显对己方有利的情形下方可采用,对于以 FIDIC 条款作为合同的项目招标不宜采用这种方法。

投标人不仅要掌握报价策略和技巧,还应在制定报价策略时考虑各种因素,如表 6-11。

在制定报价策略时所应考虑的各种因素 表 6-11

高报价策略	低报价策略
1. 施工条件较差。如施工场地狭窄,不易开展工作,或施工干扰如交通干扰很多的工程	1. 施工条件好。如施工技术简单,适应于大机械化作业,技术标准高或规模大的高速公路路基土石方工程(作业面大,便于发挥机械施工效率)
2. 专业要求高的技术密集型工程。竞争对手无施工经验,本企业有施工专长,声望较高	2. 本企业因发展急于打入该建筑市场,或虽在该地区施工多年,但眼前无施工任务,如果转移到外地施工迁移费用很高,不利于企业发展

续上表

高报价策略	低报价策略
3. 总价低的小工程,以及自己不愿意做而被邀请投标,但又不便于不投标的工程	3. 附近有工程,而本项目可以综合利用已到场的闲置机械设备和劳动力,或有条件可以在短期内完成的工程,或可以综合利用即将作弃方的土石方工程或可利用原有的周转性材料的工程
4. 业主对工期要求急的工程	4. 非急需工程
5. 投标对手少的工程	5. 投标对手多,且竞争激烈的工程
6. 支付条件不理想,风险较大的工程	6. 支付条件好,风险较小的工程

2. 报价技巧

投标报价时采用一定技巧,中标后可能取得更多的收益,这种收益是正常的。常采用的报价技巧有以下几种。

1)不平衡报价

不平衡报价是在总价基本确定不变的前提下,采用调整工程各子项的单价的方法进行报价。不平衡报价法可以从以下两种情况考虑,见表6-12。

不平衡报价考虑的两种情况 表6-12

<table>
<tr><td rowspan="4">第一种情况</td><td rowspan="4">从时间上处理。由于资金具有时间价值,获取收入的时间不同,对承包商来说其收益也不一样。就时间而言,不平衡报价有四种方法(如表格右侧所述)</td><td>①早期摊入法。即将投标期间和开工初期需发生的费用全部摊入早期完工的分项工程中。这些费用有投标期间的各种开支、投标保函手续费、工程保险费、部分临时设施费、由承包商承担的监理设施费、施工队伍调遣费、临时工程及其他开支费用。采用不平衡报价法时,可以将工程量清单中的这些费用支付项目适当提高报价,由于这些费用支付时间较早(通常在开工初期支付),这样报价便于承包商尽早收回成本或减少周转资金</td></tr>
<tr><td>②递减摊入法。即将施工前期发生较多而后逐步减少的一些费用,按随时间发生逐步减少分摊比例的方法摊到各分项工程中。这些费用有履约保函手续费、贷款利息、部分临时设施费、业务费、管理费</td></tr>
<tr><td>③递增摊入法。其方法与递减摊入法相反,这些费用有物价上涨费等费用。当承包人预测物价上涨率在施工后期较高甚至超过银行利率时,可以采用递增摊入法来报价</td></tr>
<tr><td>④平均摊入法。即将费用平均分摊到各分项工程的单价中。这些费用有意外费用、利润、税金等费用</td></tr>
<tr><td rowspan="6">第二种情况</td><td rowspan="6">从单价上处理</td><td>①先期开工的项目(如开工费、土方、基础等)的单价报价高,后期开工的项目如高速公路的路面、交通设施、绿化等附属设施的单价报价低</td></tr>
<tr><td>②估计到以后会增加工程量的项目的单价报价高,工程量会减少的项目的单价报价低</td></tr>
<tr><td>③图纸不明确或有错误的,估计今后会修改的项目的单价报价高,估计今后会取消的项目的单价报价低</td></tr>
<tr><td>④没有工程量,只填单价的项目(如土方超运)其单价报价高(这样既不影响投标总价,又有利于多获利润)</td></tr>
<tr><td>⑤对暂定金额项目,分析其让承包人做的可能性大时,其单价报价高,反之,报价低</td></tr>
<tr><td>⑥对于允许价格调整的工程,当利率低于物价上涨时,则后期施工的工程细目的单价报价高,反之,报价低</td></tr>
</table>

2）扩大投标价报法

即除了按正常的已知条件编制价格外，对工程中变化较大或没有把握的工作，采用扩大单价、增加“不可预见费”的方法来减少风险。

3）多方案报价法

多方案报价可能有以下两种情况：

（1）有些工程项目，业主要求按某一招标方案报价后，投标者可以再提出几种可供业主参考与选择的报价方法。其方法是，按原工程说明书和合同条款报一个价格，并加以注释：“如工程说明书和合同条款可作某些改变时，可降低多少费用”；使报价成为最低，以吸引业主修改说明书和合同条款，使用该方法时注意不要违反招标文件中规定的投标一致性，否则会作为废标处理。

（2）在招标文件中写明，允许投标人另行提出自己的建议。有经验的投标人除了按原招标文件如实填报标价外，常在投标致函中提出某种颇有吸引力的建议，并对报价作相应的降低。当然，这种建议不是要求业主降低某技术要求和标准，而是应当通过改进工艺流程或工艺方法来降低成本，降低报价。如果属于改变材料和设备的建议，则应说明绝不降低原设计标准和要求，而可以起到降低造价的作用。另外应注意，提出这种建议时可以列出降价数字，但不宜将建议内容写得十分详细、具体。否则，业主可能将你的建议提交给最低报价者研究，并要求可能得标者再进一步降价，这样就会形成己方建议免费提供给了竞争对手，对自己的中标很不利。

4）开口升级报价法

这种方法将报价看成是协商的开始，报价时利用招标文件中规定的不明确的有利条件，将造价很高的一些单项工程的报价抛开作为活口，将标价降低至无法与之竞争的数额。利用这种“最低标价”来吸引业主，从而取得与业主商谈的机会，利用活口进行升级加价，以达到最后盈利的目的。

5）突然降价法

这是一种迷惑对手（或保密）的竞争手段。在整个报价过程中，仍按一般情况报价，甚至有意无意地将报价泄露，或者表示对工程兴趣不大，等到投标截止期来临之时，来一个突然降价，使竞争对手措手不及，从而解决标价保密问题，避免自己真实的报价向外泄露，提高竞争能力和中标机会。

降低投标价格可以从两方面入手：

（1）降低计划利润。投标时确定计划利润既要考虑自己企业任务饱满的情况，又要考虑竞争对手的情况。适当地降低利润和收益目标，从而降低报价会提高投标中标的概率。

（2）降低经营管理费。为了竞争的需要，可降低这部分费用，可以在施工中加强组织管理予以弥补。

3. 报价决策中应注意的事项

（1）施工企业在投标中应从自身条件、兴趣、能力和远近期经营战略目标出发来进行报价决策。一个企业，首先要从战略眼光出发，投标时既要看到近期利益，更要看到长远目标，承揽的当前工程要为今后的工程创造机会和条件。在投标中，企业要注意扬长避短，注重信誉，报价中要量力而行，不顾实际情况，盲目压低标价的行为应予抵制。

(2)报价决策中应重视对业主条件和心理方面的分析。施工条件是否具备是投标中应予重视的问题,它与承包人的利益密切相关,条件不成熟的项目对业主是一种风险,应在报价决策中作相应的考虑。其次是对业主的心理分析,业主资金短缺者一般考虑最低标价中标;工程急需开工者和完工者,通常要求工期尽量提前。因此加强对业主的心理分析和情报收集对作好报价决策是很重要的。

(3)作好报价的宏观审核。投标报价编好后,是否合理,有无可能中标,可以采用工程报价宏观审核指标的方法进行分析判断。例如,可对单位工程造价、全员劳动生产率、各分项工程价值比例、各类费用的正常比例、单位工程用工用料等正常指标进行审核。

(4)提高企业的管理水平。为了中标,企业应认真做好施工组织设计,发挥本企业管理水平和设备先进的优势。用网络图指导施工计划,通过班组优化组合,采用先进工艺,进行交叉作业、平衡施工、科学管理,以达到缩短工期、降低报价的目的。

(5)充分发挥本企业的优势。每个施工企业都有自身的长处和优势,如果发挥这些优势来降低成本,从而降低报价,这种优势才会在投标竞争中起到实质作用.即把企业优势转化为价值形态。一个施工企业的优势一般可以从下列几个方面来表示:

①职工素质高。技术人员云集,施工经验丰富,工人技术水平高,劳动态度好,工作效率高。

②技术装备强。本企业设备新,性能先进,成套齐全,使用效率高,运转劳务费低,耗油低。

③材料供应。有一定的周转材料,有稳定的来源渠道,价格合理,运输方便,运距短,费用低。

④施工技术。施工人员经验丰富,提出了先进的施工组织设计,方案切实可行,组织合理,经济效益好。

⑤管理体制。劳动组合精干、管理机构精炼,管理费开支低。

⑥切记使用各种策略和技巧时,注意不要违反招标文件中规定的投标一致性,否则会作为废标处理。

根据工程的成本,再根据拟采用的投标策略和技巧,便可确定投标报价。

六、投标报价示例

工程量清单见表6-13。

工程量清单　　表6-13

清单　第100章　总则					
细目号	细目名称	单位	数量	单价	合价
102-1	竣工文件	总额	1	25000	25000
102-2	施工环保费用	总额	1	35000	35000
103-3	临时工程用地	亩·年	10	1200	12000
103-4	临时供电设施	m^2			
-a	设施架设、拆除	总额	1	30000	30000
-b	设施维修	总额	1	20000	20000
103-5	供水与排污设施	总额	1	20000	20000

续上表

细目号	细 目 名 称	单位	数量	单价	合价
104-1	承包人驻地建设	总额	1	320000	320000
105-1	招标代理费	总额	1	70000	70000
清单　第100章　合计　人民币532000元					
清单　第200章　路基					
细目号	细 目 名 称	单位	数量	单价	合价
202-1	清理与掘除				
-a	砍伐树木 < 10cm	棵	412	31.60	13019
-c	挖除灌木	m^2	9382.5	0.45	4222
202-2	挖除旧路面				
-b	沥青混凝土路面	m^2	6196	2.55	15800
-d	基层	m^2	3178	3.35	10646
-e	铣刨路面	m^2	19100	7.73	147643
-f	铣刨车辙	m^2	12690	7.73	98094
清单　第200章　合计　人民币289424元					
清单　第300章　路面					
细目号	细 目 名 称	单位	数量	单价	合价
303-1	石灰稳定土底基层				
-a	厚20cm石灰稳定土基层(12%)	m^2	2720	27.87	75806
304-2	稳定土基层				
	厚28cm水泥稳定碎石基层	m^2	3178	35.02	111294
307-3	封层				
-a	SBR改性沥青封层	m^2	190490	7.69	1464868
-b	厚1cm改性沥青稀浆封层(慢车道)	m^2	114706	15.22	1745825
308-2	中粒式沥青混凝土				
-a	厚4cm AC—16C	m^2	175220	42.97	7529203
-b	厚4cm AC—20C	m^2	23100	39.29	907599
-c	厚9cm AC—25C	m^2	2196	96.27	211409
308-3	粗粒式沥青混凝土				
-a	厚5cm AC—25C	m^2	4000	45.59	182360
312-5	混凝土预制块路缘石	m^3	376.6	410.18	154474
314-1	改性沥青玛蹄脂碎石SMA—16				
-a	厚4cm改性沥青混凝土SMA—16	m^2	15400	68.40	1053360
315-1	人行道				
-a	2cm砂砾	m^3	33	82.60	2726
-b	花砖及铺道砖	块	271328	1.21	328307

续上表

细目号	细 目 名 称	单位	数量	单价	合价
-c	2cm M15 水泥砂浆	m^3	410	204.19	83718
-d	15cm 12% 灰土	m^2	1040	8.78	9131
-e	18cm 12% 灰土	m^2	3401	10.29	34996
-f	C15 碎石混凝土	m^3	154	287.50	44275
-g	挖方	m^3	8076	16.50	133254
316-1	树池	个	1712	300.00	513600
317-1	缝宽大于或等于 5mm 沥青路面灌缝处理	m	3242	14.50	47009
清单　第 300 章　合计　人民币14633215 元					
清单　第 600 章　安全设施					
细目号	细 目 名 称	单位	数量	单价	合价
605-1	热熔型涂料路面标线				
-b	2 号标线	m^2	7824.3	52.91	413984
清单　第 600 章　合计　人民币413984 元					

工程量清单汇总见表 6-14。

工程量清单汇总表　　表 6-14

序号	章次	科目名称	金额
1	100	总 则	532000
2	200	路 基	289424
3	300	路 面	14633215
4	400	桥梁、涵洞	0
5	500	隧 道	0
6	600	安全设施及预埋管线	413984
7	700	绿化及环境保护	0
8	第 100 章至 700 章清单合计		15868623
9	按上项(8)的金额的 5% 作为不可预见因素暂定金		793431
10	投标价(8+9)=10		16662054

复习思考题

1. 何谓标底？
2. 公路工程招标标底的作用是什么？
3. 标底与概(预)算有何区别？

4. 编制标底时如何确定工、料、机的价格?

5. 标底的编制依据包括哪些?

6. 何谓投标报价?

7. 公路工程施工投标报价的作用是什么?

8. 报价的编制依据包括哪些?

9. 报价与概(预)算有何区别?

10. 投标报价由哪几部分组成? 如何计算?

11. 报价的策略和技巧有哪些?

第七章

同望 WECOST 造价软件的应用

教学要求

1. 进行公路工程造价系统的安装和启动；
2. 熟悉公路工程造价系统编制公路工程造价文件的流程；
3. 熟悉公路工程造价系统编制公路工程概(预)算文件的基本步骤和基本操作；
4. 熟悉公路工程造价系统编制公路工程标底和投标报价的基本步骤及基本操作。

公路工程概(预)算的编制是一项极为繁琐而又复杂的计算工作,费时费力。为了提高效率,近年来,公路的管理、设计、施工等部门已广泛推广计算机软件在工程造价编制中的应用。目前,公路建筑市场上所应用的各种造价软件版本较多,各类版本大同小异。限于篇幅,以下以同望 WECOST 公路工程造价管理系统为例,介绍计算机软件在公路工程造价文件编制中的应用。

● 第一节　WECOST 系统概述 ●

WECOST 系统是广东同望科技股份有限公司于 2007 年推出的公路工程造价管理系统,该系统有网络版和单机版两种。由于各种升级版本操作方法基本相同,而目前同望公司仅提供 WECOST8.13 的学习版,为方便教学,下面以该版本为例介绍具体操作,其他版本用户可参考学习。

一、同望 WECOST 的主要功能和特点

WECOST 采用全新技术架构,操作更加符合用户习惯、贴心易用,界面直观,功能更加强大,真正实现了多专业、多阶段、多种计价模式、编制审核一体化。

根据工程造价管理未来的发展趋势,系统采用了网络(即 B/S 结构)和单机(即 C/S 结构)相结合的使用模式,在 C/S 系统下实现造价数据文件的编制、审核,并通过 B/S 系统按设定流程进行有序的控制、流转,以实现数据集中管理,分级分组授权查询访问,满足了造价规范化编制、网络化审批及数据共享、数据挖掘的高端需求。

1. 项目管理灵活多变

系统可以实现多专业的综合建设项目管理,同一建设项目下可以任意分解不同层次的子

项目,各子项目可以兼顾公路、房建、通信等多种不同专业的计价依据,同时按项目分解层次进行费用汇总,输出项目的汇总报表。

2. 预算书编制轻松自如

编制预算书时可以方便地选择系统内置的项目模板或者导入清单,对项、目、节可自由进行升级、降级操作;还可以借用、调用除本专业定额以外的其他专业定额。

3. 定额选套及调整直观方便

系统支持跨专业选套定额,方便灵活。同时系统还提供丰富、便捷的标准换算和调整选项,还可对相同调整内容的定额进行批量调整,调整后的定额可存入我的定额库,方便下次利用。

4. 取费程序灵活定义

可以在系统内置的标准费用基础上自定义新的费用模板,包括新增或删除费用项目,灵活定义或修改计算公式,修改费率及设置不计费项目等,同时可进行不同模板之间费用逐项对比分析,找出差异。自定义的取费模板可以保存并继续应用到其他建设项目中。

5. 工料机汇总、反查、调整省时省力

特别让预算员费时的材料价格查询和录入,可以通过建立维护自己的工料机价格库,批量地导入到系统中,系统自动进行价格替换。未刷新的材料价格,系统提示预算员手工录入。系统还可以实现反查工料机来源,批量设置材料运输的起讫地点等功能,特别是项目级的工料机汇总功能,极大提高造价文件编制审查的效率。

6. 多种清单调价方式,调价快速灵活

系统提供"正算调价"和"反算调价"两种方式,"正调"可调整工料机消耗量、工料机单价和综合费率;"反调"即通过输入一个控制目标价,系统自动反算出工料机的消耗、单价和综合费率。

7. "分项模板"快速复制、经验共享

强大的"分项模板"功能,可以保存不同层级的分部、分项工程,包括其下所套用的定额,工程量,工料机和调整信息。可在同一项目或不同建设项目之间自由复制,还可导出分项模板,实现经验共享。

8. 支持多级审核和任意查询,审核处处留痕

支持多级审核,审核时可以对编制文件任意位置进行修改并留痕,各级审核过程用不同颜色标识区分(设置不同部门的审核颜色),方便查看,可查询任意级别审核内容和结果,并输出审核报表。

9. 维护"我的定额和工料机库"

系统不仅内置了全国各省的公路补充定额,用户还可以方便地把系统定额、补充定额和系统工料机保存到"我的定额库"和"我的工料机库",并对其进行管理和维护,形成企业定额库。

10. WCOST 数据完美导入

系统提供对于旧版同望 WCOST 造价软件的数据接口,对于用 WCOST 编制的历史数据文件,可以通过文件导入及数据库导入的方式导入 WECOST 中。

11. 造价工作平台有序管理

造价工作平台像一条纽带,把各个单机编审软件有序联结。系统通过 B/S 结构的造价工作平台进行统一的组织机构维护和用户管理,实现网上传输数据,控制编审权限及文件的上传和下载,版本发布及数据集中管理。

12. 丰富实用的项目级编审报表

内置丰富实用的项目级汇总报表,包括编制和审核汇总报表,并可批量打印。

13. 轻松拓展到工程造价整体解决方案(简称 IPCS)

WECOST 是 IPCS 整体架构的一部分内容,可以根据用户管理的需要轻松实现向 IPCS 扩展,满足用户对工程项目全生命周期的造价工作进行全方位、动态管理的需求。

二、同望 WECOST 的设计依据及运行环境

1. 设计依据

(1)原交通部交工发"1992"65 号通知发布的《公路工程预算定额》、《公路工程概算定额》。

(2)原交通部交公路发"1996"612 号通知发布的《公路基本建设工程概算预算编制办法》及附录十一,《公路工程概算定额》、《公路工程预算定额》基价表。

(3)原交通部交公路发"1996"611 号通知发布的《公路基本建设工程投资估算编制办法》、《公路工程估算指标》。

(4)原交通部交公路发"1996"610 号通知发布的《公路工程机械台班费用定额》。

(5)原交通部 2007 第 33 号公告发布的《公路工程基本建设项目概预算编制办法》(JTG B06—2007)、《公路工程概算定额》(JTG/T B06-01—2007)、《公路工程预算定额》(JTG/T B06-02—2007)、《公路工程机械台班费用定额》(JTG/T B06-03—2007)。

(6)原交通部公路司《公路工程国内招标文件范本》(交公路发"2003"94 号)。

2. 运行环境

1)系统硬件要求

配置:主频 1G 以上 CPU,512MB 以上内存,500MB 以上可用硬盘空间。

2)系统运行平台

系统平台:Windows 2000/XP/VISTA,Linux,Unix 等各种操作系统。

• 第二节　WECOST 操作介绍 •

一、同望 WECOST 系统的安装

1. 单机版安装

(1)将本软件的安装光盘放入驱动器中,在相应的目录中找到安装文件 SETUP. EXE。

(2)运行该安装程序,按系统提示命令操作。

(3)在安装过程中,请注意阅读许可证协议和软件提示的信息。

(4)在安装过程中,随时可点按"退出安装"或"取消"按钮中断安装程序。确认要退出安装后,软件会自动删除当前已安装的文件,并退出安装程序。

2. 网络版安装

网络版安装请参照软件用户手册。

二、同望 WECOST 的启动

正确地安装本软件之后，便可按以下步骤启动系统。

(1)确保已将该软件的加密锁正确地插在计算机的 LPT 打印机端口(并行口)上。

(2)打开计算机，启动中文 Windows。

(3)单击屏幕左下角的“开始”按钮，打开“开始”菜单。

(4)在“开始”菜单中选择“所有程序”→“WECOST 公路工程造价管理系统”→“WECOST 公路工程造价管理系统”，即可启动系统。

此外，双击桌面上的“WECOST 公路工程造价管理系统”快捷图标也同样可以启动系统。

(5)系统启动后，出现登录对话框。对话框中包括用户名和口令两项，系统初始提供的用户名为小写的 admin，且不加口令。点按确定按钮后，即进入 WECOST 主界面。

(6)整理数据库。在登录对话框中，有一个“整理数据库”按钮。当使用过程中断电，或长期大量使用本软件后，应点按此键，软件会压缩数据库占用的硬盘空间，并修复数据库中的错误。

三、同望 WECOST 系统的登录及用户管理

1. 系统登录

1)单机版登录

第一次登录用系统管理员的身份登录，用户名：admin，初始密码：12345678。

2)网络版登录

首次登录，系统默认选择登录网络，以验证用户身份，用户名及权限由网络平台的系统管理员统一设置与分配。完成第一次登录后，以后每次登录，可以选择登录网络或登录本地。

2. 用户管理

1)单机版用户管理

以系统管理员登录系统后，点击“用户管理”，就可以在弹出的串口对用户进行管理，点击新增按钮创建用户，增加用户后，可修改“用户名”和“用户单位”，“用户名”作为报表中的编制人或审核人的取数；“用户单位”也会以括号的形式取到报表中的编制人或审核人的后面，如不需要则在这两行留空。

2)网络版用户管理

以管理员身份登录后，在“用户管理”界面点击“新增”，弹出的对话框输入用户账号、姓名、描述等信息。用户初始密码为 12345678，可以修改密码。然后点击“用户授权”，选择该用户的权限并确定。

四、同望 WECOST 系统的菜单介绍

1.“文件”菜单

“文件”菜单主要功能如表 7-1。

"文件"菜单主要功能 表 7-1

命令	作用
新建建设项目	新建建设项目
新建造价文件	新建造价文件
打开	打开造价文件
保存	保存造价文件
重新登录	重新登录系统
导入	导入数据文件(包括 WECOST 及 WCOST)
导出	导出数据文件(项目节点或预算模板)
打印报表	打印报表
退出系统	退出系统

2."编辑"菜单

"编辑"菜单主要功能如表 7-2。

"编辑"菜单主要功能 表 7-2

命令	作用
保存	保存当前数据
剪切	剪切预算书结构及定额
复制	复制预算书结构及定额
粘贴	粘贴预算书结构及定额
上移	将预算书结构及定额上移一级
下移	将预算书结构及定额下移一级
升级	将预算书结构及定额提升至上一层结构
降级	将预算书结构及定额下降至下一层结构

这里要特别说明的是,在选取预算书结构及定额时,如果在单击每一项时按住 Ctrl 键,就可以一次选择多项,而按住 Shift 键选择两个预算书结构及定额,则这两个预算书结构及定额之间的结构及定额就会被全部选定,此功能在软件中所有的表格里都适用。

3."审核"菜单

"审核"菜单主要功能如表 7-3。

"审核"菜单主要功能 表 7-3

命令	作用
审核汇总信息	造价文件审核信息汇总
审核子目信息	当前子目审核信息
颜色设置	各级审核者颜色设置

4."维护"菜单

"维护"菜单主要功能如表 7-4。

"维护"菜单主要功能 表 7-4

命　令	作　用
常用单位	设置系统单位及用户自定义单位
起讫地点	设置材料运输相关参数
我的定额工料机库	维护补充定额及补充工料机库
车船税维护	维护车船税
我的取费模板	管理系统及用户自定义取费模板
我的费率标准	管理系统及用户自定义费率标准
我的报表模板	管理系统及用户自定义报表模板

5."计算"菜单

"计算"菜单主要功能如表 7-5。

"计算"菜单主要功能 表 7-5

命　令	作　用
分析与计算	对造价文件进行工料机分析及计算
计算精度管理	对系统的计算及显示精度进行设置
当前精度维护	对当前造价文件的计算及显示精度进行设置

6."工具"菜单

"工具"菜单主要功能如表 7-6。

"工具"菜单主要功能 表 7-6

命　令	作　用
系统参数设置	设置系统参数
计算器	调出及关闭计算器
特殊符号	显示/关闭特殊符号栏
五金手册	调用五金手册
修改密码	修改登录密码
网络设置	进行网络设置

7."帮助"菜单

"帮助"菜单主要功能如表 7-7。

"帮助"菜单主要功能 表 7-7

命　令	作　用
用户手册	用户使用手册
定额说明	07 编制办法及定额说明
更新说明	当前版本更新说明
版本更新	检查当前版本是否更新
客户服务	连接同望公司服务网站

五、系统工具栏介绍

系统工具栏工具按钮的名称及作用见表 7-8。

工具按钮名称作用表　　　　表 7-8

图　标	名　称	作　用
	新建造价文件	新建造价文件
	打开	打开造价文件
	保存	保存当前数据
	剪切	剪切预算书结构及定额
	复制	复制预算书结构及定额
	粘贴	粘贴预算书结构及定额
	分析与计算	对造价文件进行工料机分析及计算
	当前精度维护	对当前造价文件的计算及显示精度进行设置
	增加子分项	增加子分项(可以有子项的分项)
	增加前项	增加前项
	增加后项	增加后项
	增加定额	增加定额
	审核汇总信息	造价文件审核信息汇总
显示级别 1	显示级别	调整预算书显示的级别
	上移	将预算书结构及定额上移一级
	下移	将预算书结构及定额下移一级
	升级	将预算书结构及定额提升至上一层结构
	降级	将预算书结构及定额下降至下一层结构
	第一行	到数据首行
	第末行	到数据末行
	显示/隐藏	显示或隐藏界面
	计算器	调出或关闭计算器

六、系统文件的导入与导出

1. 导入

1)导入 EC 数据

在项目管理界面,点击鼠标右键选择“导入”→“导入 EC 数据”,或选择“文件”菜单→“导入”→“导入 EC 数据”,选择后缀名为“. ecp”、“. ecb”的文件,选定后点击“打开”按钮,文件则被导入到指定位置。

2)导入 WCOST 数据

(1)导入数据库。在项目管理界面,点击鼠标右键选择“导入”→“导入 WCOST 数据”,或选择“文件”菜单→“导入”→“导入 WCOST 数据”,弹出导入 WCOST 项目数据对话框,点击后面的“…”按钮，选择后缀名为“. MDB”的数据库文件（该文件通常在 WCOST 的安装目录下），单击“确定”即可。

（2）导入数据文件。如要导入. WCT 格式（即 WCOST 的输出文件格式）的文件，则需要同时指定“WCOST 主数据库文件”和“WCOST 导出项目”。在弹出的导入 WCOST 项目对话框中，“WCOST 主数据库文件”处，选择后缀为“. MDB”的数据库文件，并且勾选“WCOST 导入项目复选框，选择后缀为“. WCT”的文件，选中需要导入的建设项目，单击“确定”即可导入。

2. 导出

（1）导出项目节点。导出所选项目节点即其子节点的所有记录，包括用户信息。该功能适用于建设项目、子项目和造价文件的完整导出，提交上级部门审查。

如导出建设项目：

选中要导出的记录，右击选择“导出”→“项目节点”或选择“文件”菜单→“导出”→“项目节点”，在弹出的对话框中指定导出文件保存路径，并输入文件名，按“保存”→系统提示保存成功。

（2）导出预算模板。“导出预算模板”的操作步骤与“导出项目节点”相同。导出时不带用户信息，导出后为公共文件，任何用户都可以导入使用。

需要注意的是，如果要进行单机版的审核操作，则必须采用导出项目节点的方式，然后用其他的用户名导入，这样才能进行审核操作。

第三节　WECOST 的应用介绍——编制工程造价文件

一、编制工程造价文件的工作流程

编制任何一份公路工程造价文件，大致编制过程如图 7-1 所示。

二、项 目 管 理

1. 创建建设项目

1）利用右键创建

在项目管理窗口空白处右击，弹出右键菜单，选择“新建”→“建设项目”。

2）利用菜单创建

在项目管理窗口界面，选择“文件”菜单→“新建建设项目”。

在弹出窗口输入项目名称等信息，点击“确定”，完成创建建设项目。

2. 创建子项目

选中新建的建设项目右击，选择“新建”→“子项目”。子项目根据需要也可以省略。

3. 创建造价文件

1）新建造价文件的三种方式

（1）选中子项目（或项目）右击，选择“新建”→“造价文件”。

（2）选择“文件”菜单→“新建造价文件”。

（3）点击快捷键新建造价文件。

2)输入文件的基本信息

在弹出窗口中输入编号、名称,选择计价依据、主定额和项目模板,点击确定。

说明:计价依据选择后不能更改。

4. 填写项目信息及文件属性

根据工程实际情况,填写项目基本信息及造价文件基本信息。

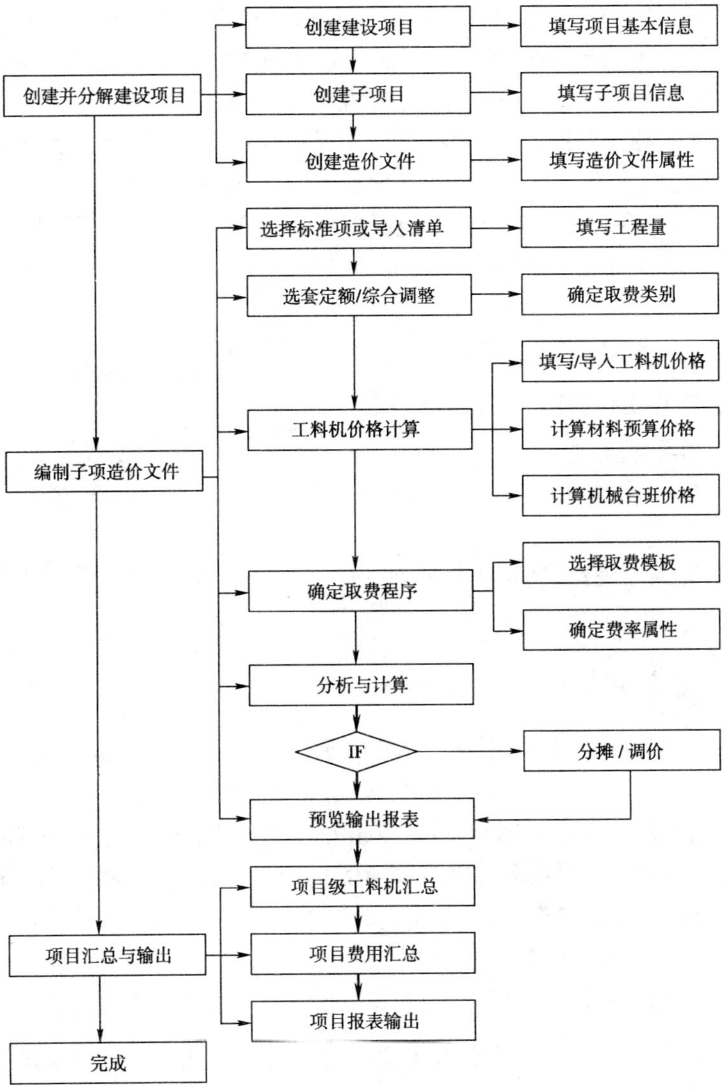

图 7-1　编制工程造价文件的工作流程图

三、编制分项造价文件

1. 建立项目结构

1)选择标准项

在“预算书”界面的空白处,右击“选择”→“标准项”,系统弹出选择标准项对话框,选择需要添加的项目后,双击即可。

2)增加非标准项

对于标准项目表中没有的项目(如:外购土方,水泥混凝土拌和站等),可以采用增加前项、增加后项或增加子分项的方式。

3)增加子项

子项是项目结构的最低点,他的下面不能增加任何项目结构。它的作用有两个:

(1)定额同级的数量单价类(如"土地征用及拆迁补偿费"中的各子项:水田,旱地,鱼塘等)。在"预算书"界面右击选择"增加"→"子项",输入"编号"、"名称"、"单位"、"数量",在"人工单价"或"材料单价"或"机械单价"列中输入相应的单价,系统自动默认取费类别为"不取费",并自动设置了独立取费,该项中不需要计算的费用可直接在取费程序中勾选"不计"。

(2)定额同级的计算公式类。对于标准项目表中出现的要求按公式进行计算的费用(如:工程监理费,联合试运转费等),系统中已经根据最新2007版《公路工程建设项目概算预算编制办法》内置了费用计算公式。对于一些非标准项目的计算公式类费用,可采用右击选择"增加"→"子项",输入"名称",单击计算公式栏可以直接输入公式;或点击按钮,在弹出的"取费基数编辑对话框"中编辑公式。

【例7-1】 建立如图7-2所示的预算项目表。

1	项	第一部分 建筑安装工程费	公路公里	0.000
一	项	临时工程	公路公里	0.000
二	项	路基工程	km	0.000
2	项	挖方	m^3	0.000
1	项	挖土方	m^3	0.000
1	项	挖路基土方	m^3	0.000
2	项	外购土方		0.000
三	项	路面工程	km	0.000
3	项	路面基层	m^2	0.000
2	项	水泥稳定类基层	m^2	0.000
四	项	桥梁涵洞工程	km	0.000
3	项	小桥工程	m/座	0.000
3	项	钢筋混凝土空心板桥	m/座	0.000

图7-2 预算项目表

2.选套定额,输入工程量,确定取费类别,进行定额调整

1)套定额

(1)定额库中选择。

①定额添加。选择定额添加的位置,点击右键"选择"→"定额",弹出选择定额对话框(图7-3),从"定额"的下拉框中选择需要的定额库(系统默认的主定额库是创建造价文件时的定额库),然后再查找到所需套用的定额子目,双击左键选入或者右击选择"添加选中行"。

②定额查询。可使用编号或名称来查询所需的定额,查询为模糊查询。查询后的数据显示在右栏定额下方的查询结果栏中,可双击选入或右击选择"添加选中行"将选中记录选入。

如查询定额名称有"碎石"的记录,如图7-4所示。

(2)手工录入定额。选择录入的位置,右击"增加"→"定额"或直接点击工具栏中的快捷图标,新增一条空记录,在"编号"栏直接输入定额编号,回车即可套入,如图7-5所示;也可点击该空记录"编号"右侧的按钮…,进入定额库中选套定额,选择定额同上。

在新增的空定额编号栏中输入定额号后回车,光标自动跳到工程量一栏,输入"工程量"及选择"取费类别"后回车,系统自动增加下一条空定额,可参照上述方法增加完所有的定额。

(3)添加补充定额。如果输入要添加补充定额,可以直接在定额编号中录入新编号,系统会提示并在定额编号前加"LB"作为补充的标志,可以直接在预算书界面来编制补充定额内容。

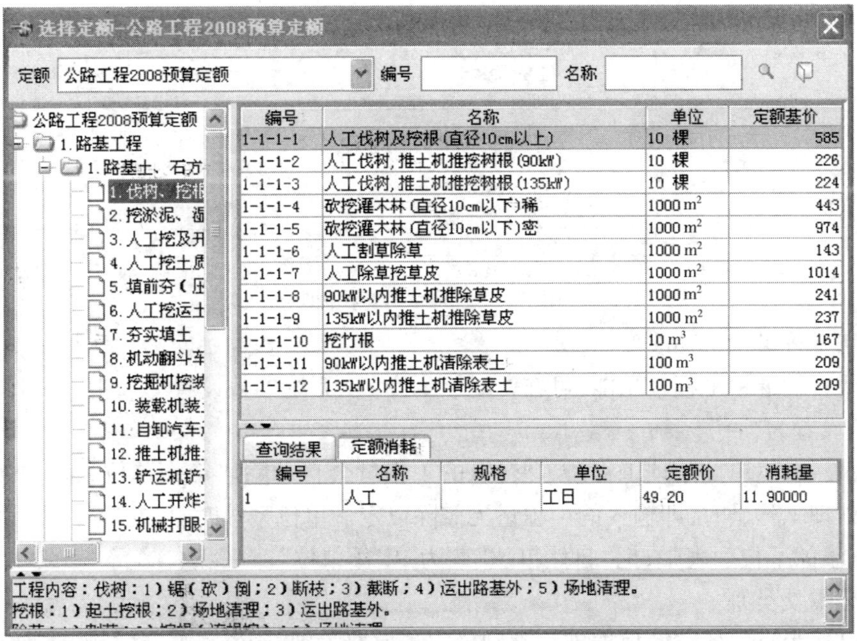

图 7-3　定额添加对话框

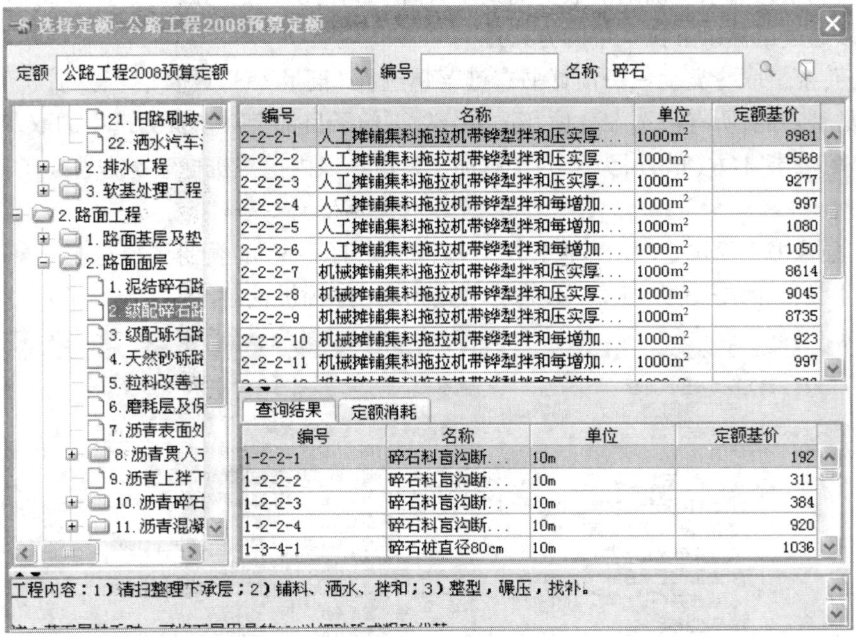

图 7-4　定额查询“碎石”记录

(4)借调其他定额。系统会在这些定额号前加上该定额的简称。

2)填写工程量

在定额库中选择定额后,应注意定额工程量与分项工程量是否相同,否则应在定额中输入实际工程量。

系统默认子节点继承父节点工程量。当修改上级节点工程量时,和上级节点工程量相等

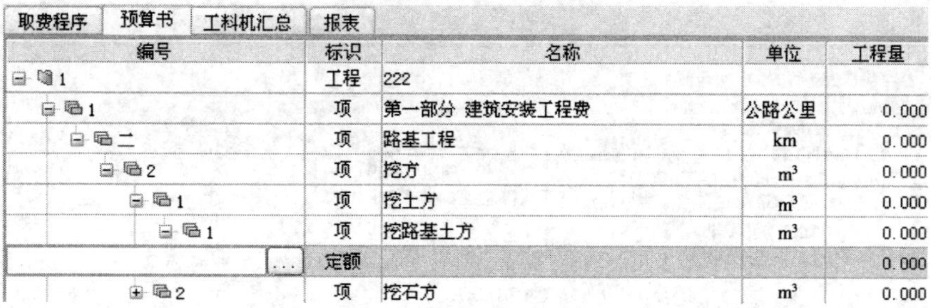

图 7-5 手工录入定额示例图

的下级节点工程量也自动改变。

不需要自动继承工程量功能，可在“工具”菜单→“系统参数设置”处，把“是否自动填写工程量”的值设置为“否”。

系统默认自然单位处理工程量，即输入的工程量会自动除以定额单位系数。如用户需按定额单位处理工程量时，即输入的工程量无需除以定额单位系数时，可在“工具”菜单→“工程量输入方式”的下拉列表中，把“自然单位”改为“定额单位”。

3）确定取费类别

系统已经为每一条定额根据施工类别确定了取费类别，所以在选套定额后，不需要再选择取费类别。如果认为系统确定的取费类别不符合实际情况，可直接以数字键选择相应取费类别。也可以通过鼠标以下拉菜单的方式选。

小技巧：批量取费类别——预算书右键菜单选择“批量”→“设置取费类别”，可实现批量设置取费类别功能，所有被选中分项及选中分项下的子目都会被设置为选中的取费类别。

【例 7-2】 挖土方（借方，为压实方）：选择 2.0m^3 以内挖掘机挖装土方普通土 30000m^3 的定额。

解：在预算书界面选定“挖路基土方”→右键“选择”→“定额”，弹出选择定额对话框，从“定额”的下拉框中选择预算定额库，然后再查找到“挖掘机挖装土方”定额子目，双击左键选

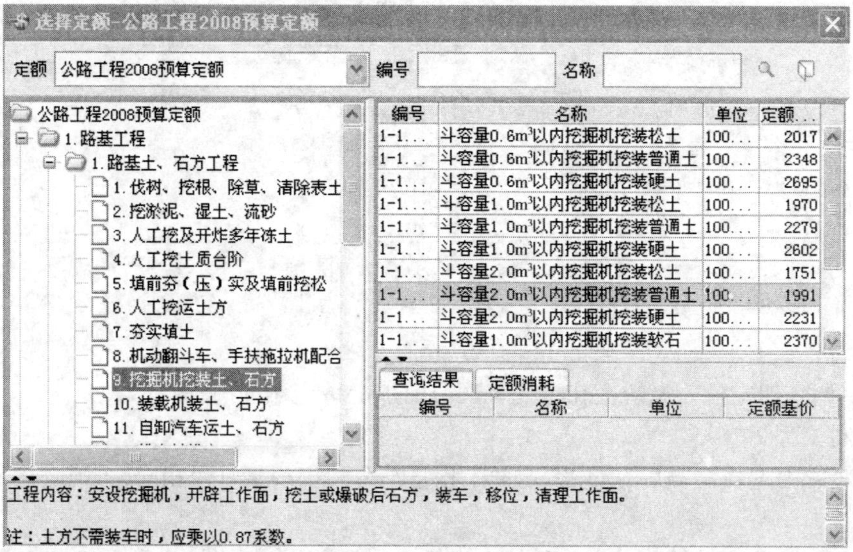

图 7-6 选套定额示例图

入或者右击选择“添加选中行”选择“斗容量 2.0m³ 以内挖掘机挖装普通土”(图 7-6)。输入工程量 30000,系统默认换算为 30 个定额单位工程量。

[例 7-2]结果如图 7-7。

二	项	路基工程	km	0.000	0.000	
2	项	挖方	m^3	0.000	0.000	
1	项	挖土方	m^3	0.000	0.000	
1	项	挖路基土方	m^3	0.000	0.000	
1-1-9-8	定额	斗容量2.0m³以内挖掘机挖装普通土	1000m...	30.000	0.000	02.机械土方

图 7-7 [例 7-2]结果

4)定额调整

(1)调整工料机。右击选择增加(人工/材料/机械)/选择(工料机)/删除/替换,可以实现增加/选择/删除/替换工料机。(如水泥、砂浆、水泥混凝土强度的等级调整等)选中某条工料机,右击选择“保存到我的工料机库”,可实现保存工料机。

【例 7-3】 选择采用 42.5 级水泥,M10 水泥砂浆砌筑,M12.5 水泥砂浆勾缝的浆砌片石轻型桥台预算定额。

解:在预算书界面选定“钢筋混凝土空心板桥”项→右击“选择”→“定额”,弹出选择定额对话框,从“定额”的下拉框中选择预算定额库,然后“桥涵工程”→“砌筑工程”→再查找到“浆砌片石”定额子目,双击左键选入或者右击选择“添加选中行”选择“轻型墩台……”→返回预算书界面,在“人材机”窗口下,点选“M10 水泥砂浆”→右击,选择“替换”→在弹出“选择工料机”窗口,双击选择替换材料“M12.5 水泥砂浆”→点选“M7.5 水泥砂浆”→右击,选择“替换”→在弹出“选择工料机”窗口,双击选择替换材料“M10 水泥砂浆”,即完成砂浆强度等级调整。点选“32.5 级水泥”→右击,选择“替换”→在弹出“选择工料机”窗口,双击选择替换材料“42.5 级水泥”,即完成不同水泥的抽换。系统将自动调整各原材料用量。

[例 7-3]结果如图 7-8。

四	项	桥梁涵洞工程	km	0.000	0.000			
3	项	小桥工程	m/座	0.000	0.000			
3	项	钢筋混凝土空心板桥	m/座	0.000	0.000			
4-5-2-7换	定额	轻型墩台、拱上横墙、墩上横墙	10 m³	0.000	0.000	08.构造物Ⅰ		19...

人材机 | 取费程序 | 工程量计算式 | 工作内容 | 设备费计算

编号	名称	类型	主要材料	子类型	..	单位	定额价	市场价	定额消耗	调整消耗	备注
1	人工	人工	☑	A:一般		工日	49.20	49.20	18.500	18.500	
101	原木	材料	☐	A:一般		m^3	1120.00	1120.00	0.015	0.015	
102	锯材木中板§...	材料	☐	A:一般		m^3	1350.00	1350.00	0.040	0.040	
191	钢管	材料	☐	A:一般		t	5610.00	5610.00	0.006	0.006	
653	铁钉	材料	☐	A:一般		kg	6.97	6.97	0.200	0.200	
655	8～12号铁丝	材料	☐	A:一般		kg	6.10	6.10	2.200	2.200	
866	水	材料	☐	A:一般		m^3	0.50	0.50	10.000	10.000	
899	中(粗)砂	材料	☐	A:一般		m^3	60.00	60.00	4.000	4.000	
931	片石	材料	☐	A:一般		m^3	34.00	34.00	11.500	11.500	
996	其他材料费	材料	☐	A:一般		元	1.00	1.00	4.200	4.200	
1998	小型机具使用费	机械	☐	A:一般		元	1.00	1.00	7.200	7.200	
411...	M7.5水泥砂浆	材料	☐	A:一般	..	m^3	0.00	0.00	3.500	3.500	
833	42.5级水泥	材料	☐	A:一般		t	350.00	350.00	0.053	0.990	[832]32.5级水泥 换 [833]42.5级水泥
411...	M12.5水泥砂浆	材料	☐	A:一般	..	m^3	0.00	0.00	0.170	0.170	[41118003]M10水泥砂浆 换 [41118004]

图 7-8 [例 7-3]结果

(2)标准换算。点选需要换算的定额,在定额调整信息视窗中,点击BZ按钮,系统会列出该定额涉及的所有标准换算调整(如钢筋抽换、洞内用洞外工程、碎石改砾石、压机调整、厚度和运距的综合调整等)。

用户只需要在调整的复选框中打勾,并根据需要输入参数,系统会自动调整消耗量和定额名称。

【例 7-4】 选择厚 18 cm 的水泥稳定石屑基层,采用厂拌设备生产能力 400t/h,10t 以内自卸车运 3 km 的定额。

解:①在预算书界面选定“级配碎石基层”项→右击“增加”→“定额”或直接点击工具栏中的快捷图标,新增一条空记录;在“编号”栏直接输入定额编号 2-1-7-7、2-1-10-5、2-1-9-3、2-1-8-13,回车即可套入。

②输入实际的定额工程量。

③进行定额调整。点选“水泥石屑压实厚度 15cm 水泥剂量 5%”,在定额调整信息视窗中,点击BZ按钮,在“厂拌设备”前的复选框中打勾,选择“400t/h 以内”;在“实际厚度”前的复选框中打勾,输入 18;点选“10t 以内自卸汽车装载第一个 1km”,在定额调整信息视窗中,点击BZ按钮,在“实际运距 km”前的复选框中打勾,输入 3。

[例 7-4]结果如图 7-9。

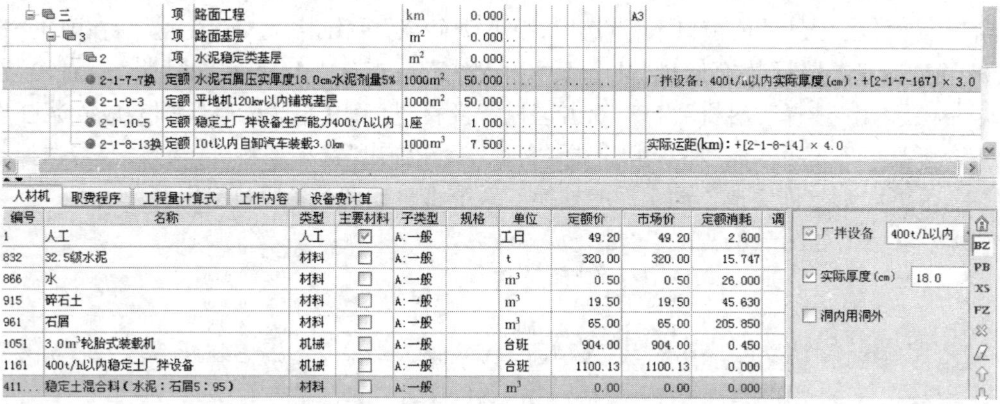

图 7-9 [例 7-4]结果

(3)混合料配合比调整。系统提供混合料配合比简易调整功能。

点选需要调整的定额,在调整信息窗口点击按钮PB,直接在“调整为”一栏中输入要调整的目标配合比即可。

【例 7-5】 选择厚 18 cm 的水泥稳定石屑基层(水泥 : 石屑 =6 : 94)的定额。

解:在[例 7-3]的基础上,点选“水泥石屑压实厚度 15cm 水泥剂量 5%”,在定额调整信息视窗中,点击PB按钮,在“调整为”一栏中名称“32.5 水泥”对应输入 6 即可。

[例 7-5]结果如图 7-10。

如果该定额已在“标准换算”中进行同样工程内容的调整,则此处不必再调整。

(4)查看调整。选择要查看的定额,点击按钮块换到“调整列表”窗口。

人材机 | 取费程序 | 工程量计算式 | 工作内容

编号	名称	类型	定额消耗	调整消耗
1	人工	人工	2.600	2.500
832	32.5级水泥	材料	15.747	14.642
866	水	材料	26.000	32.000
915	碎石土	材料	45.630	45.630
961	石屑	材料	205.850	208.017
1051	3.0m³轮胎式装载机	机械	0.450	0.390
1161	400t/h以内稳定土厂拌设备	机械	0.000	0.200
411...	稳定土混合料(水泥:石屑5:95)	材料	0.000	0.000

代号	名称	配合比	调整为
832	32.5级...	5	4
961	石屑	95	96

BZ PB XS FZ

图 7-10 [例 7-5]结果

(5)撤销调整。在调整列表窗口,选择要撤销的调整记录,点击按钮,可撤销单个调整;点击按钮可清空该定额的所有调整记录;在预算书界面,选中要删除调整的定额,右击选择“定额”→“取消选中定额调整”,即可撤销选中定额的所有调整。

3. 工料机汇总(工料机分析)

工料机分析是单位工程造价基础数据分析,是各类费用的计算基础。工料机分析包括工料机消耗量汇总、工料机分项汇总,工料机预算价确定,机械台班单价计算,材料单价计算等。进入“工料机汇总”窗口,系统会自动汇总当前单位工程的工料机。

1)录入价格

(1)手工录入。在“工料机汇总”界面,手工逐条录入已知的材料预算价格。

(2)批量导入。在“工料机汇总”界面,右击选择“导入”→“一般工料机价格”,选择后缀名为“.xls”或“prices”的工料机价格信息文件,点击“打开”,导入成功后系统会提示:导入材料价格文件完毕!此时系统内相同的工料机价格被刷新。

工料机价格导入的 Excel 格式如图 7-11。

说明:如图 7-11 所示,在第 F 列填写 1,则把该材料的价格导入成原价,在第 F 列不填或填写“1”以外的值,则该材料价格导入成预算价。第 G 列,填写该材料的供应地点。

	A	B	C	D	E	F	G
1	编号	名称	规格	单位	预算价	是否导入为原价	供应地点
2	101	原木		m³	1600		
3	182	型钢		t	3700		
4	832	32.5级水泥		t	320		
5	899	中(粗)砂		m³	60	1	深圳
6	911	黏土		m³	8.21		
7	931	片石		m³	30	1	广州
8	952	碎 石(4cm)		m³	40	1	中山
9	954	碎 石(8cm)		m³	50	1	中山
10	961	石屑		m³	65		
11	996	其他材料费		元	1		
12	997	设备摊销费		元	1		

图 7-11 工、料、机导入的 Excel 格式

2)计算价格

(1)自采材料计算。选中要计算的材料,切换到“采购点”,在“起讫地点”处输入自采地点,在“自采定额”视窗的空白处右击选择“增加”,进入选套自采定额。

(2)运杂费计算。

①社会运输。在“计算”列打勾,选择计算材料,进入到“采购点”,输入材料的起讫地点、原价、运距、t · km 运价、装卸费单价等参数,并选择运输方式,输入完毕后点击“计算”菜单→“分析与计算”,即可查看材料运费、预算价的计算结果。

【例 7-6】 计算原木、中粗砂的预算价格。运输方式:汽车运输;起讫地点:南宁至工地;原价:原木 1000 元/m³,中粗砂 50 元/m³;单位运费:0.5 元/t · km;运距:30km;装卸费单价:10 元/t · 次;装卸次数:原木 1 次,中粗砂 0.5 次。

解:在“工料机汇总”窗口,原木、中粗砂对应“计算”列打勾,点选原木,进入到“采购点”,选择运输方式为汽车运输,并输入已知材料的起讫地点、原价、运距、t·km 运价、装卸费单价、装卸次数,输入完毕后点击“计算”菜单→“分析与计算”,即可查看材料运费、预算价的计算结果。

[例 7-6]结果如图 7-12、图 7-13。

算书 | 工料机汇总 | 报表

基础信息								数量信息			单价	
输出	检查	计算	标识	编号	名称	规格	单位	总数量	数量	辅助及其他	定额价	预算价
☐	☐	☑		101	原木		m^3	0.225	0.225	0.000	1120.00	1050.63
☐	☐	☐		102	锯材木...		m^3	0.600	0.600	0.000	1350.00	1350.00

材料单价计算 | 采购点

名称	起讫地点	运输方式	权重	材料原价	运费	运距(km)	t·km运价...	装卸次数	装卸费单价	其他费用	运费增加(%)
原木	南宁—工地	汽车	1.00	1000.00	25.00	30.00	0.50	1.00	10.00	0.00	0.00

图 7-12 [例 7-6]计算结果一

算书 | 工料机汇总 | 报表

基础信息								数量信息			单价	
输出	检查	计算	标识	编号	名称	规格	单位	总数量	数量	辅助及其他	定额价	预算价
☐	☐	☑		899	中(粗)砂		m^3	60.000	60.000	0.000	60.00	73.19
☐	☐	☐		931	片石		m^3	172.500	172.500	0.000	34.00	34.00

材料单价计算 | 采购点

编号	名称	单位	消耗量	预算价	原价	单位毛重	场外运输...	一次装...	采购保管...	回收	原价+运费
101	原木	m^3	0.225	1050.63	1000.00	1	0	0	2.5	0.00	1025.00
899	中(粗)砂	m^3	60.000	73.19	40.00	1.5	2.5	1	2.5	0.00	70.00

图 7-13 [例 7-6]计算结果二

②自办运输。选择运输方式为“自办运输”,输入除“t·km 运价”和“装卸费单价”的其他参数,切换到“自办运输定额”窗口,在空白处点击选择“增加”进入选套运输定额。

如要进行运距调整,则直接在“实际运距”处输入实际的运输距离(单位为 km)。

如有高原施工取费,则请检查“取费程序”窗口项目属性是否已经选择了高原施工,并在此处的“高原施工取费类别”处选择取费类别。

③批量设置起讫地点。为了方便批量设置材料起讫地点,在材料单价计算视窗批量选中同一起讫地点的材料后,右击选择“批量设置起讫地点”→弹出维护“起讫地点”对话框,点击新增按钮,新建一条运输起讫地点记录,直接输入起点、终点、运距和选择运输工具等。建立好运输起讫地点后,在“序号”处双击,系统会提示“已经选择序号×的起讫地点”,则所选材料的运输起讫地点被批量设置好,不需要重复录入。

3)机械台班计算

机械台班费用,一般是根据机械台班定额,以及动力燃料预算价格(如柴油、汽油、电等)和车船税标准进行计算。在项目管理界面的“基本信息”栏内,对“车船税标准”选择需要的养路费车船税标准,系统即可自动计算。

4)导出价格文件

在“工料机汇总”界面的“输出”列中勾选要导出的记录,右击选择“导出”→“一般工料机价格”,可导出编制的价格文件,导出文件的文件类型为.xls。

	A	B	C	D	E
1	编号	名称	规格	单位	预算价
2	101	原木		m^3	1050.63
3	899	中(粗)砂		m^3	73.19

图 7-14 [例 7-6]导出结果

[例 7-6]导出结果如图 7-14 所示。

4. 取费程序(即综合费率计算)

1)设置费率参数

进入"取费程序"界面,在右半窗口选择费率文件属性。按工程实际情况选择、填写各项,如工程所在地、冬季施工、雨季施工、工地转移、综合里程等。系统将按此自动取费,计算综合费率。

2)修改费率值

可以实现直接修改费率、费率乘系数、恢复默认值功能。

3)借用费率文件

可实现借用系统中其他造价文件取费模板的功能。

5. 分析计算

分析计算是建设项目各项费用的综合分析,是各类报表的数据源。在分析计算以前,应完成选套定额,确定工程量,工料机分析计算,选择取费模板以及设置项目属性,最后进行分析计算。

点击菜单"计算"→"分析计算",或者点击工具栏的 x+y =? 图标,系统进行分析计算。

6. 报表输出

1)预算书报表

进行"分析与计算"后切换到报表窗口,在左栏中选取不同的报表,系统会自动显示相应数据。按相应图标,可以实现预览、打印、刷新任意报表的功能。

2)项目报表

切换到"项目报表"界面(预算书界面则需退出当前造价文件),可以看到项目报表树分为"编制报表"和"审核报表",系统提供了编制汇总报表和三种审核汇总报表格式,可根据需要,汇总输出。

四、清单编制的特殊功能

清单的编制总体步骤跟概(预)算编制总体一致,但是也有一些不同的要求,软件已提供了一些相应的功能来满足这些要求。

1. 项目指引

系统依据《公路工程国内招标文件范本》(2003)清单范本,在编制"清单"模块提供"项目指引"功能,系统自动列出清单下面常用的工作内容和定额来帮助用户选择,可以添加选中的定额,也可以添加选中的工作内容,或者三者都添加。

在估算、概算、预算的第一部分下增加项或清单同级的数量单价类,需注意以下约定:

(1)项或清单同级的数量单价类。右击选择"增加"→"前项"或"后项"或"子分项"或"清单",输入"编号"、"名称"、"单价"、"数量",在"人工单价"或"材料单价"或"机械单价"列中输入相应单价,并选择相应取费类别,即可进行计算。

如不需要计算技术装备费、利润、税金,可将取费类别设置为独立取费,并勾选不需计算的项目即可。

(2)项或清单同级的计算公式类。右击选择"增加"→"项"或"清单",输入"编号"、"名称"、"单位",然后在"计算公式"列直接填入计算公式即可。也可点击"计算公式"右侧按钮,弹出“取费技术编辑对话框”。在“费率”或“费用项目”标签下,双击选择费率或费用项目,在上半视窗中任意编辑公式。公式的编辑方法参看用户手册。

2. 导入工程量清单

在“预算书”界面,右击选择“导入/导出”→“导入工程量清单”,在弹出对话框中,点击“选择”按钮,选择后缀名为“. xls”的文件导入,该清单被全部导入。

3. 导出工程量清单

在“预算书”界面,右击选择“导入/导出” →“导出工程量清单”,可导出工程量清单,供用户进行2次修改。

4. 分摊/调价

1)分摊

系统提供三种分摊方式:按清单金额比重分摊,按集中拌和混凝土(水泥)用量分摊和按沥青混合料用量分摊。分摊界面分为3个窗口:分摊方式、分摊源和分摊目标。

第一步:新增分摊。

在“分摊方式”窗口空白处右击选择“新增分摊步骤”,或者点击左侧工具栏的新增图标 ,输入分摊方式的名称。

第二步:确定分摊源。

在右上“分摊源”窗口空白处右击选择“新增分摊源”。弹出选择分摊源界面,选中分摊项后点击“添加选中”。

第三步:确定分摊目标。

在右下“分摊目标”窗口右击选择“新增分摊目标”。在弹出的界面选择所需要分摊至的清单项,可以通过Ctrl、Shift键或者鼠标拖选的方式选择,点击“添加选中”。

第四步:分摊计算。

在左边“分摊方式”窗口选择分摊计算方式“JE”、“SN”或“LQ”的其中一种,分别代表“按清单金额比重,按集中拌和混凝土(水泥)用量和按沥青混合料用量分摊”进行分摊计算,也可以通过鼠标右键选择任一方式进行分摊计算。系统即自动计算出分摊目标各自所占比例和分摊金额。

如果需要调整分摊比例,则可以直接在比例框中输入新的比例值,系统会自动计算新的分摊额。

说明:分摊后的“分摊源”项不再出现在“标表2工程量清单”中。

删除分摊:点击“分摊方式”窗口左侧的图标,可以删除选中的分摊步骤。点击图标可以清除所有的分摊数据。

【例7-7】 将混凝土搅拌站(40m^3/h)一座分摊到311-1“水泥混凝土路面”的细目311-1-a“厚20mm”和410-3“C50混凝土空心板”中去。

解:准备工作:建立清单项目,套定额。建立及套用方法与编制概(预)算时相同,结果如图7-15a)、图7-15b)。

第一步:新增分摊。

从“预算书”窗口转换至“分摊”窗口。

“分摊方式”窗口空白处右击选择“新增分摊步骤”,或者点击左侧工具栏的新增图标 ,

取费程序 | 预算书 | 工料机汇总 | 报表 | 分摊 | 调价

编号	标识	名称	单位	工程量
001	工程	2009编书例题		
1	清单	第100章至第700章合计		0.000
	清单	第300章 路 面		0.000
311-1	清单	水泥混凝土面板	m²	70000.000
-a	清单	厚20mm（混凝土抗折强度5.0MPa）	m²	70000.000
2-2-17-3	定额	普通混凝土摊铺机铺筑轨道式路面厚度20cm	1000m...	70.000
2-2-19-9换	定额	8t以内自卸汽车装载4km	1000m...	1.400
2-2-17-15	定额	钢筋	1t	5.000
-b	清单	水泥混凝土搅拌站	座	1.000
4-11-11-7	定额	混凝土搅拌站（楼）安拆(40m³/h以内)	1 座	1.000
	清单	第400章 桥梁、涵洞		0.000
410-3	清单	C50混凝土空心板	m³	100.000
4-7-13-1	定额	预制混凝土非泵送	10m³实体	10.000
4-7-13-7	定额	起重机安装跨径20m以内	10m³实体	10.000
4-8-4-6换	定额	起重机装车15t以内3km	100m³...	1.000

a)

机汇总 | 报表 | 分摊 | 调价

取费类别	合价	综合单价	人工单价	材料单价	机械单价	...	备注
	4401393.59						
	4401393.59					A	
	4223800.00					A3	
	4223800.00	60.34					
	4223800.00	60.34					
06.高级路面	4184834.41	59783.35	4063.92	40315.26	9650.69		
03.汽车运输	17688.53	12634.66			11418.72		实际运距(km)：+[2-2-19-10]×6.0
13.钢材及...	21219.20	4243.84	295.20	3515.74	11.10		
	177593.59					A4	
	71445.00	714.45					
08.构造物Ⅰ	44224.40	4422.44	1131.60	2684.09	181.14		
08.构造物Ⅰ	11556.04	1155.60	186.96	0.20	857.23		
03.汽车运输	15664.86	15664.86	624.84	1167.37	12365.08		实际运距(km)：+[4-8-4-7]×4.0
10.构造物...	106148.59	106148.59	51123.72	32719.89	11422.50		

b)

图 7-15 ［例 7-7］定额套用结果

在“分摊方式”下方空格处双击左键变为输入状态，输入“水泥混凝土”。结果如图 7-16。

第二步：确定分摊源。

在右上“分摊源”窗口空白处右击选择“新增分摊源”。弹出选择分摊源界面，选中分摊项“水泥混凝土搅拌站”点击“添加选中”。结果如图 7-17。

取费程序 | 预算书 | 工料机汇总 | 报表 | 分摊 | 调价

序号	分摊方式
1	水泥混凝土

JE SN LQ

图 7-16 新增分摊结果

分摊源

编号	名称	金额
311-1-b	水泥混凝土搅拌站	106149.00

分摊目标

编号	名称	分摊比例	原始金额	分摊金额	本次合计	总计
311-1-a	厚20mm（...	0.993	4223800.00	105406.00	4329206.00	4329500.00
410-3	C50混凝...	0.007	71445.00	743.00	72188.00	72188.00

图 7-17 确定分摊源、分摊目标及分摊计算结果

第三步:确定分摊目标。

在右下"分摊目标"窗口右击选择"新增分摊目标"。在弹出的界面选择所需要分摊至的清单项:细目 311-1-a、410-3,可以通过 Ctrl、Shift 键或者鼠标拖选的方式选择,点击"添加选中"。结果如图 7-17。

第四步:分摊计算。

在左边"分摊方式"窗口点选分摊计算方式"SN",代表"按集中拌和混凝土(水泥)用量分摊"进行分摊计算。系统即自动计算出分摊目标各自所占比例和分摊金额。结果如图 7-17。

2)调价

系统提供"正向调价"和"反向调价"两种调价方式,可反复调价直至所需报价,并同步输出调价后的各种报表。

(1)正向调价。正向调价可调整工料机消耗量、工料机单价和综合费率。具体操作方式如下:

直接在父节点处输入工料机消耗、单价或费率的调价系数,子节点自动按此系数调整;点击正向调价按钮,则"目标报价"栏的"综合单价"和"金额"计算出新的结果。

调价后可以在"差额"栏对比所调清单项的"单价差额"和"合价差额"。

(2)反向调价。

①反向调价设置。在"调价"窗口,右击选择"反向调价设置",系统弹出反向调价设置对话框,"合价误差范围"默认值为 10,"最大运算次数"默认值为 100。

用户可根据自己的需求修改"合价误差范围"和"最大运算次数",选择"确定"后,该设置作为本次调价设置,选择"保存为默认条件",则该设置作为系统调价默认条件。

"最大运算次数"是控制调价计算时间的,运算次数越小,调价时间越短。

"合价误差范围"是控制调价精度的。误差越小,调价结果越精确。

如果已达到最大运算次数,但还未达到误差范围,系统调价结束。

如果已达到误差范围,但还未达到最大运算次数,系统调价结束。

即"合价误差范围"和"最大运算次数"只要有一个达到,就停止调价。

在目标报价处,输入一个目标控制价,系统即根据选择条件反算报价。

②反向调价方式。包括反调工料机消耗计算、反调综合费率计算和反调综合单价计算。

a. 反调工料机消耗计算。先设置复选条件 ☑人工 ☑材料 ☑机械,确认是否对人工、材料或机械同时进行调整,然后输入目标控制价后点击XH按钮即可。

b. 反调综合费率计算。输入目标控制价后点击FL按钮。

c. 反调工料机单价计算。输入目标控制价后点击DJ按钮。

3)停止、撤销调价

在进行调价的过程中,如需中止调价,可直接点击"停止"按钮。停止后,系统会取误差最小的系数作为调价系数。

点击调价工具栏的删除图标,可以撤销选中节点的调价计算。

点击清空图标,撤销所有调价计算。

4)设置不调价

(1)设置子目不调价。在调价界面,在不参与调价的分部、分项或定额的“不调价”复选框中勾选即可。

(2)设置工料机不调价。切换到工料机汇总界面,在不参与调价的工料机的“不调价”复选框中勾选即可。

(3)设置费率不调价。

①全局费率设置。切换到取费程序界面,在不参与调价的费率项的“不调价”复选框勾选即可。

②局部费率设置。如果只有某一分部、分项下的某一费率不调价,则切换到预算书界面,在该分部、分项的取费程序处设置独立取费,并在不参与调价的费率项的“不调价”复选框勾选即可。此操作会影响该分部、分项下所有和该分部、分项相同取费类别的定额的费率,使之不调价。

【例 7-8】 调 311-1“水泥混凝土路面”的细目 311-1-a 的人工乘系数 0.7;调整 311-1“水泥混凝土面板”的综合单价为 60 元/m^2。

解:分析:人工乘系数为正向调价,综合单价调整为反向调价。

人工乘系数调整:在 311-1-a 的调价系数“人工”栏中直接输入 0.7,回车确认,系统自动计算调价结果。结果如图 7-18。

综合单价调整:在 311-1 的目标报价“综合报价”栏内直接输入 60,点击 DJ 按钮,系统即根据选择条件反算报价。结果如图 7-19。

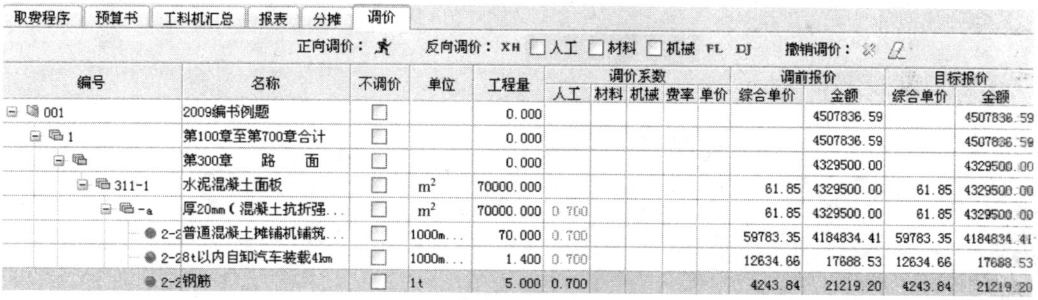

编号	名称	不调价	单位	工程量	调价系数 人工	材料	机械	费率	单价	调前报价 综合单价	金额	目标报价 综合单价	金额
001	2009编书例题	□		0.000							4507836.59		4507836.59
1	第100章至第700章合计	□		0.000							4507836.59		4507836.59
	第300章　路　面	□		0.000							4329500.00		4329500.00
311-1	水泥混凝土面板	□	m^2	70000.000						61.85	4329500.00	61.85	4329500.00
-a	厚20mm(混凝土抗折强...	□	m^2	70000.000	0.700					61.85	4329500.00	61.85	4329500.00
2-2	普通混凝土摊铺机铺筑...	□	1000m...	70.000	0.700					59783.35	4184834.41	59783.35	4184834.41
2-2	8t以内自卸汽车装载4km	□	1000m...	1.400	0.700					12634.66	17688.53	12634.66	17688.53
2-2	钢筋	□	1t	5.000	0.700					4243.84	21219.20	4243.84	21219.20

图 7-18　[例 7-8]人工乘系数调整结果

编号	名称	不调价	单位	工程量	调价系数	调前报价 综合单价	金额	目标报价 综合单价	金额	差额 单价差额	合价差额
	2009编书例题	□		0.000			4507836.59		4378314.59		-129522.00
	第100章至第700章合计	□		0.000			4507836.59		4378314.59		-129522.00
	第300章　路　面	□		0.000			4329500.00		4200000.00		-129500.00
311-1	水泥混凝土面板	□	m^2	70000.000		61.85	4329500.00	60.00	4200000.00	-1.85	-129500.00
-a	厚20mm(混凝土抗折强...	□	m^2	70000.000		61.85	4329500.00	60.00	4200000.00	-1.85	-129500.00
2-2	普通混凝土摊铺机铺筑...	□	1000m...	70.000		59783.35	4184834.41	57997.09	4059796.40	-1786.26	-125038.01
2-2	8t以内自卸汽车装载4km	□	1000m...	1.400		12634.66	17688.53	12256.76	17159.46	-377.90	-529.07
2-2	钢筋	□	1t	5.000		4243.84	21219.20	4116.94	20584.68	-126.90	-634.52
-b	水泥混凝土搅拌站	□	座	1.000		106148.59		102977.29		-3171.30	
4-1	混凝土搅拌站(楼)安...	□	1 座	1.000		106148.59	106148.59	102977.29	102977.29	-3171.30	-3171.30

图 7-19　[例 7-8]综合单价调整结果

复习思考题

1. 采用同望 WECOST 编制工程造价文件时,如何在系统上新建项目?
2. 如何建立分项造价文件的项目结构?
3. 公路交工前养护费在软件中如何处理?
4. 在软件中对混凝土、砂浆强度等级如何进行调整?
5. 如何运用软件进行材料预算价格的计算?
6. 在软件中如何进行定额的录入?
7. 如何对输出报表进行页面设置?
8. 应用软件进行标底编制时,如何建立分摊项?
9. 应用软件进行标底编制时,如何对分摊项进行分摊?
10. 应用软件进行标底编制时,如何进行调价?

第八章

公路工程费用结算与竣工决算

教学要求

1. 解释工程费用结算的概念;
2. 描述合理办理工程费用结算的作用;
3. 描述工程费用结算的费用组成和支付过程;
4. 解释竣工决算的概念,论述其意义;
5. 描述竣工决算文件的组成和编写办法。

公路工程费用结算对优质完成建设任务具有十分重要的作用,是合同各方根据合同价款的约定进行费用结算的活动;竣工决算是根据实际发生的工程量和大量的施工统计原始数据,以工程承包合同价为依据来编制。建设单位要从项目筹建开始,明确专人负责,做好资料的收集、整理、积累、分析工作,并在项目完成时完成竣工决算报告的编制工作。

• 第一节　工程费用结算 •

一、工程费用结算的概念

工程费用结算是指业主、承包人和监理工程师对工程的合同价款进行约定和依据合同约定进行工程预付款、工程进度款、工程竣工费用结算的活动。工程费用结算是业主、承包人、监理工程师共同参与的活动,应当遵循合法、平等、诚信的原则,并符合国家有关法律、法规和政策。

正确合理地办理工程费用结算,对于贯彻国家的方针、政策、财务制度,加强建设资金管理,合理确定、筹措和控制建设资金,优质完成建设任务,具有如下十分重要的作用:

(1)促使各方严格遵守合同,确保工程施工正常进行。

(2)强化监理工程师监督作用,保证工程质量。

(3)促进资金周转,提高经济效益。

(4)确定工程费用的实际数额。

(5)是业主和承包人办理财务对账的依据。

(6)是建设单位编制竣工决算报告的基础资料。

(7)是承包人核对工程成本、考核企业盈亏的依据。

业主、承包人应当在合同条款中对涉及工程费用结算的下列事项进行约定:

(1)预付工程款的数额、支付时限及抵扣方式。

(2)工程进度款的支付方式、数额及时限。

(3)工程施工中发生变更时,工程费用的调整方法、索赔方式、时限要求及金额支付方式。

(4)发生工程费用纠纷的解决方法。

(5)约定承担风险的范围及幅度,以及超出约定范围和幅度的调整办法。

(6)工程竣工费用的结算与支付方式、数额及时限。

(7)工程质量保证(保修)金的数额、预扣方式及时限。

(8)安全措施和意外伤害保险费用。

(9)工期及工期提前或延后的奖惩办法。

(10)与履行合同、支付价款相关的担保事项。

业主、承包人在签订合同时对于工程费用的约定,可选用下列一种约定方式:

(1)固定总价。合同工期较短且工程合同总价较低的工程,可以采用固定总价合同方式。

(2)固定单价。双方在合同中约定综合单价包含的风险范围和风险费用的计算方法,在约定的风险范围内综合单价不再调整。风险范围以外的综合单价调整方法,应当在合同中约定。

(3)可调价格。可调价格包括可调综合单价和措施费等,双方应在合同中约定综合单价和措施费的调整方法,调整因素包括:

①法律、行政法规和国家有关政策变化影响合同价款;

②工程造价管理机构的价格调整;

③经批准的设计变更;

④发包人更改经审定批准的施工组织设计(修正错误除外)造成费用增加;

⑤双方约定的其他因素。

二、工程费用结算的内容

根据《公路工程国内招标文件范本》(2003 年版,以下简称《范本》),施工正常结算的费用项目按其内容一般可以划分为两类:一类是工程量清单内的费用项目,它包括清单内各章、节、细目实际完成的工程数量按合同单价计算应支付的费用项目;另一类是清单以外、合同以内的费用项目,它包括开工预付款、材料预付款、保证金、工程变更费用、价格调整费用、索赔费用、拖期违约损失偿金、提前竣工奖金、迟付款利息等费用项目。合同终止后的费用结算有三种不同情况:承包人违约造成的合同终止、特殊风险造成的合同终止和业主违约造成的合同终止。

1. 工程量清单内费用项目

《范本》中的工程量清单内容包括:第 100 章总则,第 200 章路基,第 300 章路面,第 400 章桥梁涵洞,第 500 章隧道,第 600 章安全设施及预埋管线,第 700 章绿化及环境保护。

工程量清单所列工程数量是估算的或设计的预计数量,不能作为承包人最终结算和支付的依据。实际支付应按实际完成的工程量,由承包人按技术规范规定的计量方法,以监理工程师认可的尺寸、断面计量,按工程量清单的单价和总额价计算支付金额;或者根据具体情况,按合同条款规定,由监理工程师确定的单价或总额价计算支付额。

2. 工程量清单以外、合同以内的费用项目

1)开工预付款

根据合同规定,承包人有权得到业主提供的一笔相当于合同价值一定比例(合同价的10%)的无息开工预付款,用于支付开工初期各项准备工作的款项。具体数额根据报价中的选择或合同规定而定。一旦签订合同,该选择数据将作为开工预付款的支付依据,并且在施工期间按合同规定分批扣回。

2)材料、设备预付款

材料、设备预付款是由业主预先支付给承包人的一定比例的材料、设备款项,以供购进将用于和安装在永久工程中的各种材料、设备。并在施工期间按合同规定方式予以扣回。

3)保留金

保留金是在期中支付中将承包人已完工程应得的款项扣留一部分,用以促使承包人履行合同中规定的责任。

保留金的扣留是按投标书附录中规定的百分率(一般为10%)乘以规定的保留金计算基数。保留金从每期应支付给承包人的工程结算款额中扣留,直至金额达到投标书附录中规定的限额(一般为合同价的5%)为止。

保留金要在整个合同工程缺陷责任期满并发给承包人缺陷责任终止证书后14d内,由监理工程师核证后,由业主一次性退还给承包人。

4)工程变更费用

工程变更是指在工程实施中,对某些工作内容作出修改或者追加或取消某一工作内容。由于勘测、设计、试验与实际的差异,在合同执行过程中,工程变更是不可避免的,为了更加合理地完成工程,工程变更也是很有必要的。

根据通用条款52条规定,业主或监理工程师如果认为有必要,可对合同工程或其任何部分的结构形式、质量、等级或数量发出变更指令,承包人必须执行。没有监理工程师的变更指令,承包人不得进行任何工程变更。

变更工程价格的增加或减少额,应以工程量清单中的单价或总额价为依据。如果工程量清单中未包含适用于变更工程的单价,则采用工程量清单中监理工程师认为适合的单价作为作价的依据。如果不合适,则由监理工程师和承包人协议一个合适的单价或总额并报业主审批。如果不能达成协议,则监理工程师应根据情况在报业主审批后,定出他认为合理的单价或总额价,并通知承包人,抄送业主。如果此单价或总额价一时不能议定,监理工程师可以确定暂时的单价或总额价,作为暂付账款列入期中支付证书中,待议定后再在其后的期中支付证书中调整。

5)计日工

在工程施工过程中,监理工程师如认为必要或可取,可以指令计日工完成任何需变更的工作。对于这种变更的工作,应按合同中包括的计日工明细表中所定的细目,和承包人在其投标书中对此所报的单价或总额价,向承包人付款。

6)价格调整费用

工程建设的周期往往都较长,在这样的一个比较长的建设周期中,无论是业主还是承包人都必须考虑到与工程有关的各种价格变化。为了避免双方的风险损失,降低投标报价和合理确定工程造价,合同通用条款第70条对价格调整作出了专门规定。

凡是合同预期工期在24个月以上者,在合同执行期间,由于人工和材料的价格涨落因素应对合同价格进行调整,调价时,应按下述公式计算,每年进行一次调整。

$$TJE = ZFE \cdot ZH = \left(X + a\frac{RG}{RG_0} + b\frac{GC}{GC_0} + c\frac{SN}{SN_0} + d\frac{LQ}{LQ_0} + e\frac{JX}{JX_0} + f\frac{YL}{YL_0} + \cdots - 1\right)$$

式中: TJE——对年累计支付额的调价额;

ZFE——年累计支付额;

ZH——综合调价系数;

a、b、c、d、e、f …——分别为人工费、钢材、水泥、沥青、机械使用费、燃油料费用等其他材料费用在合同价格中所占的权重系数;

$$X = 1 - (a + b + c + d + e + f + \cdots);$$

RG_0——人工费基期价格指数;

RG——人工费当期价格指数;

GC_0——钢材基期价格指数;

GC——钢材当期价格指数;

SN_0——水泥基期价格指数;

SN——水泥当期价格指数;

LQ_0——沥青基期价格指数;

LQ——沥青当期价格指数;

JX_0——机械使用费基期价格指数;

JX——机械使用费当期价格指数;

YL_0——燃油料费用基期价格指数;

YL——燃油料费用当期价格指数。

在采用价格调整公式进行调价时,还应遵守以下规定:

(1)合同价格在投标所在年份不作调整,此后每年调整一次。

(2)式中基期价格指数,指投标年份(即送交投标书截止期前28d的所在年份)的价格指数,计算时采用100。

(3)式中当期价格指数,采用本合同工程所在省(自治区、直辖市)统计部门正式公布的该计算年份的《建筑业产值价格指数》统计资料中的各项相关的价格环比指数。

(4)权重系数由业主根据标底资料测定确定范围,在招标文件发出前填写;承包人应在投标时在此范围内填写各因素的权重系数,合同实施期间将按此权重系数进行调价,除非由于工程的实施或变更或其他原因,监理工程师认为某一因素的权重系数不合理或不合适,则权重系数予以调整。

【例8-1】 某项目2003年9月完成工程价款为100万元。其组成为:土方工程费10万元,占10%;砌体工程费40万元,占40%;钢筋混凝土工程50万元,占50%。这三个组成部分的人工费和材料费占工程价款的85%,人工费、材料费中各项费用比例如下。

(1)土方工程:人工费50%,机具折旧费26%,柴油24%。

(2)砌体工程:人工费53%,钢材5%,水泥20%,骨料5%,片石12%,柴油5%。

(3)钢筋混凝土工程:人工费53%,钢材22%,水泥10%,骨料7%,木材4%,柴油4%。

根据合同规定,该工程的其他费用不调整(即不调整的费用)占工程价款的15%,该合同的原始报价日期为2003年1月5日,2004年9月完成的工程量价款为100万元,有关月报的工资、材料物价指数如表8-1。

工资、材料物价指数表　　表8-1

费用名称	2003年1月5日指数	2004年9月指数	费用名称	2003年1月5日指数	2004年9月指数
人工费	100.0	116.0	柴油	178.3	192.8
钢材	153.4	187.6	机具折旧	154.4	162.5
水泥	154.8	175.0	片石	160.1	162.0
骨料	132.6	169.3	木材	142.7	159.5

试采用"价格指数法"进行价格调整。

解:计算出各项参与调值的费用占工程价款的比例如下。

人工费:$(50\% \times 10\% + 53\% \times 40\% + 53\% \times 50\%) \times 85\% \approx 45\%$;

钢材:$(5\% \times 40\% + 22\% \times 50\%) \times 85\% \approx 11\%$;

水泥:$(20\% \times 40\% + 10\% \times 50\%) \times 85\% \approx 11\%$;

骨料:$(5\% \times 40\% + 7\% \times 50\%) \times 85\% \approx 5\%$;

柴油:$(24\% \times 10\% + 5\% \times 40\% + 4\% \times 50\%) \times 85\% \approx 5\%$;

机具折旧:$26\% \times 10\% \times 85\% \approx 2\%$;

片石:$12\% \times 40\% \times 85\% \approx 4\%$;

木材:$12\% \times 40\% \times 85\% \approx 4\%$。

根据价格调整计算公式,则2004年9月的工程款经过调值之后其调值金额为:

$$TJE = (0.15 + 0.45 \times 116 \div 100 + 0.11 \times 187.6 \div 153.4 + 0.11 \times 175 \div 154.8 + 0.05 \times 1162.3 \div 132.6 + 0.05 \times 192.8 \div 178.3 + 0.02 \times 162.5 \div 154.4 + 0.04 \times 162 \div 160.1 + 0.02 \times 159.5 \div 142.7 - 1) = 13.3(\text{万元})$$

经过调整,2004年9月实得工程款比原工程价款多13.3万元。

如果在送交投标文件截止期前28d之后,国家或省(自治区、直辖市)颁布法律、法规出现修改或变更,因采用上述法律、法规使承包人在履行合同中的费用发生了价格调整以外的增加或减少,则此项增加或减少的费用应由监理工程师在与承包人协商后报业主批准后确定,增加到合同价上或从合同价中扣除,监理工程师应通知承包人,并抄送业主。

7)索赔

索赔是当事人一方在工程承包合同履行过程中,由于另一方未履行合同所规定的义务或不可抗力因素而遭受损失,向另一方提出赔偿要求的行为。承包人向业主索赔为施工索赔,业主向承包人索赔为业主反索赔。索赔的内容包括工期索赔与费用索赔,费用索赔是索赔的最终目的,工期索赔最大程度上也是为了费用索赔。

如果承包人根据合同条款中任何条款提出任何附加支付的索赔时,他应在该索赔事件首次发生的21d之内将其索赔意向书提交监理工程师,并抄送业主。在发出索赔意向书后的21d内,或监理工程师同意的另一期限内,承包人应送交监理工程师一份拟索赔款额的详细账目,并说明索赔所依据的理由。如果索赔的事件具有连续性,上述账目应认为是一笔暂时账目。承包人应在监理工程师要求的间隔时间内，送交继发的暂时账目和索赔理由。并在此索赔事件终止后的21d之内送出最后账目。承包人还应将送交监理工程师的全部账目复印件送交业主。

监理工程师应对承包人根据合同条款规定提供的索赔证据和详细账目进行审查核实，在与业主和承包人协商后，确定承包人有权得到的全部或部分的索赔款额，并列入核签的期中支付证书或最后支付证书内予以支付。监理工程师应将此决定通知承包人，并抄送业主。

8）拖期损失偿金

如果承包人未能按照规定的工期完成合同工程，则必须向业主支付按投标书附录写明的金额，作为拖期损失偿金。时间自预定的交工日期起到合同工程交工证书中写明的交工日期或已批准的延长工期止，按天计算。拖期损失偿金应不超过投标书附录中写明的限额。业主可以从应付或到期支付给承包人的任何款项中扣除此偿金，但不排除其他扣款方法。扣除拖期损失偿金，并不解除合同规定的承包人对完成工程的义务和责任。

9）提前竣工奖励

如果合同中有此条款，而承包人比此规定的工期提前完工，则可以得到提前竣工奖。该奖金时间是按工程移交证书的签署日期与合同规定的完成时间之差，按天数计算，奖金的比率在合同中规定。

10）迟付款利息

这是合同赋予承包人的权利，即承包人有权在合同规定的时间期限内从业主处支付。如果业主不按合同规定时间付款，则应支付承包人迟付款额的利息。

《范本》合同通用条款60.15规定，如果业主未能在规定期限内付款，则业主应按投标书附录中规定的利率向承包人支付全部未付款的利息，付息时间从应付而未付该款额之日算起（不计复利）。

三、工程结算费用支付

1. 开工预付款

在承包人提交了履约保证和签订了合同协议书并提交了开工预付款担保14d内，监理工程师应按投标书附录规定的金额签发开工预付款支付证书，并报业主审批。

开工预付款的担保金额应等于开工预付款额，由承包人从国有商业银行或股份制商业银行开具并保证其时效，所需费用由承包人承担。银行保函的正本由业主保存，该保函在业主将开工预付款全部扣回之前一直有效，担保金额将随开工预付款的逐次扣回而减少。

业主应在支付证书收到14d内核批，并支付开工预付款的70%的价款；在投标文件载明的主要设备进场后，再支付预付款30%。承包人不得将该预付款用于与本工程无关的支出，监理工程师有权监督承包人对该项费用的使用，如经查实承包人滥用开工预付款，业主有权立即通过向银行发出通知收回开工预付款保函的方式，将该款收回。

开工预付款在期中支付证书累计金额未达到合同价格的30%之前不予扣回，在达到合同价格30%之后，开始按工程进度以固定比例（即每完成合同价格的1%，扣回开工预付款的2%）分期从各月的期中支付证书中扣回，全部金额在期中支付证书的累计金额达到合同价格的80%时扣完。

2. 材料、设备预付款

此项金额按投标书附录中写明的主要材料、设备单据所列费用(进口的材料、设备为到岸价,国内采购的为出厂价或销售价,地方材料为堆场价)的百分比支付。其条件是:

(1)材料、设备符合规范要求并经监理工程师认可;

(2)承包人已初具材料、设备费用凭证或支付单据;

(3)材料、设备已在现场交货,且存储良好,监理工程师认为材料、设备的存储方法符合要求。

则监理工程师应将此项金额作为材料、设备预付款计入下一次的期中支付证书中,这种支付不应被视为对上述材料或设备的批准。在预计竣工前3个月,将不再支付材料、设备预付款。

当材料、设备已用于或安装在永久工程中时,材料、设备预付款应从期中支付证书中扣回,扣回期不超过3个月。已经支付材料、设备预付款的材料、设备的所有权应属于业主,工程竣工时所有剩余的材料、设备的所有权应属承包人。

3. 月支付

承包人应在每月末向监理工程师提交由其项目经理签署的按监理工程师批准格式填写的月结账单一式6份,该结账单包括以下栏目,承包人应逐项填写清楚。

(1)自开工截至本月末至已完成的工程价款;

(2)自开工截至上月末已完成(已实际结算)工程价款;

(3)本月完成的(应结算的)工程价款;

(4)本月完成的(应结算的)计日工价款;

(5)本月应支付的暂定金额价款;

(6)本月应支付已进场将用于或安装在永久工程中的材料、设备预付款;

(7)根据合同规定,本月应结算的其他款项;

(8)费用和法规变更发生的款额;

(9)本月应扣留的保留金和扣回的材料、设备预付款及开工预付款;

(10)根据合同规定,本月应扣除的其他款项。

监理工程师在收到上述月结账单后21d或专用条款数据表中另有规定的天数内应签发期中支付证书,签发时应写明他认为应该到期结算的价款及需要扣留和扣回的款额并报业主审批。如果该月结算的款额经扣留和扣回的少于投标书附录中列明的期中支付证书的最低金额,则该月监理工程师可不核证支付,上述款额将按月结转,直至累计应支付的款额达到投标书附录中列明的期中支付证书的最低金额为止。

业主应在收到该期中支付证书后21d内或在投标书附录规定的天数内向承包人支付。

4. 交工结账

在合同工程交工证书签发42d之内,承包人应以监理工程师批准的格式向监理工程师提交一份交工结账单,并附上用详细资料说明的证实文件,表明:

(1)合同规定,直到交工证书中写明的交工日期为止按合同完成的全部工程的最终价值;

(2)承包人认为应支付给他的其他款项;

(3)承包人认为本合同项下(整个合同期)到期应付给他的各项款额的估算值(在完工结

账单内单独填报）。

监理工程师应根据规定核证此支付，并报业主审批。

5. 最后结账

在缺陷责任中止证书后的28d之内，承包人应以监理工程师批准的格式向监理工程师提交一份最后结账单草案，并附上详细的证实文件，供监理工程师考虑，表明：

（1）根据合同规定已完成的全部工程的价值；

（2）承包人根据合同规定认为应该付给他的任何其他款项。

如果监理工程师不同意或者不核证最后结账草案的任一部分，承包人应按监理工程师的合理要求，提供进一步的资料，并对最后结账单草案作出他们之间协商同意的修改，然后由承包人编制，并向监理工程师提交双方同意的最后结账单。如果根据监理工程师讨论和他们之间可能商定的最后结账单草案的修改，很明显存在纠纷，则监理工程师应对最后结账单草案中不存在纠纷的部分（如果有），向业主提交期中支付证书，然后按合同规定程序解决纠纷。

在提交最后结账单时，承包人应给业主一份书面清账书，并抄送监理工程师，确定最后结账单中的总金额代表了根据合同规定应付给承包人的全部款项的最后结算。

在最后结账单和清账书收到14d之内，监理工程师应签发一份最后支付证书报业主审批，并抄送承包人，说明：

（1）监理工程师认为根据合同规定的最后应付的款额；

（2）在对业主之前所付的全部款额和业主根据合同规定应得的全部款项予以确认后，业主欠承包人或承包人欠业主（视具体情况）的差额（如有）。

业主应在收到最后证书42d内向承保人付款。

第二节　竣工决算

一、竣工决算的作用

竣工决算是指根据公路建设项目的全部工程完工并经业主方和工程建设监督部门等验收合格交工后，由业主或委托方根据各局部工程竣工结算和其他工程费等实际开支的情况，进行计算和编制的综合反映该项目从筹建到竣工投产或交付使用全过程中，各项资金使用情况和建设成果的总结性经济文件。

交通基本建设项目竣工后，应按照国家有关规定及本办法编制竣工决算报告。没有编制竣工决算报告的项目不得进行竣工验收。竣工决算报告是考核交通基本建设项目投资效益、反映建设成果的文件，是确定交付使用财产价值、办理交付使用手续的依据，建设单位要有专人负责有关资料的收集、整理、分析、保管工作。项目完建后，要组织工程技术、计划、财务、物资、统计等有关部门的人员共同编制项目竣工决算报告。设计、施工、监理等单位应积极配合建设单位做好竣工决算报告的编制工作。

施工决算主要有以下几个方面的作用：

（1）竣工决算全面反映了竣工项目从最初设计到最终建成的工程概况；

(2)竣工决算是多次计价的最后一次确定造价,考核设计概(预)算的执行结果;

(3)竣工决算是核定新增资产价值,办理支付使用财产的依据;

(4)竣工决算是建设项目财务状况、财务管理水平的综合反映;

(5)竣工决算是检查建设投资计划、考核投资效果的依据;

(6)竣工决算为建立交通基本建设工程技术经济档案、修订工程定额提供资料和依据。

二、编制竣工决算报告的依据

为严格执行基本建设项目竣工验收制度,正确核定新增资产价值,全面反映投资者的权益,根据国家有关规定,结合交通部门的实际情况,原交通部2000年修订的《交通建设项目竣工决算报告编制办法》是公路桥梁工程项目编制竣工决算的法令性文件和依据。

竣工决算报告按照建设项目类型分公路建设项目、桥梁隧道建设项目、内河航运建设项目、港口(码头)建设项目和不能归入上述四类的其他建设项目等分别编报。编制竣工决算报告时,必须填制本类项目工程概况专用表和全套财务通用表。

竣工决算报告应当依据以下文件、资料编制:

(1)经批准的可行性研究报告、初步设计、概算或调整概算、变更设计以及开工报告等文件。

(2)历年的年度基本建设投资计划。

(3)经审核批复的历年年度基本建设财务决算。

(4)编制的施工图预算,承包合同、工程结算等有关资料。

(5)历年有关财产物资、统计、财务会计核算、劳动工资、审计及环境保护等有关资料。

(6)工程质量鉴定、检验等有关文件,工程监理有关资料。

(7)施工企业交工报告等有关技术经济资料。

(8)有关建设项目附产品、简易投产、试运营(生产)、重载负荷试车等产生基本建设收入的财务资料。

(9)有关征地拆迁资料(协议)和土地使用权确权证明。

(10)其他有关的重要文件。

三、编制竣工决算的程序与方法

竣工决算报告由竣工决算报告的封面、目录,竣工工程平面示意图,竣工决算报告说明书和竣工决算表格共四部分组成。

1. 竣工决算报告的封面、目录

(1)“主管部门”指建设单位的主管部门。

(2)“建设项目名称”填写批准的项目初步设计文件中注明的项目名称。

(3)“建设项目类别”是指“大中型”或“小型”。

(4)“建设性质”是指建设项目属于续建、新建、改建、迁建和恢复建设等内容。

(5)“级别”是指中央级或地方级的建设项目。

2. 竣工工程平面示意图

按实际施工修改过的工程设计平面图绘制,按大比例平面图编制。

3. 竣工决算报告说明书

主要内容包括:工程项目概况及组织管理情况;工程建设过程和工程管理工作中的重大事件、经验教训;工程投资支出和财务管理工作的基本情况(包括主要会计事项处理原则,财产物资清理及债权债务清偿情况;基建结余资金、基建收入等的上交分配情况;主要技术经济指标的分析、计算情况等);工程遗留问题等。

4. 竣工决算表格

竣工决算报告表分为决算审批表、工程概况专用表和财务通用表。

1)竣工决算审批表(交建竣1表)

中央级大中型基本建设项目,其项目竣工决算报告经省级交通主管部门或部属一级单位签署意见后报部备案(一式四份)。

2)工程概况专用表

(1)公路建设项目工程概况表(交建竣2-1表);

(2)桥梁隧道建设项目工程概况表(交建竣2-2表);

(3)内河航运建设项目工程概况表(交建竣2-3表);

(4)港口(码头)建设项目工程概况表(交建竣2-4表);

(5)其他建设项目工程概况表(交建竣2-5表)。

填写时应注意以下事项:

①建设时间的开工和竣工日期按照实际开工和办理竣工验收的日期填列。如实际开工日期与批准的开工日期不符应作出说明。

②表中初步设计、调整概算的批准机关、日期、文号应按历次审批文件填列。

③表中有关项目的设计、概算、决算等指标,根据批准的设计文件和概算、决算等确定的数字填写。

④表中"总投资"按批准的概算和调整概算数及累计实际投资数填列。

⑤表中"基建支出合计"是指建设项目从开工起至竣工止发生的全部基本建设支出,根据财政部门或主管部门历年批准的"基建投资表"中有关数字填列。

⑥表中所列工程主要特征、完成主要工程量、主要材料消耗量、主要技术经济指标等,根据主管部门批准的概算、建设单位统计资料和施工企业提供的有关成本核算资料等分别填列。

⑦"主要收尾工程"填写工程内容和名称、预计投资额及完成时间等。如果收尾工程内容较多,可增设"收尾工程项目明细表"。这部分工程的实际成本,可根据具体情况进行估算,并作说明,完工以后不再调整竣工决算,但应将收尾工程执行结果按规定程序补报有关资料。

⑧"工程质量评定"填列经工程质量监督部门检测评定的单项工程质量评定及工程综合评价结果。

3)财务通用表

(1)基本建设项目竣工财务决算总表(交建竣3-1表)。

①表中有关"交付使用资产"、"基建拨款"、"项目资本"、"基建借款"等项目,填列自开工建设至竣工止的累计数,上述指标根据历年批复的年度基本建设财务决算和竣工年度的基本

建设财务决算中资金平衡表相应项目的数字进行汇总填列(包括收尾工程的估列数)。

②表中其余各项目反映办理竣工验收时的结余数,根据竣工年度财务决算中资金平衡表的有关项目期末数填表。

③资金占用总额应等于资金来源总额。

④补充资料的“基建投资借款期末余额”反映竣工时尚未偿还的基建投资借款数,应根据竣工年度资金平衡表内的“基建投资借款”项目期末数填列;“应收生产单位投资借款期末数”,应根据竣工年度资金平衡表内的“应收生产单位投资借款”项目的期末数填列;“基建结余资金”反映竣工时的结余资金,应根据竣工财务决算总表中有关项目计算填列。

⑤基建结余资金的计算。基建结余资金 = 基建拨款 + 项目资本 + 项目资本公积 + 基建投资借款 + 企业债券资金 + 待冲基建支出 - 基本建设支出 - 应收生产单位投资借款。

(2)资金来源情况表(交建竣 3-2 表)。本表反映建设项目分年度的投资计划与资金拨付到位情况,表中有关基建拨款、项目资本、基建投资借款等资金来源内容,根据历年批复的年度基本建设财务决算和竣工年度的基本建设财务决算中资金平衡表相应项目的数字填列(包括收尾工程的估列数)。

(3)待核销基建支出及转出投资明细表(交建竣 3-3 表)

①“待核销基建支出”反映非经营性项目发生的江河清障、航道清淤、补助群众造林、水土保持、取消项目的可行性研究费以及项目报废等不能形成资产部分的投资支出。

②“转出投资”反映非经营性项目为项目配套而建成的、产权不归属本单位的专用设施的实际成本,按照规定的内容分项逐笔填列。

4)工程造价和概算执行情况表(交建竣 4 表)

(1)本表反映工程实际建设成本和总造价,以及概算投资节余和概算投资包干部分节余的情况,应按照概算项目或单项工程(费用项目)填列。

(2)待摊投资按照某一单项工程投资额占全部投资的比例分摊到单项工程上。不计入固定资产价值的支出不分摊待摊投资。

5)外资使用情况表(交建竣 5 表)

本表反映建设项目外资使用情况,按照使用外资支出费用项目填列。应说明批准初步设计时的汇率、记账汇率、竣工时的汇率以及外资贷款的转贷金额和转贷单位等情况。各有关表格中,外币折合人民币时,应以项目竣工时的汇率为准。

6)交付使用情况表

(1)基本建设项目交付使用资产总表(交建竣 6-1 表)。

(2)基本建设项目交付使用资产明细表(交建竣 6-2 表)。

交付使用资产总表中固定资产、流动资产、无形资产和递延资产各栏的合计数,应分别与竣工财务决算表交付使用资产的相应数字相符。

交付使用资产总表中各栏数字应根据交付使用资产明细表中相应项目的数字汇总填列。交付使用资产明细表作为建设单位管理项目资产使用,可不纳入上报的竣工决算报告,其具体格式各单位可根据情况进行修改。

【例 8-2】 某投资公司承担的高速公路工程项目,竣工时反映的财务核算资料如下。

(1)经验收合格,交付使用的资产有:

①线路、桥梁、隧道等建筑安装工程资产价值218560万元；设备、收费、通信系统价值54775万元。

②为运营准备的使用期在一年以内的工器具、物品等125万元；使用期在一年以上，单件价值在2000元以上的工、器具40万元。

③建设期间购买非专利技术75万元，摊销期5年。

④筹建期间的开办费136万元。

(2)收尾零星工程支出的项目有：

①建筑安装工程支出185万元。

②设备、工器具投资45万元。

③建设单位管理费、勘察设计费等待摊投资25万元。

④其他支出35万元。

(3)非经营性项目发生待核销基建支出60万元。

(4)购置需安装设备65万元，其中待处理设备损失8万元。

(5)货币资金1560万元。

(6)应收有偿调出材料款45万元。

(7)建设单位自有固定资产原值8750万元，累计折旧2140万元。

反映在《资金平衡表》上的各类资金来源的资金余额是：

(1)预算拨款72350万元。

(2)自筹资金拨款62639万元。

(3)商业银行贷款145962万元。

(4)交付使用资金价值中，有120万元属利用投资借款形成的待冲基建支出。

(5)应付设备商设备款965万元，应付承包人工程款(原扣留的保留金未归还部分)8123万元尚未支付。

(6)未交税金158万元；未交基建收入24万元。

试编制建设项目竣工财务决算表。

解：建设项目竣工财务决算表如表8-2所示。

建设项目竣工财务决算总表

表8-2

货币单位：人民币万元

交建竣3-1表

资金来源	金额	资金占用	金额
一、基建拨款	134989	一、基本建设支出	274061
1. 预算拨款	72350	1. 交付使用资产	273711
2. 基建基金拨款		2. 在建工程	290
3. 进口设备转账拨款		3. 待核销基建支出	60
4. 器材转账拨款		4. 非经营项目转出投资	
5. 煤代油专用基金拨款		二、应收生产单位投资借款	
6. 自筹资金拨款	62639	三、拨付所属投资借款	
7. 其他拨款		四、器材	65

续上表

资金来源	金额	资金占用	金额
二、项目资本		其中:待处理器材损失	8
1. 国家资本		五、货币资金	9560
2. 法人资本		六、预付及应收款	45
3. 个人资本		七、有价证券	
三、项目资本公积		八、固定资产	6610
四、基建借款	145962	固定资产原价	8750
五、上级拨入投资借款		减:累计折旧	2140
六、企业债券资金		固定资产净值	6610
七、待冲基建支出	120	固定资产清理	
八、应付款	9088	待处理固定资产损失	
九、未交款	182		
1. 未交税金	158		
2. 未交基建收入	24		
3. 未交基建包 + 节余			
4. 其他未交款			
十、上级拨入资金			
十一、留成收入			
合计	290341	合 计	290341

复习思考题

1. 什么是工程费用结算?
2. 合理办理工程费用结算有什么作用?
3. 工程费用结算包括哪些项目?
4. 简述工程费用结算的步骤。
5. 什么叫竣工决算?
6. 编制竣工决算有哪些作用?
7. 简述竣工结算报告的内容和编制办法。

第九章

公路工程造价文件审查

教学要求

1. 描述公路工程造价文件审查的目的和作用；
2. 描述工程造价文件审查的程序；
3. 描述公路工程造价文件审查的要求和内容；
4. 描述工程造价文件审查的步骤和方法。

工程造价文件审查，是一项政策性、技术性、经济性和实践性很强的技术经济工作。审查工程造价文件的目的，是为了使设计文件严格执行国家的方针政策，符合公路工程设计及技术规范。为项目的经济评价、投资控制、招标投标、保证实施等提供可靠的依据。投资总额的合理与否，对发展交通事业，繁荣市场经济，都有重要意义。

第一节　工程造价文件审查的程序

公路工程项目，根据建设规模大小（如公路等级、长度及其车道数）、技术复杂程度、投资额数，建设项目的性质和设计内容不同，工程设计一般可分为“一阶段设计”、“两阶段设计”和“三阶段设计”三种类型。工程造价文件与建设阶段的作用、内容、深度，有着密切的关系。审查工程造价文件的重点，应针对不同阶段和公路等级，以及其功能和使用要求有不同的对象和内容。

一、工程造价文件审查的程序

工程造价文件审查程序如图 9-1 所示。

二、关于控制项目投资问题

我国在基本建设程序中，关于控制项目投资问题，在审查造价时，有两点要求必须遵守：

（1）初步设计概算（或技术设计修正概算）的工程造价总额经批准后，是最高投资控制数，一般不允许突破，如概算工程造价总额突破可行性研究报告批准的投资估算额 10% 以上时，必须报原批准可行性研究报告单位批准后，初步设计（包括概算）才能生效。否则就要重新编制初步设计文件或变更原批复的可行性研究报告。

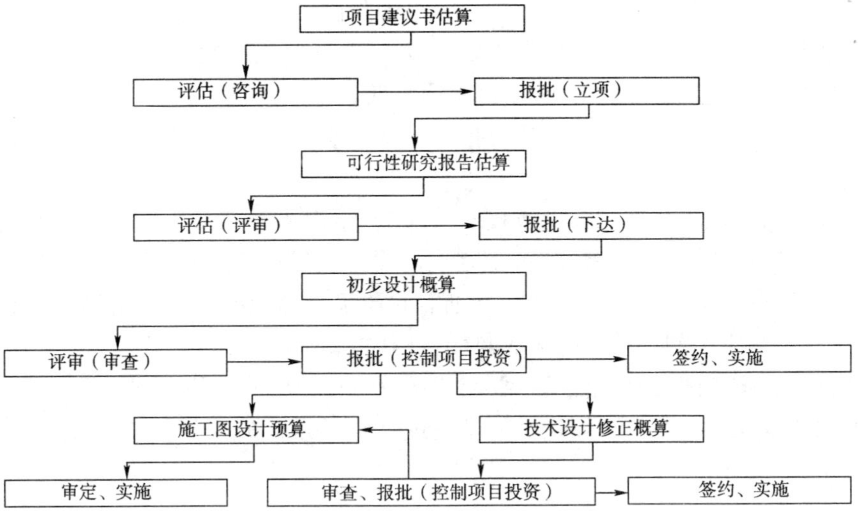

图 9-1　工程造价文件审查程序流程图

(2)两阶段设计(或三阶段设计)中施工图预算造价总额不允许突破批准的初步设计概算(或技术设计修正概算),如突破概算,必须报原批准设计概算单位审查批复后才能生效。

建设项目的资金来源如系向外资银行(如世界银行、亚洲开发银行)贷款,工程造价文件审查程序,应考虑外资贷款程序和国内基本建设程序相适应问题。表 9-1 为外资银行程序和国内基建程序的对照表。

外资银行程序和国内基建程序对照表　　表 9-1

世行项目周期	亚行项目周期	我国基建程序
项目选定(鉴别)	选项(鉴别)	项目建议书报批
项目准备(预评估)	立项(审查、确认)	可行性研究报告报批
项目评估	实际考察、项目评估	初步设计审批、招标文件的编制、编报外资方案
项目谈判	项目谈判、批准和签署	列入年度计划、招标
项目实施	项目执行	开工报告、中间检查、竣工验收
项目后评价	项目后评价	工程后评价

● 第二节　工程造价文件审查的要求和内容 ●

一、工程造价文件审查的要求

审查工程造价文件时,对于所有建设项目都要把价格、利率、汇率等变动因素考虑进去,还要考虑投产后需要的流动资金,打足投资,不留缺口。宁可少一些,也要按合理工期安排建设进度,讲求投资效益。

工程造价文件审查的要求和内容,应与基本建设程序各阶段的作用、深度相结合。在各个阶段中,有两个阶段比较关键,一是可行性研究报告阶段,它是决策建设项目可行与不可行、确定规模和标准及总投资额的前期工作的重要阶段;二是初步设计阶段,它是确定建设项目主要工程的设计方案、总投资额控制的建设时期的重要阶段。

投资估算是项目建议书和可行性研究报告的重要组成部分,是建设项目经济评价中支出费用的关键部分。

设计概算或修正概算是初步设计或技术设计文件的重要组成部分。概算造价总额应控制在批准的投资估算造价总额允许幅度范围之内。设计概算(或修正概算)经批准后是建设项目投资最高限额,一般不允许突破。如在已批准的初步设计或技术设计基础上进行施工招标的工程,其标底总额应控制在批准的概算总额范围内。

施工图预算是施工图设计文件的重要组成部分,施工图预算应控制在已批准的设计概算或修正概算的范围之内。在施工图设计基础上进行施工招标的工程,其标底总额应控制在经审定的施工预算范围内。

二、工程造价审查的内容

工程造价审查的主要内容有:

(1)首先应审查基本建设项目工程造价文件是否符合上一个阶段设计文件批准的要求和规定(如审查初步设计概算文件应掌握可行性研究报告批复的要求和规定;同样审查施工图设计预算应掌握初步设计或技术设计批复的要求和规定),一般包括以下部分:

①建设依据和重要意义;

②路线或独立大桥的建设规模及修建性质;

③路线走向和主要控制点,独立大桥的主要特点;

④工程技术标准和主要技术指标;

⑤按几阶段设计,各阶段完成时间;

⑥建设期限和资金筹措,以及是否有分期修建的要求;

⑦在技术方案中需要进一步研究的问题是否解决。

以上内容正确与否,直接影响总投资额的确定。

(2)设计方案和施工方案的合理性、正确性、经济性。公路建设的设计方案和施工方案比选,着重是路线、隧道、大桥、互通式立体交叉等方面,应通过技术和经济的结合进行论证,才是全面的。

(3)总投资额的确定。总投资额一般包括工程细目、工程数量、设计实施方案、基础资料(包括人工工资、材料供应和价格、运输条件和运价、施工条件、各种赔偿单价等),以及对建设项目中有关资金筹措、实施计划、水电供应、配套工程、土地拆迁赔偿、工程监理等安排和计算,审查是否正确合理;造价文件是否严格执行国家的方针、政策和有关制度;是否按《公路工程估算指标》和《公路工程基本建设项目投资估算编制办法》的规定执行(指项目建议书、可行性研究报告阶段的投资估算);是否按《公路工程基本建设项目概算预算编制办法》、《公路工程概算定额》、《公路工程预算定额》的规定执行(指初步设计、技术设计、施工图设计阶段);工程造价文件是否准确地反映建设项目设计内容,是否达到质量要求;是否符合规定、结合实际、经济合理、不重不漏、数据准确、字迹清晰、装订完善。

第三节 工程造价文件审查的步骤和方法

基本建设程序各个阶段的工程造价文件,包括项目建议书和可行性研究报告的投资估算,初步设计的概算,技术设计的修正概算、施工图设计的预算,施工招标工程标底,其审查程序一般由主管部门(建设单位)委托工程造价管理专业机构进行审查。审查意见送项目主管部门后,如属项目建议书和可行性研究报告阶段,可作为预评估的依据;主管部门聘请有关单位和专家,进行预评估并提出预评估报告,连同项目建议书(或可行性研究报告)呈报上一级主管部门(如国家发改委);上一级主管部门再聘请有关单位和专家进行评估,最后国家根据评估意见和报告,经研究批复后,才能进行下一个阶段工作。如属初步设计(或技术设计)、施工图设计阶段的设计概算(或修正概算)、施工图预算,其审查意见送交主管部门后,如工程造价总额在允许范围以内,则此审查意见,即可作为审批单位批复的依据。

具体审查的步骤和方法分述如下。

一、审查的步骤

(1)先看可行性研究报告(或设计文件)总说明部分。了解建设项目各项工程概况,重点掌握与工程造价有关的问题,如技术标准、水文地质、气候条件、施工场地、交通现状、筑路材料以及下一阶段需解决的主要问题等。

(2)阅读设计方案比选的具体内容。了解与工程造价有关的问题,从经济角度分析其是否优越。

(3)阅读工程造价总说明(如总估算表、总概算表、总预算表)。掌握编制依据与要求,以便调整工程造价时考虑。

(4)阅读工程造价总表(如总估算说明、总概算说明、总预算说明)。主要掌握总的情况,占工程造价较大的工程项目和费用、经济指标情况,以便查看其他工程造价文件(如分项表)时,做到有针对性。

(5)查看材料价格情况。抓主要材料,了解其合理性。

(6)查看机械台班费计算。抓主要机械,了解价格合理性情况。

(7)分析施工方案的合理性、经济性。其内容包括施工工艺及辅助工程设施,如设备数量、施工便道、便桥、临时码头、水上水下设施、供水供电设施、大型设备机械安排(如规模、位置)以及工期安排等。

(8)各项费率的取定。了解其合理性。

(9)分项工程计算。抓主要工程细目,了解其套用指标,定额及工程量计算的合理性,以及是否有漏算、重算等。

(10)其他费用计算。主要包括土地、青苗等补偿费和安置补助费、建设单位管理费、研究试验费、勘察设计费等是否符合规定和合理。

(11)预留费用。包括工程造价增涨预留费、预备费等,了解其是否符合规定和合理。

(12)建设期贷款利息计算。了解是否合理。

(13)计算建设项目总造价金额。

(14)编写审查报告。审查后应编写审查报告,报告中应形成结论性意见。

二、审查的方法

工程造价文件的审查,通常可以采用单审、会审、粗审、细审(逐项审查),对比审查、重点审查等方式:主要审查造价文件的编制依据是否合法、编制方法是否正确,编制内容是否齐全、费率取值是否恰当,有无重复或漏项、计算数据是否正确、是否执行了国家的有关技术经济政策等;其具体操作上应注重具体问题,抓住主要问题。

1. 主要问题

审查工程造价文件应抓主要问题进行分析比较,从中发现问题,提出调整意见,主要问题一般指以下几个方面:

(1)占总造价比重较大的工程项目和费用项目;

(2)影响造价的主要因素;

(3)施工方案的合理性、经济性、可能性。

在审查施工方案时,必须结合工程量大小和工期安排,实施的合理性和可能性(包括技术设备、机械、材料)、材料和设备的价格(包括施工企业自行加工的可能性)。

(4)同国家政策有关的问题。如土地征用数量和赔偿费,现行的技术经济政策等。

2. 应注意的一些问题

根据近几年建设项目的实践,在工程造价文件中,归纳起来尚存在以下问题(主要是高等级公路和技术复杂大桥)应引起注意。

1)路基工程

(1)设计断面方案计算中有关挖路槽部分的计算。近几年来高等级公路发展较快,尤其高速公路成倍增长。由于高速公路、一级公路路面厚度较厚,设计单位的路基断面方案设计中,填方部分数量,已将路面厚度的路槽部分扣除,挖方部分的挖路槽项目,则列入路面工程范围内。而目前招投标工程中,不少建设项目招标文件中,施工技术规范计量支付将挖路槽规定在挖方单价内,因此在编制标底和报价时,应将此工程量归入挖方内;计算挖方单价时,作为一个工程细目套用挖路槽定额,综合在挖方单价中,即挖方单价应包括挖、装、运、卸及挖路槽等工程内容。在标底及报价的工程量清单内,不出现“挖路槽”名称,而在路面工程中工程量清单却有“培路肩”项目。所以,“挖路槽”部分的计算,如招标文件规定列入挖方内,则初步设计文件概算或施工图设计文件预算,为了控制投资和便于比较,也应将“挖路槽”数量和金额,列入路基挖方项目内,同时 在概算或预算文件总说明内加以说明路基土石方的挖方数量包括了挖路槽部分的数量。

(2)路基土石方工程。

①天然密实方和压实方的关系。公路工程工程量计算规则规定:土方挖方按设计断面天然密实体积计算,填方按设计断面压实后的体积计算;石方爆破按设计断面天然密实体积计算;利用方是指以挖作填的土石方。现多数设计单位在土、石方数量计算表上利用方分本桩号利用(即不计增运距离)和纵向调配利用(远运计增运距离),一般都以挖方的天然密实方表示。而利用方是填方的利用量,因此在计算填方中的借方时,必须根据天然密实方和压实方的关系,换算为压实方后,才能正确计算填方中的借方数量。换算系数由于土、石方不同和土质

类别的不同,规定了不同系数。为了计算方便,一般可以按土方类别(即松土、普通土、硬土)和数量,先求出一个加权平均的综合系数,再进行换算。如以二级及以上等级为例,根据挖方不同土质数量求得综合系数为 1.17,利用方总数为 $11700m^3$(天然密实方),折成填方压实方为 11700/1.17 = 10000(m^3),如填方总数为 $100000m^3$,则借方为 100000 - 10000 = 90000(m^3)(压实方),套用挖方定额时,定额也必须乘以综合系数 1.17,如取土坑土质已清楚,则乘以该土质的换算系数(如取土坑土质为普通土,则套用挖方定额时即乘以换算系数 1.16)。

②设计断面以外填方应增加数量的计算。土石方计算表的设计断面,是以地面高程测量为依据的,实际竣工断面的填方部分,由于以下几种原因,往往同设计断面有所差异,这部分填方数量,在设计时,有几项应计入填方总数量内,有一项计价不计量,但数量可根据经验估列,作为计价依据。

a. 清除表土或零填方地段的基底压实,耕地填前压实后回填至原地面高程所需的填方数量。

b. 因路基沉陷需增加填筑的填方数量。

c. 为保证路基边缘的压实度须加宽填筑所需的填方,根据高速公路实践经验,机械碾压路基两侧每侧需加宽 30 ~ 50cm。此项填方数量只计价不计量,竣工后需刷坡清除或远运,全部费用摊入填方单价内。

③借土工程有关"土底费"计算。近几年来在平原区或微丘区修建高速公路增多,由于高速公路每公里填方数量很大,借土的"土底费"支出较大,即借土用地费用每立方米(m^3)土约需 2 ~ 5 元(如用地每亩 4000 元,平原区挖深 2m 即有地下水,每亩地只能取土 $1330m^3$,则每立方米(m^3)土摊"土底费"约 3 元)。因此,借土地点的选择,要作分析比较,有时运距增加几公里,选择一大型的取土坑,地势高一些,可挖深好几米,或许对大量填方地段,施工更有利,便于机械化施工。因此,取土坑的选择,要全面分析,慎重选定。

④填土最佳含水率和填料质量问题。土方的压实,只有在最佳含水率条件下,才能达到规定的压实度。高速公路、一级公路要求填方压实度很高。保证了路基设计的填方压实度,才能保证路面的设计质量。如填方土质含水率不够,在编制工程造价时,必须计算洒水车的费用,在缺水地区尤其重要。另外填料的质量如何,对填方的压实要求,也是一个影响质量和工程造价的重要因素,必须采用技术规范对粒料不超过最大粒径的规定,因此填方的取土坑选择,应充分考虑上述因素。

⑤弃方处理要求的计算。山岭重丘区的高速公路、一级公路修建逐渐增多,由于高速公路、一级公路的标准较高,因此每公里土、石方在这种地区数量很大。如某条六车道高速公路在山岭重丘区修建,每公里土、石方平均达 60 多万立方米,最高达 80 多万立方米,弃方数量也很大。凡是修建高速公路沿线地区,一般经济都比较发达,环境保护要求也较严格,所以弃方处理一是运距较远,二是卸土地点要利用(作今后经济开发区场地),必须平整碾压。因此编制工程造价时,要考虑这些因素,才能确保投资控制。

⑥大量土、石方施工对临时便道、便桥质量的考虑。高速公路、一级公路路基土、石方数量很大,而且绝大部分是大型机械化施工,汽车远运土数量大,车型吨位高,每天来往交通量可观,因此,一般便道、便桥的宽度和质量,满足不了实际需要,必须根据工期、车型和数量以及当地地质、水文、有否湿地、软土等情况,设计合适的便道、便桥,包括宽度和路面临时结构类型、

便桥类型等,不能简单地套用定额中一般的便道、便桥,编制工程造价。

⑦互通式立体交叉匝道之间土方平整和绿化工程的考虑。互通式立体交叉地区在高速公路中具有重要的作用,根据国外的经验,互通式立体交叉地区,今后发展的结果,多数均能发展为一个中、小经济区。因此,对互通式立体交叉要考虑总体设计(有的建设项目已做),必须照顾各方面的关系和发展需要,按总体设计,在匝道之间要考虑土方平整(在山岭重丘区尤为重要,还要计算平整的土、石方开挖工程)和绿化工程以及其他设施问题。

⑧路基开炸石方利用作填方的计算。国内现行技术规范尚未规定利用开挖石方作填方质量要求的压实度标准。原交通部公布的定额,也未编高速公路、一级公路碾压石方的定额。国外规范也无这方面的规定。因此,国内某些高速公路利用路基开山石方作填方时,设计文件都作出质量要求。杭州至宁波高速公路使用石方作路基填料工程项目,数量达千万立方米以上,世界银行要求先做试验路成功后再写出技术规范,才能进行施工招投标工作。技术规范中应明确石料规格和碎石或砂砾嵌缝比例以及碾压设备要求等,才能确保路面工程质量,这是必须引起注意的。因此在高速公路、一级公路利用石方作填方时,必须根据实际情况,除设计文件对技术要求有所规定外,编制工程造价也必须编制补充定额。

(3)路基边坡防护工程种类的选用。南方雨量大而集中,加强高速公路、一级公路路基边坡防护工程是必须的。这一费用不少,每公里平均达几千立方米圬工实体。而防护工程种类很多,有铺草皮、栽草、播草籽、编篱填石、混凝土、浆砌片石骨架种草(网格形或人字形)、石砌(干砌或浆砌)等,每平方米护坡工程价格相差很大,因此设计选用种类,必须同当地水文、地质、地形、材料供应等情况结合起来,实事求是地分别按工程需要考虑。

(4)高速公路、一级公路对土路肩处理的选择。为了排除路面地面水,高速公路、一级公路对土路肩的处理,目前有几种方法,有的将填方边坡浆砌片石一直砌筑到路肩全部;有的土路肩部分铺上碎石或砾石垫层,上面用沥青表处罩面,如无浆砌片石护坡地段,则通过泄水沟由边坡急流槽排出;有的在路面边缘用水泥混凝土或沥青混凝土铺筑拦水带,通过边坡水簸箕流水槽排出路基外。因此对土路肩的处理,必须结合地区的雨量、地质、边坡铺砌等情况,综合考虑较为合适。有些路面分期修建的高速公路如六车道路基先做四车道路面的高速公路,余下两个车道宽度和土路肩部分,更应考虑处理,否则地面水渗透到路基中,对路基、路面质量将产生很大影响。

2)路面工程

(1)沥青混合料和稳定土拌和站的设立。高速公路、一级公路路面工程中,沥青混合料和稳定土的用量较大,一般在拌和设备选型上多采用大型设备,如沥青混合料拌和设备较多选用150t/h,稳定土厂拌设备较多选用250t/h,这种大型设备需要场地面积很大,地点选择一般应考虑下列因素:

①地点场地面积,能否满足堆料、拌和、运输道路及其他设施的需要。

②各种材料供应条件是否方便。

③拌和站通往工程的上路处有否道路,道路新建或整修的工程量大小和难易程度。

④对周围居民有否环境保护问题。

⑤拌和站到工程地点在规定质量要求内的最大距离。如沥青混合料运输到现场,其温度不低于120~150℃的最远距离,国外施工可达60km以上;15~18t自卸车用篷布覆盖,到达工

地温度一般在130℃以上,满足了要求。

⑥临时占地、平整场地、场地垫层、围栏、仓库、工棚和设备安、拆一次等费用的多少。

⑦安、拆一次和运输的时间多少。

经以上因素多方面比较分析后再考虑拌和场的设立和安、拆次数。切忌简单地估列安拆次数。

(2)沥青混合料拌和设备用电量供应的选用。公路工程大型沥青混合料拌和设备台班耗电量很大(150t/h拌和设备每台班用电量约3500度),电价多或少直接影响台班单价的高低。因此在选择用电消耗的供应方式时,要作综合比较分析。一是外来电源单价加输电线路设施费用;二是施工单位自行发电分析计算电价。配备大型发电机组,沥青混合料拌和设备使用一个台班(或配备中型二台,则计算发电机组两个台班),不计算拌和设备台班中电量消耗价格,看一看哪一种方法经济和合理。如当地供应电源电价很高(某些地区供应电价每度达1元以上),而且还要架设输电线路若干公里,不分析就直接计算台班单价,这样就会增大工程造价。如以1元/度为例估算,150t/h拌和设备电费每台班就要3500元,就比自行配备两台中型发电机组的台班费用还高得多。

(3)沥青混合料路面中"矿粉"材料价格的选定。高速公路、一级公路沥青混合料路面工程量大,所需矿粉数量也大。调查当地价格时,要充分考虑到石料场筛余的矿粉供应量问题,这种料场的筛余料,价格可能不很高,但是否能满足工程数量的需要,应作详细计算。如工程需要量很大,则必须单独加工成矿粉,这样价格就高多了,同时加工数量能否符合工期要作分析,否则就应考虑用石灰或水泥代替矿粉。所以,在编制路面造价时,要慎重注意这些问题。

(4)沥青材料进口价和国产价的选用。沥青混合料路面用的沥青,要求质量较高,一般进口沥青质量好一点,而价格高一点。国产沥青近年来质量有所提高,但同进口沥青比较还差一些,价格要比进口沥青便宜,为了合理选用沥青价格,一般高速公路沥青混合料路面上一层面层用进口沥青,中、下两层用国产沥青,这样可以降低工程造价,也能符合使用要求。

3)一般大桥及技术复杂大桥

(1)一般大桥干处和水中施工的确定。大桥工程造价中干处和水中相差达50%以上,主要是基础工程的差异,设计工程数量和施工难度都有较大不同。水中施工程序复杂,施工技术措施、施工方法、施工工艺困难,人工和机械工效要低。因此在编制投资时,确定水中施工的墩台数,尤其编制估算时选用估算指标更为重要,应根据施工水位及实际调查认真确定。

(2)技术复杂大桥(指水深大于10m、跨径大于100m大桥)。

①跨径不同时,灌注桩和承台工程量的变化。这个问题主要是在投资估算时要注意的一个问题,在项目建议书和可行性研究报告阶段,由于不进行结构设计,不做设计详图,所以反映不出具体灌注桩和承台数量。有的估算者简单地套用一个每平方米造价指标进行估算,不区别跨径,就会产生跨径大的桥梁造价少算的情况,对方案比选不利。如斜拉桥跨径300~400m与跨径500~600m的一个承台数量,在同一个桥位上,有时会相差1倍左右,灌注桩数量同样差别也很大。因此,造价工程师要经常注意资料的积累,类似这种方案比较时,要调整某些主要工程项目消耗量后再进行论证工作,才能体现出工程真实情况,有利于设计方案的筛选。

②基础围堰形式对工程造价的影响。桥梁基础围堰形式很多,目前国内常用的有草袋(麻袋)围堰、竹笼围堰、钢板桩围堰、钢壳浮运沉井等。每一种形式都有其特点和适用范围,

如草袋(或麻袋)围堰只能在水流不急、水深2m左右、堰高不超过3m时,较为合适。基础围堰形式不同,它的技术措施也不同,所需工程造价也相差很多。技术复杂大桥,跨径大、水深10m以上时,在大海、大江上施工,国内外用的较多一种基础形式,即复合基础,是在沉井内设置桩或管柱形成组合基础的一种深水基础形式,用双壁钢壳浮运沉井围堰作为完成桩基的施工手段,浮运沉井就位后,沉井不嵌岩,只下沉到岩层顶面或覆盖层内一定深度,水下封底后钻孔,将沉井内的桩或管柱嵌岩。

国内如武汉长江大桥、黄石长江大桥、钢陵长江大桥,国外如日本的柜石岛桥、尻无川桥,都属于这种基础。技术复杂大桥的基础,由于水深、跨径大,桩长、桩径大,施工技术很复杂,需要辅助工程多,配置设备多,如导向船、定位船、钻孔船、锚碇系统以及水上混凝土拌和运输、钢架工作平台、水下电缆等设备配置;因此对技术复杂大桥的基础施工,是大桥的关键工程,计价工作要考虑周到,不要漏算工程项目,工程数量做到合理和符合需要。

③大块构件安装设备与工期安排的相互关系。大块构件安装设备数量和价格,要考虑不同的情况,如有的施工单位自己准备;有的施工单位需要向外单位租用;有的必须委托别的部门承担吊装(如几百吨一个块件的水上浮吊)。这些设备数量的准备,同工期安排有密切关系。有的建设项目有几个施工单位参加施工,如长江某座大桥一个桥墩一个承包商(预应力混凝土T构),架桥金属设备就要按一个桥墩配一套考虑,增加一套或数套设备,工程造价就不一样。因此,遇到类似问题,造价工程师要根据工期的长短和建设单位对施工单位的安排,以及设备来源等情况,经研究分析后才能作出正确的计价。

④大跨径桥梁、新技术、新结构桥梁,要充分考虑必需的大型机械设备和大型专用机械设备。大跨径桥梁一般需要大型机械设备和大型专用机械设备较多,尤其特大跨径桥梁,过去没有做过,缺乏实践经验。如跨径1385m江阴长江钢悬索大桥,对于主缆索加工、固定、扎紧、安装、定位,都必须有大型专用机械设备,才能完成。有的机械设备还必须向国外订货,才能满足要求。新技术、新结构同样要考虑大型和专用机械设备的需要。这些机械设备,每台价格都比较昂贵,直接影响到工程造价的高低,有的要进口,有的向国外预订,因此在编制投资造价时,应多方面调查和询价,才能合理地确定造价。

4)互通式立体交叉、分离式立体交叉、通道工程

(1)互通式立体交叉工程的总体设计。互通式立体交叉工程是高速公路主要工程之一,建成通车几年以后,根据国外经验,互通式立体交叉区域,尤其是大城市进出口的大型互通式立体交叉处,必然逐步发展成为一个经济区,因此,国外十分重视互通式立体交叉工程的总体设计,根据今后发展趋势,必须考虑在总体设计下的一些设施,如平整场地、绿化工程、公共汽车停靠站以及各项服务设施等。

(2)被交道路的新建或整修工程。互通式立体交叉、分离式立体交叉、通道工程,都存在被交道路的新建和整修问题。目前已竣工的高速公路,其竣工决算所反映的这部分费用,超过原设计数量很多,尤其下穿的跨线桥,被交道路的抬高使工程量增加较多。有的原设计调查时为三级公路,等到施工时,已改建成二级公路。这样,跨线桥部分的被交公路地段,又要提高公路标准,修建工程造价也随之增大。因此关于被交道路工程的修建或整修工程,因工程数量大,除调查时必须认真对待作好设计外,在确定这部分工程造价时,还应详细分析,研究是否符合实际,合理地对待被交道路的修建或整修的工程项目和数量问题。

5)施工技术措施问题

公路工程施工技术措施费在工程造价中占相当比重。该项费用编得高或低,是施工企业在投标报价中能否中标的一项主要因素,同时也反映施工企业的施工技术和管理水平的高低。同样,设计单位和技术咨询公司在编制投资时,是能否合理、正确地确定投资的主要因素之一,也是衡量设计水平高低的一个方面。因此不论施工、设计单位以及社会技术咨询公司,都应十分重视此问题。施工技术措施主要包括以下两个方面。

(1)大型临时设施(公路称临时工程)。据铁路大桥工程部门通过实践测算这项费用,在技术复杂大桥中约占主体工程的17% ~20%。公路工程中的临时工程包括轨道铺设、便道、便桥、码头、水下电缆、输电线路、电信线路等。应注意的问题主要是:

①高等级公路尤其是高速公路、一级公路,在大量土、石方工程中汽车运输的临时便道,由于自卸汽车数量多、载重大,每日来回行驶交通量高,一般临时便道满足不了需要,便道的路基应有一定宽度,路面应具有一定的承载能力(路面铺筑)。在编制便道费用时,应结合当地情况(包括地质、水文、材料)和实际需要(路基宽度和车辆数量),先编出补充定额,才能适应汽车运输,确定工程造价。

②技术复杂大桥主要是临时码头、临时水下电缆的设施等,应按施工组织设计的需要合理考虑。

③公路建设项目多远离城市,路线工程狭长,技术复杂大桥用电量大。如需外接电源供电,则必须根据路线和大桥实际情况,详细而合理地计算输电线路长度。

(2)其他施工技术设施(或称辅助工程)。公路工程的辅助工程(不包括其他直接费中的施工辅助费)包括的内容很多,如平整场地,混凝土蒸汽养生措施,大型预制构件底座,大型预制构件装船用的栈桥码头,先张法预应力张拉、冷拉台座,大型拌和站的配备和安拆,水上混凝土运输设施,海上供水设施,施工电梯,安装构件及预制场设备配置数量,预制构件运输方式,现浇混凝土上部构造及拱桥的支架、拱盔,基础围堰措施,灌注桩水上工作平台,船上混凝土搅拌台及泥浆循环系统,以及主要工程施工方法的合理选用等。近几年通过实践,值得注意的有:

①预制场、堆料场、大型拌和设备拌和场等平整场地中,应根据场地的地质、水文及实际需要,考虑进行场地碾压、铺筑砂砾或碎砾石垫层,以及进入施工地点进行道路的修建或整修。

②大型拌和站(包括沥青混合料、水泥混凝土、厂拌稳定土)的站址选择和安、拆次数,以及配置设备型号和台数的合理考虑。

③技术复杂大桥的大型预制构件装船用的栈桥或码头,水上混凝土运输设施,构件运输方式,基础围堰措施,安装(或浮吊)构件及预制场设备配置的名称、规格、数量计划,深水灌注桩的混凝土拌和、工作平台设施等的施工组织设计,应认真提出具体项目和数量,并说明施工程序、施工方法,操作工艺等质量要求。

3. 问题的整理

造价文件审查以后,就应该把问题逐个整理出来,并尽量做到每个问题有根、有据、有分析,提出意见和解决措施。

4. 计算建设项目总造价金额

审查工程造价文件,必须本着实事求是和坚持原则的精神,尽量事先征得设计单位及有关部门的意见,结合上一个阶段的批复文件和国家有关规定,凡是可以计算的问题,应逐个进行计算,有增有减地提出书面审查意见,并汇总审查总造价金额,列出总表(如总估算表、总概算表、总预算表)。

5. 提出的主要问题

(1)在下一个阶段应进一步研究的问题。

(2)在施工过程中应采取措施及应注意的问题。

复习思考题

1. 审查工程造价文件的目的是什么?

2. 扼要叙述不同阶段的工程造价文件的不同作用。

3. 扼要叙述初步设计概算超过可行性研究报告投资估算、施工图预算超过初步设计概算时,如何处理?

4. 在公路工程基本建设程序中,有两个阶段比较关键,是指哪两个阶段?其理由是什么?

5. 简要叙述工程造价审查的主要内容。

6. 简要叙述工程造价审查的步骤。

7. 审查工程造价文件要抓哪些主要问题?

8. 你认为当前公路工程造价中存在的主要问题是哪些方面?

附　　录

附录一　项目建议书投资估算格式

×××公路项目建议书投资估算

(CK××+×××～CK××+×××)

第　册　　共　册

编制:(签字并加盖资格印章)
复核:(签字并加盖资格印章)

(编制单位)
年　　月

目　录

1. 项目建议书投资估算编制说明(略)
2. 项目建议书总估算汇总表(01 表,附表 1-1)
3. 项目建议书总估算表(02 表,附表 1-2)
4. 项目建议书人工、主要材料数量汇总表(03 表,附表 1-3)
5. 项目建议书设备、工具、器具购置费与工程建设其他费用计算表(04 表,附表 1-4)
6. 项目建议书工程估算表(05 表,附表 1-5)
7. 项目建议书人工及主要材料价格计算表(06 表,附表 1-6)

……

项目建议书总估算汇总表　　附表 1-1

建设项目名称：　　第　页　共　页　01 表

项次	工程或费用名称	单位	总数量	估算金额(万元)				技术经济指标	各项费用比重(%)
							总计		

编制：　　复核：

项目建议书总估算表　　附表 1-2

建设项目名称：

编 制 范 围：　　第　页　共　页　02 表

项	目	节	工程或费用名称	单位	数量	估算金额(万元)	技术经济指标	各项费用比重(%)	备注

编制：　　复核：

项目建议书人工、主要材料数量汇总表　　附表 1-3

建设项目名称：　　第　页　共　页　03 表

序号	材料规格名称	单位	总数量	分 项 统 计								

编制：　　复核：

项目建议书设备、工具、器具购置费与工程建设其他费用计算表　　附表 1-4

建设项目名称：

编 制 范 围：　　第　页　共　页　04 表

序号	费 用 名 称	说 明 及 计 算 式	金 额(元)	备 注

编制：　　复核：

项目建议书工程估算表

附表 1-5

建设项目名称：

编 制 范 围：　　　　第　页　共　页　05 表

序号	工程项目名称												合计	
	工程细目名称													
	指标单位													
	工程量													
	估算指标表号													
	工、料、机名称	单位	单价（元）	指标	数量	金额（元）	指标	数量	金额（元）	指标	数量	金额（元）	数量	金额（元）
1	人工	工日												
2	原木	m^3												
3	锯材	m^3												
	其他材料	元												
	机械使用费	元												
	指标基价	元												
	直接费													
	其他工程费													
	综合费用													
	直接工程费与间接费合计													

编制：　　　　复核：

项目建议书人工及主要材料价格计算表

附表 1-6

建设项目名称：

编 制 范 围：　　　　第　页　共　页　06 表

人工工资（元/工日）				
序号	材料名称及规格	单位	预算价格	计 算 依 据

编制：　　　　复核：

附录二　可行性研究报告投资估算格式

×××公路可行性研究报告投资估算

(CK××+×××~CK××+×××)

第　册　　共　册

编制:(签字并加盖资格印章)
复核:(签字并加盖资格印章)

(编制单位)
年　　月

目　录

1. 可行性研究报告投资估算编制说明(略)
2. 可行性研究报告总估算汇总表(01 表,附表 2-1)
3. 可行性研究报告总估算表(02 表,附表 2-2)
4. 可行性研究报告人工、主要材料数量汇总表(03 表,附表 2-3)
5. 可行性研究报告设备、工具、器具购置费计算表(04 表,附表 2-4)
6. 可行性研究报告工程建设其他费用计算表(05 表,附表 2-5)
7. 可行性研究报告分项工程估算表(06 表,附表 2-6)
8. 可行性研究报告其他直接费、现场经费及间接费综合费率计算表(07 表,附表 2-7)
9. 可行性研究报告主要材料预算价格计算表(08 表,附表 2-8)

……

可行性研究报告总估算汇总表　　附表 2-1

建设项目名称：　　第　页　共　页　01 表

项次	工程或费用名称	单位	总数量	估算金额(万元)				技术经济指标	各项费用比重(%)
							总计		

编制：　　复核：

可行性研究报告总估算表　　附表 2-2

建设项目名称：

编 制 范 围：　　第　页　共　页　02 表

项	目	节	工程或费用名称	单位	数量	估算金额(万元)	技术经济指标	各项费用比重(%)	备注

编制：　　复核：

可行性研究报告人工、主要材料数量汇总表　　附表 2-3

建设项目名称：　　第　页　共　页　03 表

序号	材料规格名称	单位	总数量	分　项　统　计								

编制：　　复核：

可行性研究报告设备、工具、器具购置费计算表　　附表 2-4

建设项目名称：

编 制 范 围：　　第　页　共　页　04 表

序号	设备、工具、器具、规格名称	单位	数量	单价(元)	金额(元)	说明

编制：　　复核：

可行性研究报告工程建设其他费用计算表 附表 2-5

建设项目名称：

编 制 范 围： 第 页 共 页 05 表

序号	费 用 名 称	说 明 及 计 算 式	金 额(元)	备 注

编制： 复核：

可行性研究报告分项工程估算表 附表 2-6

建设项目名称：

编 制 范 围： 第 页 共 页 06 表

<table>
<tr><td rowspan="6">序号</td><td colspan="3">工程名称</td><td colspan="3"></td><td colspan="3"></td><td colspan="3"></td><td colspan="2" rowspan="5">合 计</td></tr>
<tr><td colspan="3">工程细目名称</td><td colspan="3"></td><td colspan="3"></td><td colspan="3"></td></tr>
<tr><td colspan="3">指标单位</td><td colspan="3"></td><td colspan="3"></td><td colspan="3"></td></tr>
<tr><td colspan="3">工程量</td><td colspan="3"></td><td colspan="3"></td><td colspan="3"></td></tr>
<tr><td colspan="3">估算指标表号</td><td colspan="3"></td><td colspan="3"></td><td colspan="3"></td></tr>
<tr><td>工、料、机名称</td><td>单位</td><td>单价(元)</td><td>指标</td><td>数量</td><td>金额(元)</td><td>指标</td><td>数量</td><td>金额(元)</td><td>指标</td><td>数量</td><td>金额(元)</td><td>数量</td><td>金额(元)</td></tr>
<tr><td>1</td><td>人工</td><td>工日</td><td></td><td></td><td></td><td></td><td></td><td></td><td></td><td></td><td></td><td></td><td></td><td></td></tr>
<tr><td>2</td><td>原木</td><td>m^3</td><td></td><td></td><td></td><td></td><td></td><td></td><td></td><td></td><td></td><td></td><td></td><td></td></tr>
<tr><td>3</td><td>锯材</td><td>m^3</td><td></td><td></td><td></td><td></td><td></td><td></td><td></td><td></td><td></td><td></td><td></td><td></td></tr>
<tr><td></td><td></td><td></td><td></td><td></td><td></td><td></td><td></td><td></td><td></td><td></td><td></td><td></td><td></td><td></td></tr>
<tr><td></td><td>其他材料</td><td>元</td><td></td><td></td><td></td><td></td><td></td><td></td><td></td><td></td><td></td><td></td><td></td><td></td></tr>
<tr><td></td><td>机械使用费</td><td>元</td><td></td><td></td><td></td><td></td><td></td><td></td><td></td><td></td><td></td><td></td><td></td><td></td></tr>
<tr><td></td><td>指标基价</td><td>元</td><td></td><td></td><td></td><td></td><td></td><td></td><td></td><td></td><td></td><td></td><td></td><td></td></tr>
<tr><td></td><td>直接费</td><td></td><td></td><td></td><td></td><td></td><td></td><td></td><td></td><td></td><td></td><td></td><td></td><td></td></tr>
<tr><td></td><td>其他工程费</td><td></td><td></td><td></td><td></td><td></td><td></td><td></td><td></td><td></td><td></td><td></td><td></td><td></td></tr>
<tr><td></td><td>其他直接费</td><td></td><td></td><td></td><td></td><td></td><td></td><td></td><td></td><td></td><td></td><td></td><td></td><td></td></tr>
<tr><td></td><td>现场经费</td><td></td><td></td><td></td><td></td><td></td><td></td><td></td><td></td><td></td><td></td><td></td><td></td><td></td></tr>
<tr><td></td><td>间接费</td><td></td><td></td><td></td><td></td><td></td><td></td><td></td><td></td><td></td><td></td><td></td><td></td><td></td></tr>
<tr><td></td><td>直接工程费与间接费合计</td><td></td><td></td><td></td><td></td><td></td><td></td><td></td><td></td><td></td><td></td><td></td><td></td><td></td></tr>
</table>

编制： 复核：

可行性研究报告其他直接费、现场经费及间接费综合费率计算表

附表 2-7

建设项目名称：

编 制 范 围：　　　　第 页 共 页 07 表

序号	项目	其他直接费费率(%)								现场经费费率(%)							间接费费率(%)		
		冬季施工增加费	雨季施工增加费	夜间施工增加费	高原施工增加费	沿海地区施工增加费	行车干扰工程施工增加费	施工辅助费	综合费率	临时设施费	现场管理费					综合费率	企业管理费	财务费用	综合费率
											基本费用	其他单项费用							
												主副食运费补贴	职工探亲路费	职工取暖补贴	工地转移费				

编制：　　　　复核：

可行性研究报告主要材料预算价格计算表

附表 2-8

建设项目名称：

编 制 范 围：　　　　第 页 共 页 08 表

序号	规格名称	单位	原价(元)	运 杂 费					原价运费合计(元)	场外运输损耗		采购及保管费		预算单价(元)
				供应地点	运输方式比重及运距	毛重系数或单位毛重	运杂费构成说明或计算式	单位运费(元)		费率(%)	金额(元)	费率(%)	金额(元)	

编制：　　　　复核：

附录三　公路交工前养护费指标

公路交工前养护费指标为陆续竣工的路段,在路段交工初验时止,以路面为主包括路基、构造物在内的养护费用。该费用按全线里程及平均养护月数,以下列标准计算:

三、四级公路每月养护费按每公里每月 60 个工日计算;

二级及二级以上公路每月养护费按每公里每月 30 个工日计算;

另按路面工程类别计算其他工程费和间接费。

附录四　绿化补助费指标

新建公路的绿化补助费指标如下:

平原微丘区,5000 元/km;

山岭重丘区,1000 元/km。

以上费用标准内已包括其他工程费和间接费。

本指标仅适用于无绿化设计的二级以下等级公路建设项目。

附录五　公路基本建设工程概(预)算封面、目录及概(预)算表格样式

一、扉页格式

×××公路初步设计概算

(K××+×××~K××+×××)

第一册　　共一册

编制:[签字并加盖执业(从业)资格印章]

复核:[签字并加盖执业(从业)资格印章]

(编制单位)

年　　月

二、目录及概(预)算表格样式

1. 甲组文件

1) 目录

(1) 编制说明。

(2) 总概(预)算汇总表(01-1 表，附表 5-1)。

(3) 总概(预)算人工、主要材料、机械台班数量汇总表(02-1 表，附表 5-2)。

(4) 总概(预)算表(01 表，附表 5-3)。

(5) 人工、主要材料、机械台班数量汇总表(02 表，附表 5-4)。

(6) 建筑安装工程费计算表(03 表，附表 5-5)。

(7) 其他工程费及间接费综合费率计算表(04 表，附表 5-6)。

(8) 设备、工具、器具购置费计算表(05 表，附表 5-7)。

(9) 工程建设其他费用及回收金额计算表(06 表，附表 5-8)。

(10) 人工、材料、机械台班单价汇总表(07 表，附表 5-9)。

2) 概(预)算表格样式

(1) 总概(预)算汇总表见附表 5-1。

总概(预)算汇总表　　附表 5-1

建设项目名称：　　第　页　共　页　01-1 表

项次	工程或费用名称	单位	总数量	概(预)算金额(元)				技术经济指标	各项费用比例(%)	备　注
							合计			
1	2	3	4	5	6	7	8	9	10	11

编制：　　复核：

填表说明：

①一个建设项目分若干单项工程编制概(预)算时，应通过本表汇总全部建设项目概(预)算金额。

②本表反映一个建设项目的各项费用组成，概(预)算总值和技术经济指标。

③本表“项次”、“工程或费用名称”、“单位”、“总数量”、“概(预)算金额”应由各单项或单位工程总概(预)算表(01 表)转来，“目”、“节”可视需要增减，“项”应保留。

④“技术经济指标”以各项概(预)算金额汇总合计除以相应总数量计算；“各项费用比例”以汇总的各项目概(预)算金额合计除以总概(预)算金额合计计算。

(2) 总概(预)算人工、主要材料、机械台班数量汇总表见附表 5-2。

总概(预)算人工、主要材料、机械台班数量汇总表 附表 5-2

建设项目名称: 第 页 共 页 02-1 表

序号	规格单位	单位	总数量	编制范围									

编制: 复核:

填表说明:

①一个建设项目分若干个单项工程编制概(预)算时,应通过本表汇总全部建设项目的人工、主要材料、机械台班数量。

②本表各栏数据均由各单项或单位工程概(预)算中的人工、主要材料、机械台班数量汇总表(02 表)转来,“编制范围”指单项或单位工程。

(3)总概(预)算表见附表 5-3。

总概(预)算表 附表 5-3

建设项目名称:

编 制 范 围: 第 页 共 页 01 表

项	目	节	细目	工程或费用名称	单位	数量	概(预)算金额(元)	技术经济指标	各项费用比例(%)	备注

编制: 复核:

填表说明:

①本表反映一个单项或单位工程的各项费用组成,概(预)算金额,技术经济指标等。

②本表“项”、“目”、“节”、“细目”、“工程或费用名称”、“单位”等应按概(预)算项目表的序列及内容填写。“目”、“节”、“细目”可视需要增减,但“项”应保留。

③“数量”、“概(预)算金额”由建筑工程费计算表(03 表),设备、工具、器具购置费计算表(05 表),工程建设其他费用及回收金额计算表(06 表)转来。

④“技术经济指标”以各项目概(预)算金额除以相应数量计算;“各项费用比例”以各项概(预)算金额除以总概(预)算金额计算。

(4)人工、主要材料、机械台班数量汇总表见附表 5-4。

人工、主要材料、机械台班数量汇总表 附表 5-4

建设项目名称：

编 制 范 围： 第 页 共 页 02 表

序号	规格名称	单位	总数量	分项统计								场外运输损耗	
												%	数量

编制： 复核：

填表说明：

①本表各栏数据由分项工程概（预）算基础数据表（08 表）及辅助生产工、料、机械台班单位数量表（12 表）经分析计算后统计而来。

②发生的冬、雨季及夜间施工增工及临时设施用工，根据有关附录规定计算后列入本表有关项目内。

（5）建筑安装工程费计算表见附表 5-5。

建筑安装工程费计算表 附表 5-5

建设项目名称：

编 制 范 围： 第 页 共 页 03 表

序号	工程名称	单位	工程量	直接费（元）						间接费（元）	利润（元）费率（%）	税金（元）综合税率（%）	建筑安装工程费	
				直接工程费				其他工程费	合计				合计（元）	单价（元）
				人工费	材料费	机械使用费	合计							
1	2	3	4	5	6	7	8	9	10	11	12	13	14	15

编制： 复核：

填表说明：

本表各栏数据之间关系，5 ~ 7 均由 08 表经计算转来；8 = 5 + 6 + 7；9 = 8 × 9 的费率或（5 + 7）× 9 的费率；10 = 8 + 9；11 = 5 × 规费综合费率 + 10 × 企业管理费综合费率；12 = （10 + 11 − 规费）× 12 的费率；13 = （10 + 11 + 12）× 综合税率；14 = 10 + 11 + 12 + 13；15 = 14 ÷ 4。

（6）其他工程费及间接费综合费率计算表见附表 5-6。

其他工程费及间接费综合费率计算表 附表 5-6

建设项目名称：

编 制 范 围： 第 页 共 页 04 表

序号	工程类别	其他工程费费率(%)													间接费费率(%)											
		冬季施工增加费	雨季施工增加费	夜间施工增加费	高原地区施工增加费	风沙地区施工增加费	沿海地区施工增加费	行车干扰工程施工增加费	安全及文明施工措施费	临时设施费	施工辅助费	工地转移费	综合费率		规费						企业管理费					
													I	II	养老保险费	失业保险费	医疗保险费	住房公积金	工伤保险费	综合费率	基本费用	主副食运费补贴	职工探亲路费	职工取暖补贴	财务费用	综合费率
1	2	3	4	5	6	7	8	9	10	11	12	13	14	15	16	17	18	19	20	21	22	23	24	25	26	27

编制： 复核：

填表说明：

本表应根据建设工程项目具体情况，按《公路工程基本建设项目概算预算编制办法》有关规定填入数据计算。其中：14 = 3 + 4 + 5 + 8 + 10 + 11 + 12 + 13；15 = 6 + 7 + 9；21 = 16 + 17 + 18 + 19 + 20；27 = 22 + 23 + 24 + 25 + 26。

(7)设备、工具、器具购置费计算表见附表 5-7。

设备、工具、器具购置费计算表 附表 5-7

建设项目名称：

编 制 范 围： 第 页 共 页 05 表

序号	设备、工具、器具规格名称	单位	数量	单价(元)	金额(元)	说明

编制： 复核：

填表说明：

本表应根据具体的设备、工具、器具购置清单进行计算，包括设备规格、单位、数量、单价以及需要说明的有关问题。

(8)工程建设其他费用及回收金额计算表见附表 5-8。

工程建设其他费用及回收金额计算表　　附表 5-8

建设项目名称：

编 制 范 围：　　第　页　共　页　06 表

序号	费用名称及回收金额项目	说明及计算式	金额(元)	备注

编制：　　复核：

填表说明：

本表应按具体发生的工程建设其他费用项目填写，需要说明和具体计算的费用项目依次相应在说明及计算式栏内填写或具体计算，各项费用具体填写如下：

①土地征用及拆迁补偿费应填写土地补偿单价、数量和安置补助费标准、数量等，列式计算所需费用，填入金额栏。

②建设项目管理费包括建设单位(业主)管理费、工程质量监督费、工程监理费、工程定额测定费、设计文件审查费、竣(交)工验收试验检测费，按"建筑安装工程费×费率"或有关定额列式计算。

③研究试验费应根据设计需要进行研究试验的项目分别填写项目名称及金额，或列式计算，或进行说明。

④建设项目前期工作费按国家有关规定填入本表，列式计算。

⑤其余有关工程建设其他费用的填入和计算方法，根据规定依此类推。

(9)人工、材料、机械台班单价汇总表见附表 5-9。

人工、材料、机械台班单价汇总表　　附表 5-9

建设项目名称：

编 制 范 围：　　第　页　共　页　07 表

序号	名称	单位	代号	预算单价(元)	备注	序号	名称	单位	代号	预算单价(元)	备注

编制：　　复核：

填表说明：

本表预算单价主要由材料预算单价计算表(09 表)和机械台班单价计算表(11 表)转来。

2. 乙组文件

1)目录

(1)建筑安装工程费计算数据表(08-1 表，附表 5-10)。

(2)分项工程概(预)算表(08-2 表，附表 5-11)。

(3)材料预算单价计算表(09 表，附表 5-12)。

(4)自采材料料场价格计算表(10 表，附表 5-13)。

(5)机械台班单价计算表(11 表，附表 5-14)。

(6)辅助生产工、料、机械台班单位数量表(12 表，附表 5-15)。

……

2)概(预)算表格样式

(1)建筑安装工程费计算数据表见附表 5-10。

建筑安装工程费计算数据表 附表 5-10

建设项目名称： 编制范围： 数据文件编号： 公路等级：

路线或桥梁长度(km)： 路线或桥梁宽度(m)： 第 页 共 页 08-1表

项的代号	本项数目	目的代号	本目节数	节的代号	本节细目数	细目的代号	费率编号	定额个数	定额代号	项或目或节或细目或定额的名称	单位	数量		定额调整情况

编制： 复核：

填表说明：

①本表应逐行从左到右横向跨栏填写。

②“项”、“目”、“节”、“细目”、“定额”等的代号应根据实际需要按本办法附录四“概（预）算项目表”及现行《公路工程概算定额》(JTG/T B06—01)、《公路工程预算定额》(JTG/T B06—02)的序列及内容填写。

③本表主要是为利用计算机软件编制概（预）算提供基础数据，具体填表规则由软件用户手册详细制订。

(2)分项工程概(预)算表见附表5-11。

分项工程概（预）算表 附表 5-11

建设项目名称：

编 制 范 围： 第 页 共 页 08-2表

<table>
<tr><td rowspan="5">编号</td><td colspan="4">工程项目</td><td colspan="3"></td><td colspan="3"></td><td colspan="3"></td><td colspan="2" rowspan="5">合 计</td></tr>
<tr><td colspan="4">工程细目</td><td colspan="3"></td><td colspan="3"></td><td colspan="3"></td></tr>
<tr><td colspan="4">定额单位</td><td colspan="3"></td><td colspan="3"></td><td colspan="3"></td></tr>
<tr><td colspan="4">工程数量</td><td colspan="3"></td><td colspan="3"></td><td colspan="3"></td></tr>
<tr><td colspan="4">定额代号</td><td colspan="3"></td><td colspan="3"></td><td colspan="3"></td></tr>
<tr><td></td><td colspan="2">工、料、机名称</td><td>单位</td><td>单价（元）</td><td>定额</td><td>数量</td><td>金额（元）</td><td>定额</td><td>数量</td><td>金额（元）</td><td>定额</td><td>数量</td><td>金额（元）</td><td>数量</td><td>金额（元）</td></tr>
<tr><td>1</td><td colspan="2">人工</td><td>工日</td><td></td><td></td><td></td><td></td><td></td><td></td><td></td><td></td><td></td><td></td><td></td><td></td></tr>
<tr><td>2</td><td colspan="2">……</td><td></td><td></td><td></td><td></td><td></td><td></td><td></td><td></td><td></td><td></td><td></td><td></td><td></td></tr>
<tr><td></td><td colspan="2">定额基价</td><td>元</td><td></td><td></td><td></td><td></td><td></td><td></td><td></td><td></td><td></td><td></td><td></td><td></td></tr>
<tr><td></td><td colspan="2"></td><td></td><td></td><td></td><td></td><td></td><td></td><td></td><td></td><td></td><td></td><td></td><td></td><td></td></tr>
<tr><td></td><td colspan="2">直接工程费</td><td>元</td><td></td><td></td><td></td><td></td><td></td><td></td><td></td><td></td><td></td><td></td><td></td><td></td></tr>
<tr><td></td><td rowspan="2">其他工程费</td><td>I</td><td>元</td><td></td><td></td><td></td><td></td><td></td><td></td><td></td><td></td><td></td><td></td><td></td><td></td></tr>
<tr><td></td><td>II</td><td>元</td><td></td><td></td><td></td><td></td><td></td><td></td><td></td><td></td><td></td><td></td><td></td><td></td></tr>
<tr><td></td><td rowspan="2">间接费</td><td>规费</td><td>元</td><td></td><td></td><td></td><td></td><td></td><td></td><td></td><td></td><td></td><td></td><td></td><td></td></tr>
<tr><td></td><td>企业管理费</td><td>元</td><td></td><td></td><td></td><td></td><td></td><td></td><td></td><td></td><td></td><td></td><td></td><td></td></tr>
<tr><td></td><td colspan="2">利润及税金</td><td>元</td><td></td><td></td><td></td><td></td><td></td><td></td><td></td><td></td><td></td><td></td><td></td><td></td></tr>
<tr><td></td><td colspan="2">建筑安装工程费</td><td>元</td><td></td><td></td><td></td><td></td><td></td><td></td><td></td><td></td><td></td><td></td><td></td><td></td></tr>
</table>

编制： 复核：

填表说明：

①本表按具体分项工程项目数量，对应概（预）算定额子目填写。单价由07表转来，金额＝工、料、机各项的单价×定额×数量。

②其他工程费按相应项目的直接工程费或人工费与施工机械使用费之和×规定费率计算。

③规费按相应项目的人工费×规定费率计算。

④企业管理费按相应项目的直接费×规定费率计算。

⑤利润按相应项目的（直接费＋间接费－规费）×利润率计算。

⑥税金按相应项目的（直接费＋间接费＋利润）×税率计算。

(3)材料预算单价计算表见附表5-12。

材料预算单价计算表

附表5-12

建设项目名称：

编制范围：

第　页　共　页　09表

序号	规格名称	单位	原价（元）	运杂费					原价运费合计（元）	场外运输损耗		采购及保管费		预算单价（元）
				供应地点	运输方式比重及运距	毛重系数或单位毛重	运杂费构成说明或计算式	单位运费（元）		费率（%）	金额（元）	费率（%）	金额（元）	

编制：　　　　　　　　　　　　复核：

填表说明：

①本表计算各种材料自供应地点或料场至工地的全部运杂费与材料原价及其他费用组成预算单价。

②运输方式按火车、汽车、船舶等及所占运输比重填写。

③毛重系数、场外运输损耗、采购及保管费按规定填写。

④根据材料供应地点、运输方式、运输单价、毛重系数等，通过运杂费构成说明或计算式，计算得出材料单位运费。

⑤材料原价与单位运费、场外运输损耗、采购及保管费组成材料预算单价。

(4)自采材料料场价格计算表见附表5-13。

自采材料料场价格计算表

附表5-13

建设项目名称：

编 制 范 围：

第　页　共　页　10表

序号	定额额号	材料规格名称	单价	料场价格（元）	人工（工日）单价（元）		间接费（元）（占人工费%）	（　）单价（元）		（　）单价（元）		（　）单价（元）		（　）单价（元）	
					定额	金额		定额	金额	定额	金额	定额	金额	定额	金额

编制：　　　　　　　　　　　　复核：

填表说明：

①本表主要用于分析计算自采材料料场价格，应将选用的定额人工、材料、机械台班数量全部列出，包括相应的工、料、机单价。

②材料规格用途相同而生产方式（如人工捶碎石、机械轧碎石）不同时，应分别计算单价，再以各种生产方式所占比重根据合计价格加权平均计算料场价格。

③定额中机械台班有调整系数时，应在本表内计算。

(5)机械台班单价计算表见附表5-14。

机械台班单价计算表

附表5-14

建设项目名称：

编 制 范 围：　　　　　　　　　　第　页　共　页　11表

序号	定额号	材料规格名称	台班单价(元)	不变费用(元)		可变费用(元)								
				调整系数		人工(元/台班)		汽油(元/kg)		柴油(元/kg)		……		合计
				定额	调整值	定额	金额	定额	金额	定额	金额	定额	金额	

编制：　　　　　　　　　　　　　　　　复核：

填表说明：

①本表应根据公路工程机械台班费用定额进行计算。不变费用如有调整系数，应填入调整值；可变费用各栏填入定额数量。

②人工、动力燃料的单价由材料预算单价计算表(09表)中转来。

(6)辅助生产工、料、机械台班单位数量表见附表5-15。

辅助生产工、料、机械台班单位数量表

附表5-15

建设项目名称：

编 制 范 围：　　　　　　　　　　第　页　共　页　12表

序号	规格名称	单位	人工(工日)						

编制：　　　　　　　　　　　　　　　　复核：

填表说明：

本表各栏数据由自采材料料场价格计算表(10表)统计而来。

附录六　交通基本建设项目竣工决算报表封面及报表格式

一、封　面

建设单位　　　　　　　　　　建设项目名称

主管部门　　　　　　　　　　建设项目类别

级　　别　　　　　　　　　　建设性质

交通基本建设项目竣工决算报表

建设单位盖章　　　　　　　　建设单位负责人

编报日期　　　　　　　　　　年　月　日

二、目　录

1. 公路基本建设项目竣工决算审批表(交建竣 1 表,附表 6-1)
2. 公路建设项目工程概况表(交建竣 2-1 表,附表 6-2)
3. 建设项目竣工财务决算总表(交建竣 3-1 表,附表 6-3)
4. 资金来源情况表(交建竣 3-2 表,附表 6-4)
5. 待核销基建支出及转出投资明细表(交建竣 3-3 表,附表 6-5)
6. 建设成本和概算执行情况表(交建竣 4 表,附表 6-6)
7. 外资使用情况表(交建竣 5 表,附表 6-7)
8. 基本建设项目交付使用资产总表(交建竣 6-1 表,附表 6-8)
9. 基本建设项目交付使用资产明细表(交建竣 6-2 表,附表 6-9)

三、报 表 格 式

附表 6-1
交建竣 1 表

公路基本建设项目竣工决算审批表

建设项目法人(建设单位)		建设性质	
建设项目名称		主管部门	
主管部门(单位)意见: 盖章: 年　月　日			
省级交通主管部门或部属一级单位意见: 盖章: 年　月　日			
交通运输部审批意见: 盖章: 年　月　日			

公路建设项目工程概况表

附表 6-2

交建竣 2-1 表

建设项目或单项工程名称			工程主要特征、完成的主要工程量及主要技术经济指标	设 计	实 际
建设地址或地理位置			1. 公路等级		
建设时间	计划		2. 计算行车速度(km/h)		
	实际		3. 路线总长度(km)		
初步设计和概算批准机关、日期、文号			4. 路基宽度(m)		
			5. 路基土石方(万 m^2)		
调整概算批准机关、日期、文号			6. 路面结构		
			7. 路面铺筑(万 m^2)		
开工报告批准时间			8. 桥梁总长(m/座)		
主要设计单位			9. 隧道总长(m/座)		
主要监理单位			10. 涵洞通道(m/道)		
主要施工单位			11. 互通式立交(处)		
工程质量监督部门			12. 分离式立交及平交(处)		
总投资(万元)	批准概算	竣工决算	13. 防护工程(万 m^3)		
			14. 连接线长度(km)		
主要材料消耗			15. 管理及养护用房(m^2)		
钢材(t)			16. 服务区(处)		
木材(m^3)			17. 停车区(处)		
水泥(t)			18. 养护工区(处)		
沥青(t)			19. 封闭工程(km)		
基建支出合计(万元)			20.		
建筑安装工程			21.		
设备工器具			22.		
待摊投资			23.		
其中:建设单位管理费			24. 平均每公里造价(万元)		
其他投资			25. 拆迁房屋(m^2)		
待核销基建支出			26. 迁移人口(人)		
非经营项目转出投资			27. 占地面积(亩)		
主要收尾工程			28.		
工程内容或名称		预计完成时间	29.		
			30.		
			工程质量评定:		

建设项目竣工财务决算总表

附表 6-3
交建竣 3-1 表
单位:元

资金来源	金额	资金占用	金额
一、基建拨款		一、基本建设支出	
1. 预算拨款		1. 交付使用资产	
2. 基建基金拨款		2. 在建工程	
3. 进口设备转账拨款		3. 待核销基建支出	
4. 器材转账拨款		4. 非经营项目转出投资	
5. 煤代油专用基金拨款		二、应收生产单位投资借款	
6. 自筹资金拨款		三、拨付所属投资借款	
7. 其他拨款		四、器材	
二、项目资本		其中:待处理器材损失	
1. 国家资本		五、货币资金	
2. 法人资本		六、预付及应收款	
3. 个人资本		七、有价证券	
三、项目资本公积		八、固定资产	
四、基建借款		固定资产原价	
五、上级拨入投资借款		减:累计折旧	
六、企业债券资金		固定资产净值	
七、待冲基建支出		固定资产清理	
八、应付款		待处理固定资产损失	
九、未交款			
1. 未交税金			
2. 未交基建收入			
3. 未交基建包 + 节余			
4. 其他未交款			
十、上级拨入资金			
十一、留成收入			
合计		合计	

资金来源情况表

附表 6-4

项目名称：　　　　单位:元　　　　交建竣 3-2 表

资金来源	2002 年度		2003 年度		年　度		年　度		年　度		年　度	
	计划数	实际数	计划数	实际数	计划数	实际数	计划数	实际数	计划数	实际数	计划数	实际数
一、基建拨款												
1.												
2.												
3.												
4.												
5.												
二、项目资本												
1.												
2.												
3.												
4.												
5.												
三、项目资本公积												
四、基建投资借款												
1.												
2.												
3.												
4.												
5.												
五、上级拨入投资借款												
六、企业债券资金												
合计												

待核销基建支出及转出投资明细表

附表 6-5

项目名称：　　　　　　单位：元　　　　　　交建竣 3-3 表

项　　目	金　　额	内　　容	批准单位	文　　号	备　　注
一、待核销基建支出合计					
1.					
2.					
3.					
4.					
5.					
二、非经营项目转出投资合计					转入单位
1.					
2.					
3.					
4.					
5.					

附表 6-6

交建竣 4 表

建设成本和概算执行情况表

项目名称：　　　　单位：元

项目名称	工程总概算			概算包干数	工程造价			其中：						概算投资节余				备注
	合计	人民币	外币		合计	人民币	外币	建安投资	设备投资	其他投资	待摊投资	待核销基建支出	转出投资	合计	人民币	外币	概算投资包工节余	
1	2 = 3 + 4	3	4	5	6 = 7 + 8 或 = 9 + 10 + 11 + 12 + 13	7	8	9	10	11	12	13	14	15 = 2 − 6	16 = 3 − 7	17 = 4 − 8	18 = 2 − 5	19

注：按概算项目或单项工程及费用项目填列。

附表 6-7

交建竣 5 表

外资使用情况表

单位：外币种类（　）

项　目	计量单位	工程量或数量	外币概算金额（币）	外币实际支出金额	外币实际支出较概算增减	备　注

注：按费用项目填列。

附表 6-8

交建竣 6-1 表

基本建设项目交付使用资产总表

单项工程项目名称	总计	固定资产				流动资产	无形资产	递延资产
（1 栏）	（2 栏）	建安工程（3 栏）	设备（4 栏）	其他（5 栏）	合计（6 栏）	（7 栏）	（8 栏）	（9 栏）

交付单位：　　　　　　　　　　接受单位：

盖章：　　年　月　日　　　　盖章：　　年　月　日

附表 6-9

交建竣 6-2 表

基本建设项目交付使用资产明细表

单项工程项目名称	建筑工程			设备、工具、器具、家具					流动资产		无形资产		递延资产	
	结构	面积（）	价值（元）	名称	规格型号	单位	数量	价值（元）	名称	价值（元）	名称	价值（元）	名称	价值（元）
土石方工程														
防护工程														
排水工程														
结构物工程														
隧道工程														
绿化工程														
路面工程														
道路沿线设施														
总则														

交付单位：　　　　　　　　　　接受单位：

盖章：　　年　月　日　　　　盖章：　　年　月　日

参考文献

[1] 周直,崔新媛.公路工程造价原理与编制[M].北京:人民交通出版社,2008.

[2]石勇民.公路工程定额原理与估价[M].北京:人民交通出版社,2004.

[3] 单阳.公路工程造价[M].北京:人民交通出版社,2002.

[4] 梁金江.公路工程管理[M].北京:人民交通出版社,2005.

[5] 关庆年.公路工程管理[M].北京:人民交通出版社,1989.

[6] 张起森.公路施工组织与概预算(第二版)[M].北京:人民交通出版社,1999.

[7] 廖正环.公路施工组织与管理[M].北京:人民交通出版社,1999.

[8] 邬晓光.路桥施工组织与概预算[M].西安:西北大学出版社,1995.

[9] 交通部.公路工程基本建设项目设计文件编制办法[M].北京:人民交通出版社,1995.

[10] 中华人民共和国行业标准.JTG B06—2007 公路工程基本建设项目概算预算编制办法[S].北京:人民交通出版社,2007.

[11] 中华人民共和国行业标准.JTG/T B06-01—2007 公路工程概算定额[S].北京:人民交通出版社,2007.

[12] 中华人民共和国行业标准.JTG/T B06-02—2007 公路工程预算定额[S].北京:人民交通出版社,2007.

[13] 交通部.公路工程估算指标[M].北京:人民交通出版社,1996.

[14] 中华人民共和国行业标准.JTG/T B06-03—2007 公路工程机械台班费用定额[S].北京:人民交通出版社,2007.

[15] 交通部.公路基本建设工程投资估算编制方法[M].北京:人民交通出版社,1996.

[16] 中华人民共和国行业标准.JTJ 007—95 公路工程施工监理规范[S].北京:人民交通出版社,1995.

[17] 交通部.公路工程国内招标文件范本[M].北京:人民交通出版社,2003.

[18] 交通部.交通基本建设项目竣工决算报告编制办法[M].北京:人民交通出版社,2000.

[19] 交通运输部.公路工程标准施工招标文件(2009 年版)[M].北京:人民交通出版社,2009.

[20] 交通部.公路工程竣(交)工验收办法[M].北京:人民交通出版社,2004.

[21] 财政部,建设部.建设工程价款结算暂行办法[M].北京:人民交通出版社,2004.

[22] 陈烈.公路工程项目管理[M].北京:人民交通出版社,2002.

[23] 张铁成,温晓军,李春华.新版公路工程定额及编制办法解读与应用案例[M].北京:人民交通出版社,2008.